基于 ArcGIS 的地理信息系统软件应用与实践

官冬杰　[日]猪八重拓郎　周李磊　李子辉　周　健　著

人民交通出版社股份有限公司
北　京

内 容 提 要

本书基于中国和日本的实际案例,结合地理信息系统研究方法,介绍ArcGIS的应用与实践,让读者掌握地理信息系统软件的操作原理。全书共九章,内容包括ArcGIS中属性表的基本操作及综合应用、ArcGIS空间查询方法的综合应用、ArcGIS叠加分析方法的综合应用、矢量数据格网化的综合应用、马尔可夫模型在土地利用分析中的应用、缓冲区分析在城市规划中的应用、网络分析在城市基础设施管理中的应用、空间句法在城市路网规划中的应用以及聚类分析在城市生态环境评价中的应用。

本书可供有一定ArcGIS操作基础的地理学、测绘科学与技术、城乡规划学、环境科学与工程等相关学科的本科生、研究生学习,也可供从事地理信息科学研究的专业人员参考。

图书在版编目(CIP)数据

基于ArcGIS的地理信息系统软件应用与实践 / 官冬杰等著. —北京:人民交通出版社股份有限公司,2022.12

ISBN 978-7-114-18187-0

Ⅰ. ①基… Ⅱ. ①官… Ⅲ. ①地理信息系统—应用软件 Ⅳ. ①P208

中国版本图书馆CIP数据核字(2022)第161171号

著作权合同登记号 图字:01-2022-5719

Jiyu ArcGIS de Dili Xinxi Xitong Ruanjian Yingyong yu Shijian

书　　名:**基于ArcGIS的地理信息系统软件应用与实践**
著 作 者:官冬杰　[日] 猪八重拓郎　周李磊　李子辉　周　健
责任编辑:朱明周
责任校对:席少楠　卢　弦
责任印制:张　凯
出版发行:人民交通出版社股份有限公司
地　　址:(100011)北京市朝阳区安定门外外馆斜街3号
网　　址:http://www.ccpcl.com.cn
销售电话:(010)59757973
总 经 销:人民交通出版社股份有限公司发行部
经　　销:各地新华书店
印　　刷:北京建宏印刷有限公司
开　　本:787×1092　1/16
印　　张:10.25
字　　数:243千
版　　次:2022年12月　第1版
印　　次:2023年 8 月　第2次印刷
书　　号:ISBN 978-7-114-18187-0
定　　价:38.00元

前　言

地理信息系统(GIS)是一门综合性学科,是地理学与地图学的结合,已经广泛应用于科学调查、资源管理、财产管理、发展规划、绘图和路线规划等领域。“地理信息系统软件应用与实践”是一门理论与实践相结合的课程,其目的是使学生了解和掌握地理信息系统科学的基本理论与方法,初步掌握应用 GIS 工具分析和解决实际问题的能力,在高等学校的地理信息科学、人文地理与城乡规划、地理科学、遥感科学与技术、测绘工程、环境科学和城乡规划等专业中已经成为一门广泛开设的专业基础课程。

目前,市面上关于 ArcGIS 的教材以介绍软件的各种功能为主,编写时间较早、所使用的软件版本老旧,缺少案例,实操性欠缺。本书基于 ArcGIS10.4 版本,采用实际的研究案例,注重将 ArcGIS 软件与地理信息系统研究方法相结合,通过详细的操作步骤介绍来提高学生的操作技能,并在此基础上进行拓展训练,帮助学生将实验原理与实际操作相结合并应用到地理研究中,锻炼学生运用 ArcGIS 解决实际问题的能力。

本书共 9 章。第 1 章至第 3 章主要围绕属性表、空间查询和空间叠加设置实验内容,使学生在充分理解理论知识的基础上,熟练掌握 ArcGIS 的基本操作;第 4 章至第 7 章为综合案例,内容包括矢量数据格网化、马尔可夫模型、缓冲区分析和网络分析在土地利用分析、城市规划中的综合应用,需要学生综合运用多个知识点;第 8 章和第 9 章是研究型案例,使用第三方插件,将空间句法和聚类分析引入 ArcGIS 中,解决城市道路规划和城市生态环境研究中的实际问题。

全书框架由官冬杰、猪八重拓郎和周李磊确定。官冬杰、猪八重拓郎、周李磊、李子辉、周健和赵祖伦撰写了各章内容。和秀娟、黄大楠、孙灵丽、张喻翔、曹佳梦、陈茂林、吴蕾、苏湘媛、邓诏、樊晓凤、冉卜文、杨文和金朝军验证了案例操作。全书由官冬杰和周李磊统稿。

本书所有案例数据可以通过扫描封底二维码获取。

本书得到重庆交通大学规划教材建设项目的支持，在此深表感谢！

本书难免存在不足和疏漏，敬请使用本教材的广大师生批评指正。

官冬杰

2022 年 7 月于重庆

目　　录

第 1 章　ArcGIS 中属性表的基本操作及综合应用

属性表即 ArcGIS 中的 Table 二维表,通常有.shp 格式属性表、栅格属性表、.dbf 格式数据库表、Excel 表、.txt 表等。属性表存储了客观对象的多个属性,用于描述客观对象。掌握属性表的基本操作是进一步研究和分析客观对象空间特征的基础。本章介绍的 ArcGIS 属性表的基本操作包括:要素的几何属性(长度、面积、坐标等)的计算,属性数据表的连接,属性字段的计算。

本章所用到的示例数据位于随书文件的"Ex_01"文件夹,见表 1-1。

示 例 数 据　　表 1-1

编　号	文　件　名	文 件 格 式
1	中国 C 市主要铁路	.shp
2	中国 C 市行政区划	.shp
3	中国 C 市各区县 2016 年常住人口	.xls
4	日本 A 市行政区划	.shp
5	日本 A 市分年龄段人口数据	.dbf
6	日本 A 市福利设施基本信息	.shp

1.1　基 本 案 例

1.1.1　线要素的几何属性——长度的计算

目的:计算中国 C 市主要铁路的长度。

1)加载数据

步骤 1:单击菜单栏【File】→【Add Data】→【Add Data】,或者直接单击工具栏的 ✢·(Add Data)图标,如图 1-1 所示。

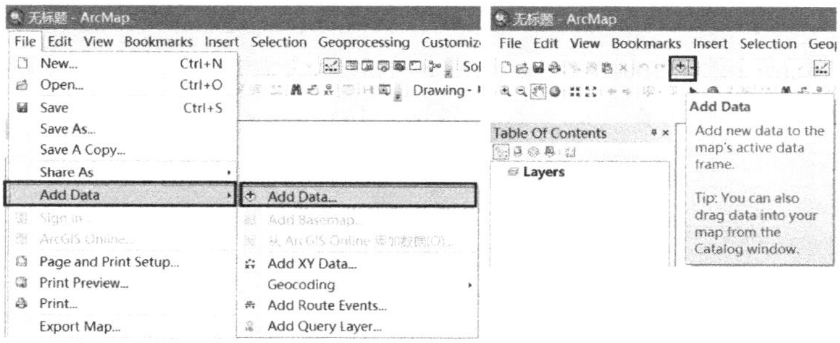

图 1-1　加载数据

步骤 2:在弹出的【Add Data】窗口,选择随书文件“Ex_01”文件夹中的“中国 C 市主要铁路.shp”,单击【Add】按钮,如图 1-2 所示。

2)新建字段

步骤 1:在【Table Of Contents】中,右键单击“中国 C 市主要铁路”图层,在右键菜单中选择【Open Attribute Table】,如图 1-3 所示。

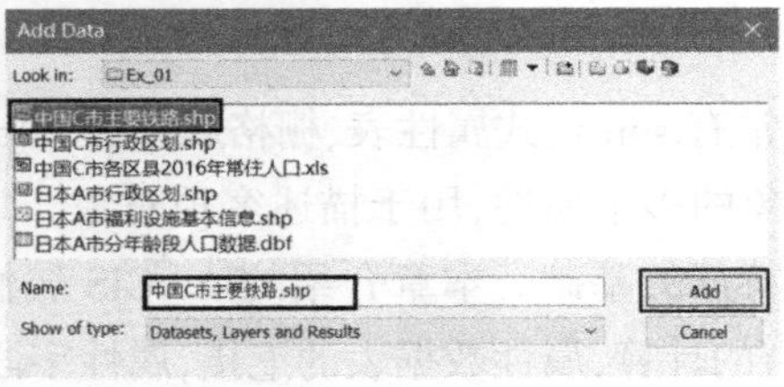

图 1-2 选择数据文件

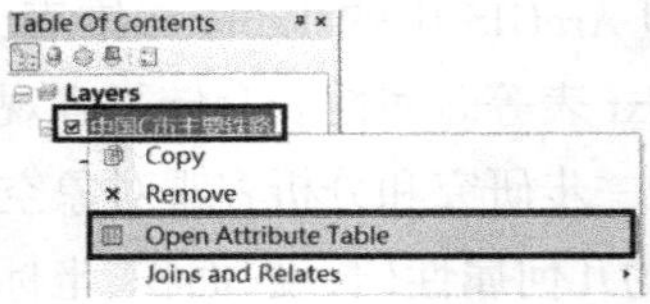

图 1-3 打开属性表

步骤 2:在弹出的【Table】窗口中,单击左上方的 (Table Options)图标→【Add Field】,在弹出的【Add Field】窗口中设置相关参数。在【Name】栏输入“Length”,在【Type】下拉列表中选择【Float】,在【Precision】栏输入“12”,在【Scale】栏输入“2”,最后单击【OK】按钮,如图 1-4 所示。

3)长度计算

步骤 1:在【Table】窗口中,右键单击“Length”字段,在右键菜单中选择【Calculate Geometry】,如图 1-5 所示。

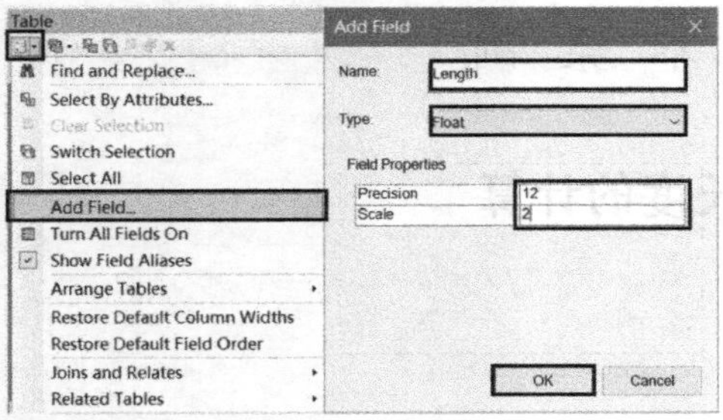

图 1-4 新建长度字段

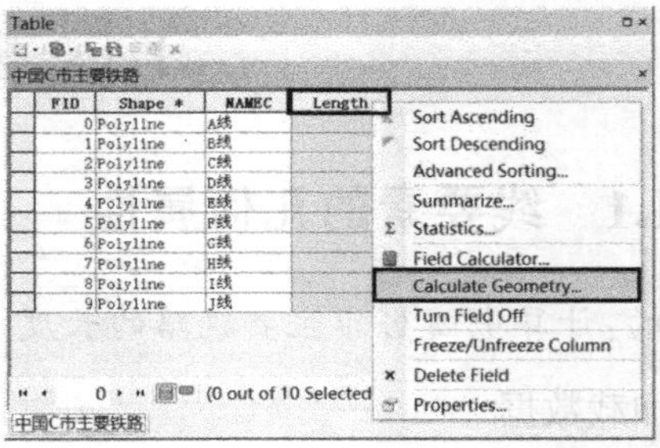

图 1-5 长度计算

步骤 2:在弹出的【Calculate Geometry】窗口中选择【Yes】,继续执行操作,如图 1-6 所示。如果勾选【Don't warn me again】并单击【Yes】,则表示进行【Calculate Geometry】运算时不再弹出此提示,默认继续执行运算。后文默认勾选了【Don't warn me again】,不再弹出此提示。

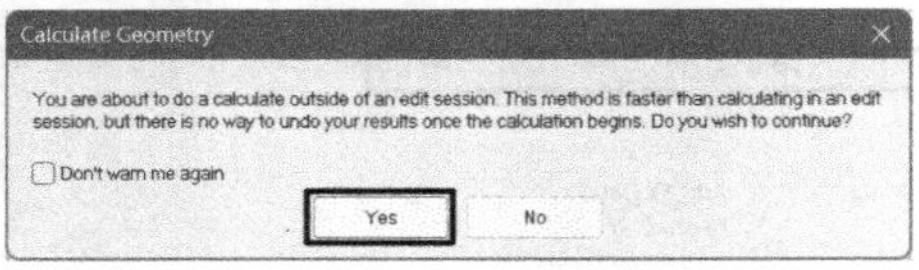

图 1-6 【Calculate Geometry】窗口

步骤 3:在弹出的【Calculate Geometry】窗口中,在【Property】下拉列表中选择“Length”,在【Coordinate System】部分勾选【Use coordinate system of the data source】,然后在【Units】下拉列表中选择【Meters [m]】,最后单击【OK】,如图 1-7 所示。

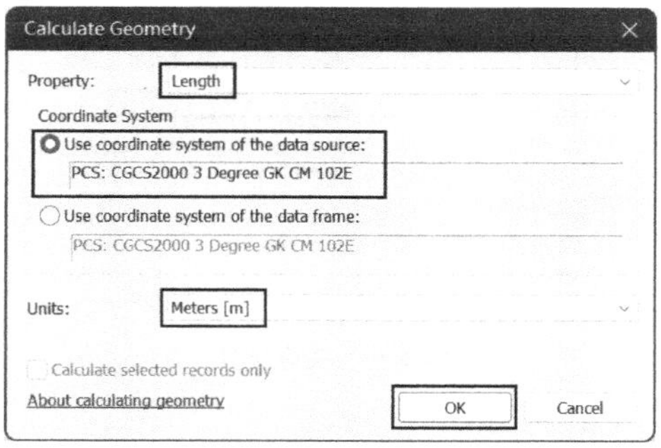

图 1-7 设置参数

步骤 4:在弹出的【Field Calculator】窗口中选择【Yes】,表示继续执行操作,如图 1-8 所示。如果勾选【Don't warn me again】并选择【Yes】,则表示进行【Field Calculator】运算时不再弹出此提示,默认继续执行运算。后文默认勾选了【Don't warn me again】,不再弹出此提示。

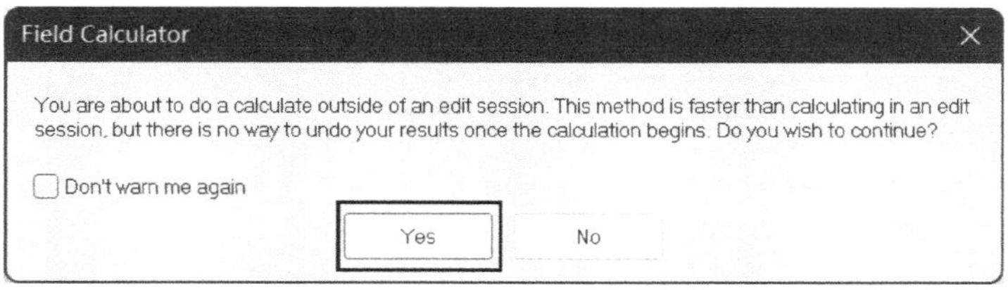

图 1-8 【Field Calculator】窗口

“Length”字段计算结果如图 1-9 所示。

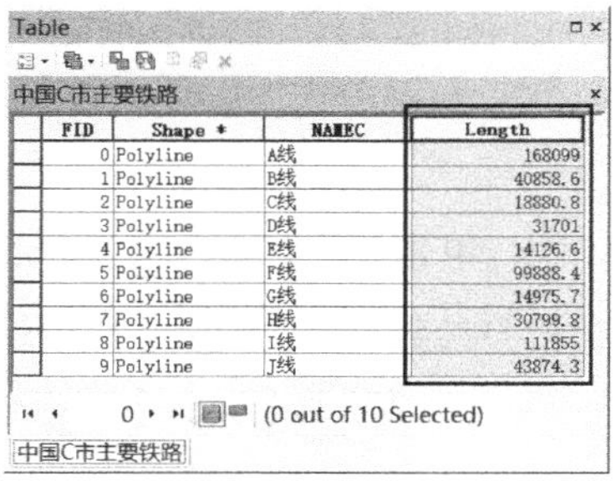

图 1-9 “Length”字段计算结果

4)长度统计

在【Table】窗口中,右键单击“Length”字段,在右键菜单中选择【Statistics】,在弹出的【Statistics of 中国 C 市主要铁路】窗口,查看主要铁路总长度的统计结果,如图 1-10 所示。

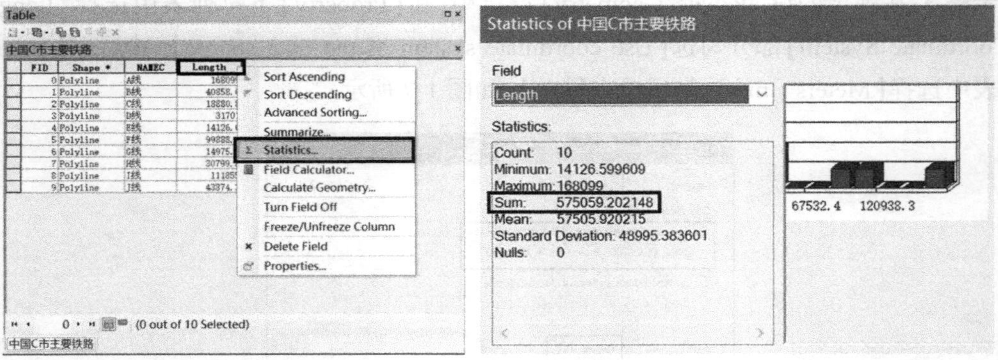

图 1-10　长度统计

1.1.2　面要素的几何属性——面积的计算

目的：计算中国 C 市行政区的总面积。

1）加载数据

单击工具栏的 ◆·（Add Data）图标，在弹出的【Add Data】窗口中，选择随书文件“Ex_01”文件夹中的“中国 C 市行政区划.shp”，单击【Add】按钮，如图 1-11 所示。

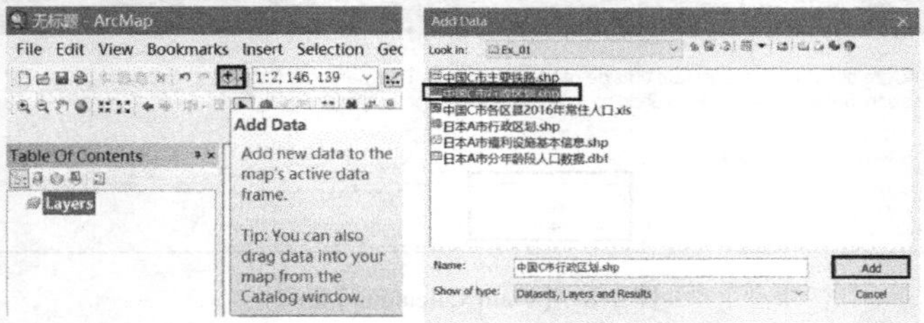

图 1-11　加载数据

2）新建字段

步骤 1：在【Table Of Contents】中，右键单击“中国 C 市行政区划”图层，选择右键菜单中的【Open Attribute Table】。

步骤 2：在弹出的【Table】窗口中，单击左上方的 ☰（Table Options）图标→【Add Field】，在弹出的【Add Field】窗口中设置相关参数。在【Name】栏中输入“Area”，在【Type】下拉列表中选择【Float】，在【Precision】栏中输入“12”，在【Scale】栏中输入“2”，最后单击【OK】按钮，如图 1-12所示。

3）面积计算

在【Table】窗口中，右键单击“Area”字段，在右键菜单中选择【Calculate Geometry】，在弹出的【Calculate Geometry】窗口中设置相关参数。在【Property】下拉列表中选择“Area”，在【Coordinate System】部分选择【Use coordinate system of the data source】，在【Units】下拉列表

中选择【Hectares [ha]】,最后单击【OK】。如图 1-13 所示。

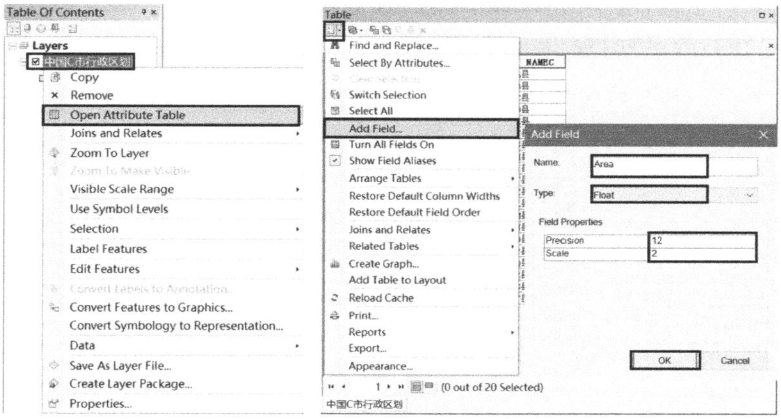

图 1-12　新建面积字段

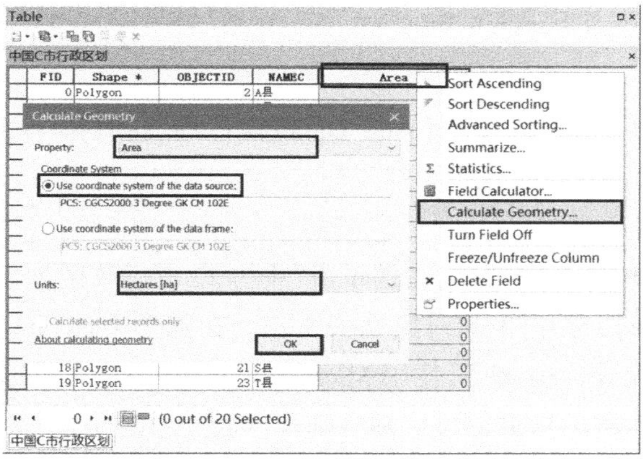

图 1-13　面积计算

“Area”字段的计算结果如图 1-14 所示。

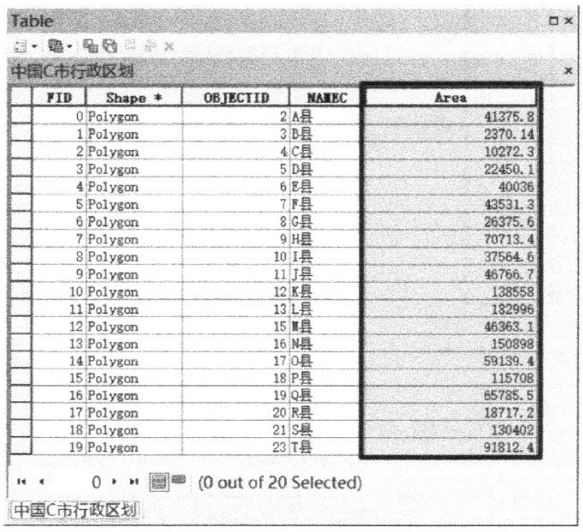

图 1-14　“Area”字段的计算结果

4)面积统计

在【Table】窗口中,右键单击“Area”字段,在右键菜单中选择【Statistics】,在弹出的【Statistics of 中国 C 市行政区划】窗口,查看中国 C 市行政区总面积的统计结果,如图 1-15 所示。

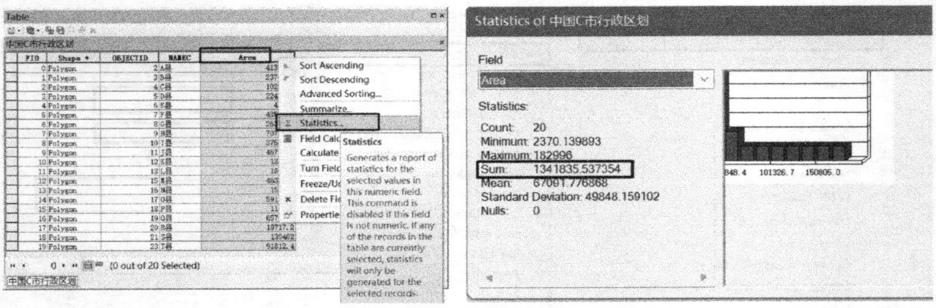

图 1-15　面积统计

1.1.3　连接表的应用

目的:合并 GIS 数据与 Excel 文件。

1)加载数据

单击工具栏的 ✚· 图标,在弹出的【Add Data】窗口中,选择随书文件“Ex_01”文件夹中的“中国 C 市行政区划.shp”。

2)使用连接表

步骤 1:在【Table Of Contents】中,右键单击“中国 C 市行政区划”图层,在右键菜单中选择【Open Attribute Table】,打开【Table】属性表窗口。在随书文件“Ex_01”文件夹中找到“中国 C 市各区县 2016 年常住人口.xls”,使用 Microsoft Office Excel 打开。对比两个数据是否有可匹配的字段,要求该字段的数据值可识别且唯一,如图 1-16 所示。

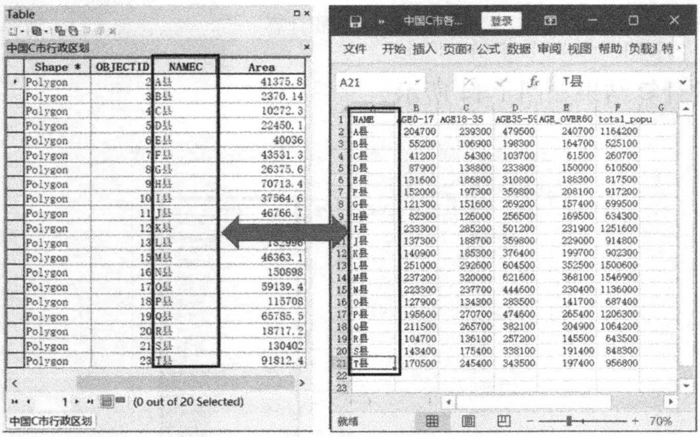

图 1-16　原始数据对比

步骤 2:在【Table Of Contents】中,右键单击“中国 C 市行政区划”图层,在右键菜单中选择【Joins and Relates】→【Join】,如图 1-17 所示。

步骤 3:在弹出的【Join Data】窗口中,在【1. Choose the field in this layer that the join will be based on】下拉列表中选择“NAMEC”。单击【2. Choose the table to join to this layer, or load the table from disk】右侧的 图标打开【Add】窗口,浏览随书文件“Ex_01”文件夹中的“中国 C 市各区县 2016 年常住人口.xls”,单击【Add】按钮,在弹出的【Add】窗口选择“Sheet1 $ ”,单击【Add】按钮;在【3. Choose the field in table to base the join on】下拉列表中选择“NAME”;最后单击【OK】,如图 1-18 所示。

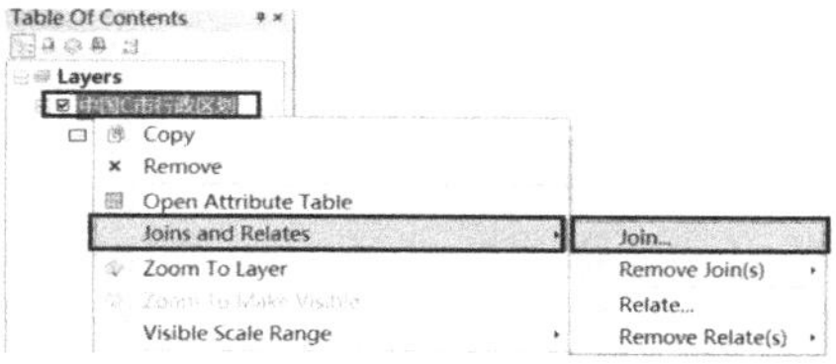

图 1-17 连接字段

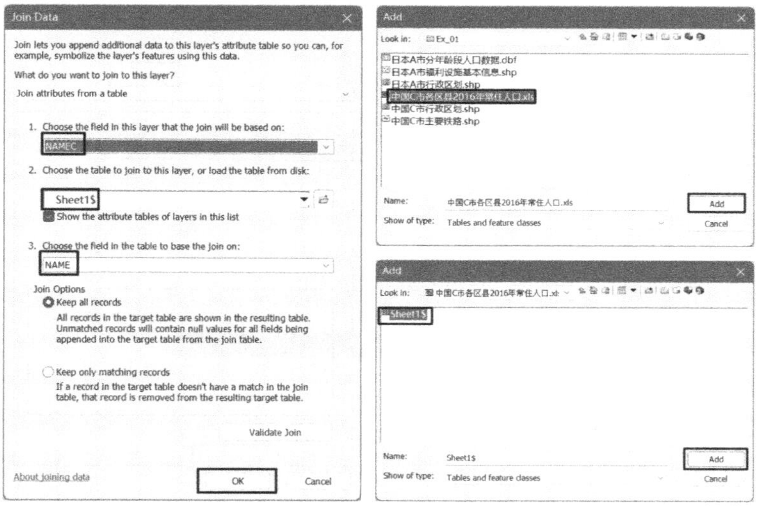

图 1-18 参数设置

步骤 4:将中国 C 市各区县常住人口数据连接到对应的中国 C 市行政区划矢量数据,打开【中国 C 市行政区划】属性表,结果如图 1-19 所示。

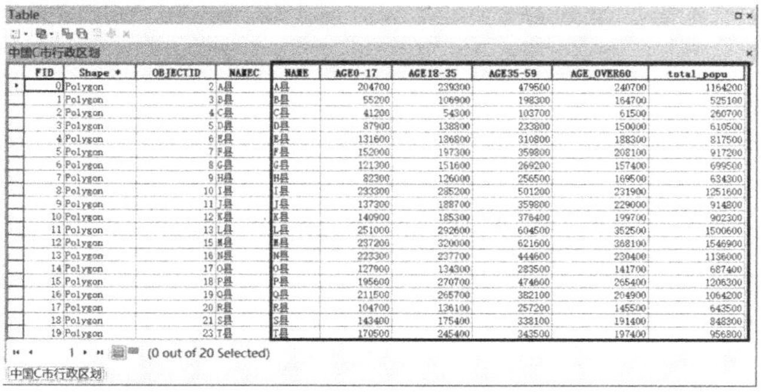

Table

中国C市行政区划

FID	Shape *	OBJECTID	NAMEC	NAME	AGE0-17	AGE18-35	AGE35-59	AGE_OVER60	total_popu
0	Polygon	2	A县	A县	204700	239300	479500	240700	1164200
1	Polygon	3	B县	B县	55200	106900	198300	164700	525100
2	Polygon	4	C县	C县	41200	54300	103700	61500	260700
3	Polygon	5	D县	D县	87900	138800	233800	150000	610500
4	Polygon	6	E县	E县	131600	186800	310800	188300	817500
5	Polygon	7	F县	F县	152000	197300	359800	208100	917200
6	Polygon	8	G县	G县	121300	151600	269200	157400	699500
7	Polygon	9	H县	H县	82300	126000	256500	169500	634300
8	Polygon	10	I县	I县	233300	285200	501200	231900	1251600
9	Polygon	11	J县	J县	137300	188700	359800	229000	914800
10	Polygon	12	K县	K县	140900	185300	376400	199700	902300
11	Polygon	13	L县	L县	251000	292600	604500	352500	1500600
12	Polygon	15	M县	M县	237200	320000	621600	368100	1546900
13	Polygon	16	N县	N县	223300	237700	444600	230400	1136000
14	Polygon	17	O县	O县	127900	134300	283500	141700	687400
15	Polygon	18	P县	P县	195600	270700	474600	265400	1206300
16	Polygon	19	Q县	Q县	211500	265700	382100	204900	1064200
17	Polygon	20	R县	R县	104700	136100	257200	145500	643500
18	Polygon	21	S县	S县	143400	175400	338100	191400	848300
19	Polygon	23	T县	T县	170500	245400	343500	197400	956800

(0 out of 20 Selected)

中国C市行政区划

图 1-19 字段连接结果

3) 导出数据

在【Table Of Contents】中,右键单击“中国 C 市行政区划”图层,在右键菜单中选择

【Data】→【Export Data】。在弹出的【Export Data】窗口中，将文件命名为“中国C市各区县2016年常住人口.shp”，存储在“Ex_01”文件夹中，最后单击【OK】，操作过程如图1-20所示。弹出【ArcMap】窗口，选择【No】，表示不将导出的数据作为新的图层加载（选择【Yes】表示将导出的数据作为新的图层加载），如图1-21所示。

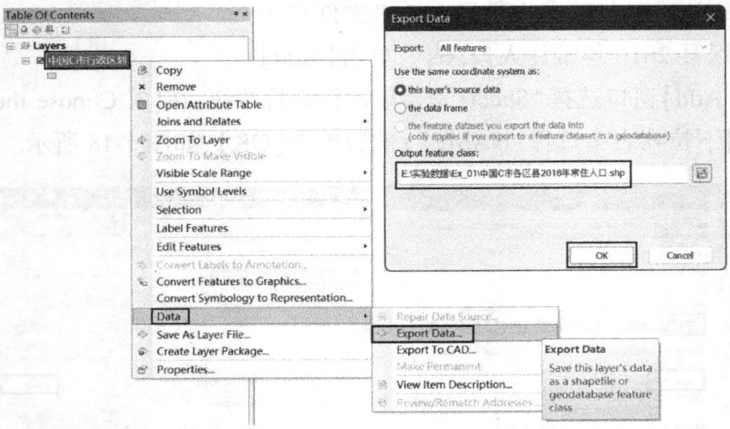

图1-20　数据导出

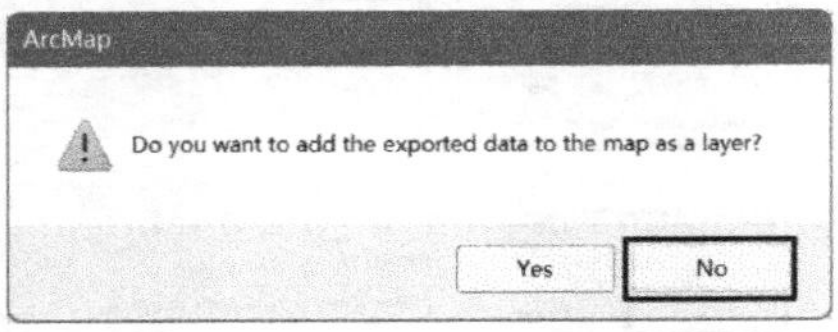

图1-21　提示是否加载数据到图层

1.1.4　字段计算器的应用

目的：人口密度计算及等级划分。

1）加载数据

单击工具栏的 ⊕· 图标，在弹出的【Add Data】窗口中，选择第1.1.3节导出的“中国C市各区县2016年常住人口.shp”，单击【Add】按钮，如图1-22所示。

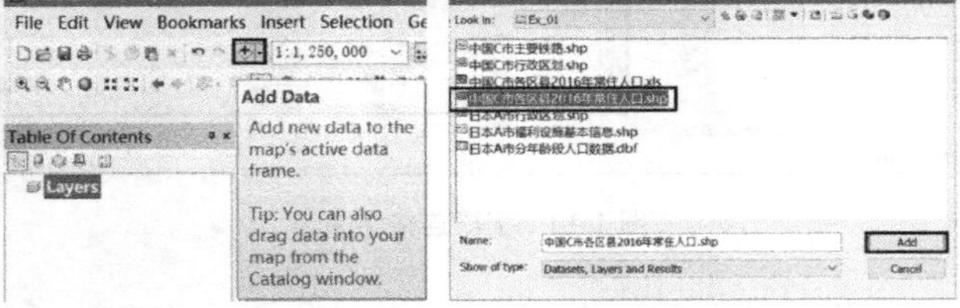

图1-22　加载数据

2)人口密度计算

人口密度=人口总数/区县面积。

步骤1:在【Table Of Contents】中,右键单击“中国C市各区县2016年常住人口”图层,选择右键菜单中的【Open Attribute Table】,如图1-23所示。

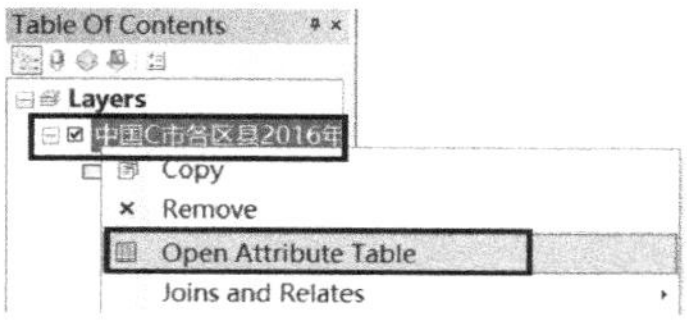

图1-23 打开属性表

步骤2:在弹出的【Table】窗口中,单击(Table Options)图标→【Add Field】,在弹出的【Add Field】窗口中设置相关参数。在【Name】栏中输入“density”,在【Type】下拉列表中选择【Float】,在【Precision】栏中输入“12”,在【Scale】栏中输入“2”,最后单击【OK】按钮,如图1-24所示。

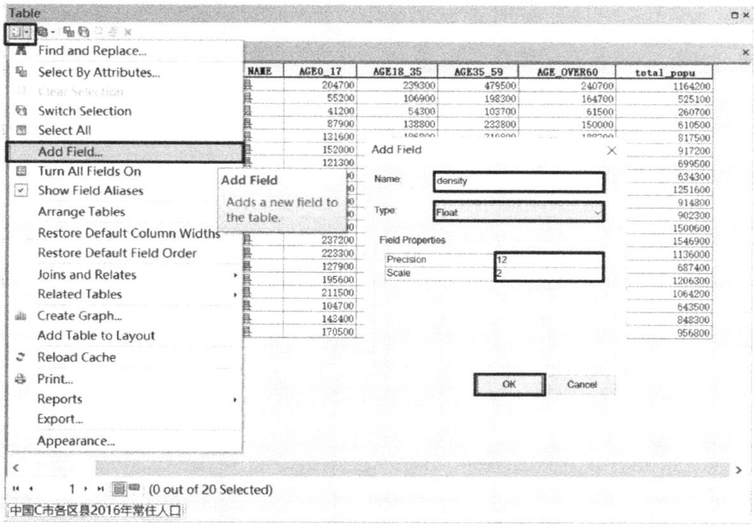

图1-24 新建人口密度字段

步骤3:在弹出的【Table】窗口中,右键单击“density”字段,在右键菜单中选择【Field Calculator】,在弹出的【Field Calculator】窗口中选择【Yes】,表示继续执行操作,如图1-25所示。如果勾选【Don't warn me again】并单击【Yes】,则表示进行Field Calculator运算时不再弹出此提示,默认继续执行运算。后文默认勾选了【Don't warn me again】,默认继续执行,不再弹出此提示。

步骤4:在【Field Calculator】窗口中,双击【Fields】中的字段名和右侧的运算符号,在【density=】输入框中构建人口密度计算公式“[total_popu]/[Area]”,最后单击【OK】,如图1-26所示。结果如图1-27所示。

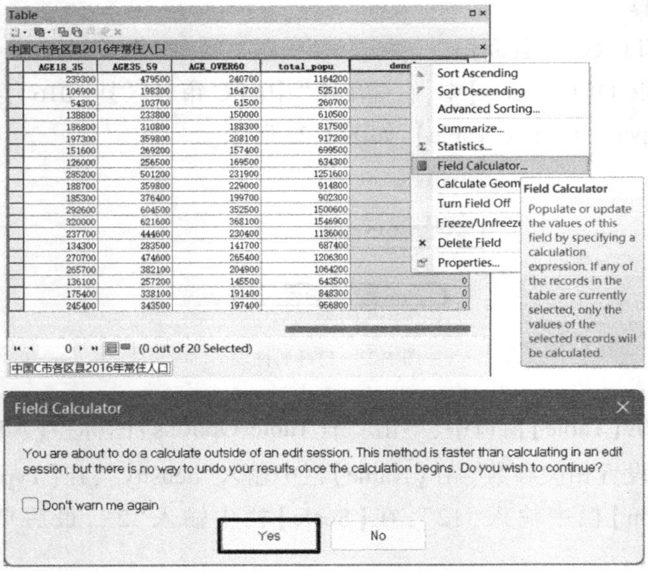

图 1-25 “density”字段计算及提示

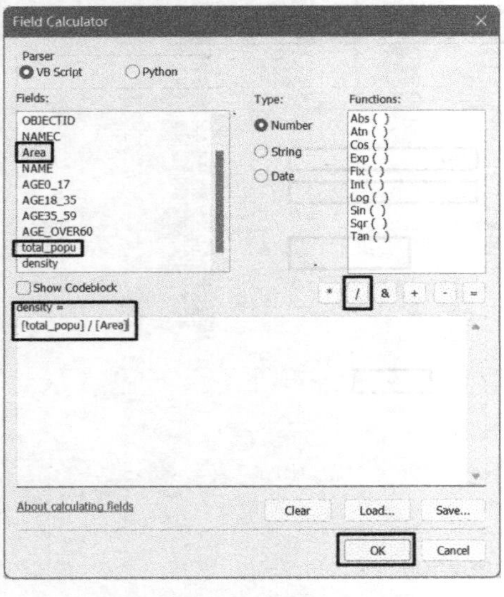

图 1-26 “density”字段计算公式

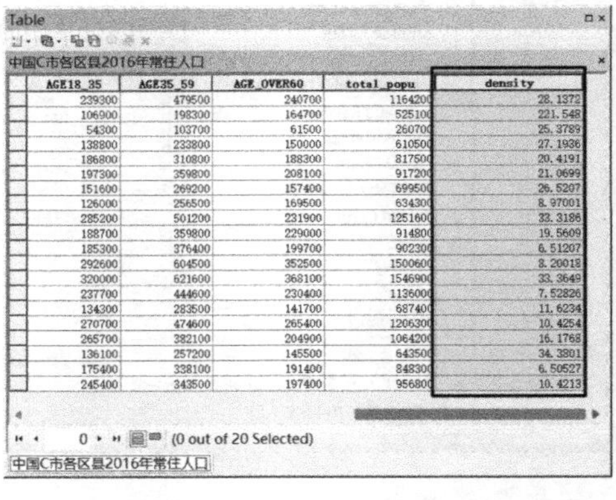

图 1-27 “density”字段计算结果

3）人口密度等级划分

步骤 1：在【Table Of Contents】中，右键单击“中国 C 市区县常住人口”图层，在右键菜单中选择【Properties】，如图 1-28 所示。

步骤 2：在弹出的【Layer Properties】窗口中，选择【Symbology】标签页。在左侧【Show】列表中选择【Quantities】→【Graduated colors】，在右侧的【Fields】→【Value】下拉列表中选择字段“density”，在【Color Ramp】下拉列表中选择合适的色带，最后单击【确定】，如图 1-29 所示。人口密度等级符号化结果如图 1-30 所示。

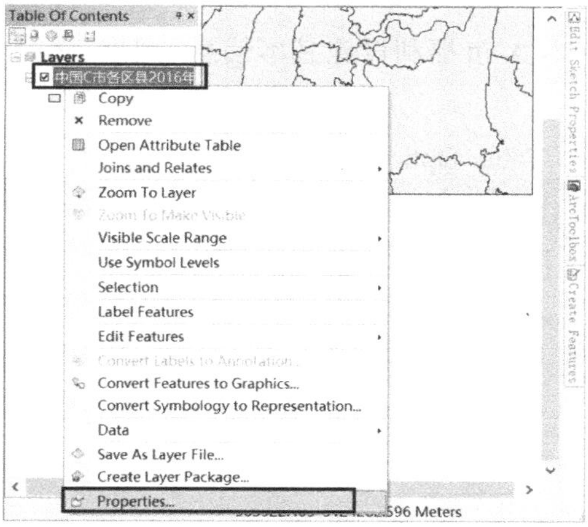

图 1-28 打开文件属性

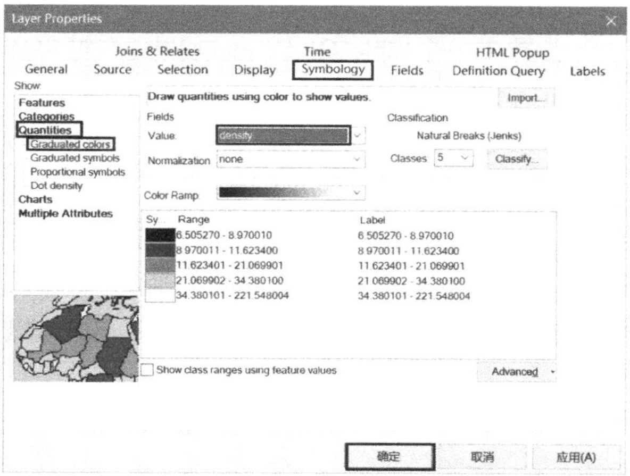

图 1-29 人口密度等级符号化参数设置

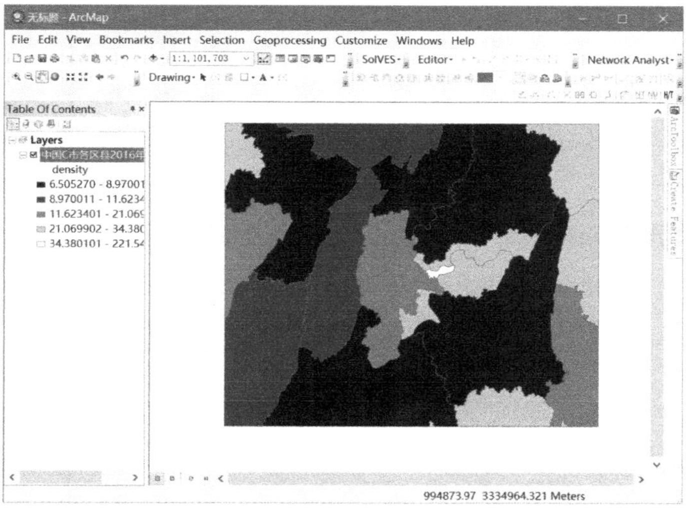

图 1-30 人口密度等级符号化结果

1.2 拓 展 案 例

1.2.1 点要素的几何属性——经纬度的计算

目的:求日本 A 市福利设施的经纬度。

1)加载数据

单击工具栏的 ✦· 图标,在弹出的【Add Data】窗口中,选择随书文件“Ex_01”文件夹中的“日本 A 市福利设施基本信息.shp”。

2）添加字段

步骤1：在【Table Of Contents】中，右键单击“日本A市福利设施基本信息”图层，选择【Open Attribute Table】。

步骤2：在弹出的【Table】窗口中，单击左上方（Table Options）图标→【Add Field】，在弹出的【Add Field】窗口中设置相关参数。在【Name】栏中输入“longitude”，在【Type】下拉列表中选择【Text】，在【Length】栏中输入“24”，最后单击【OK】按钮，如图1-31所示。

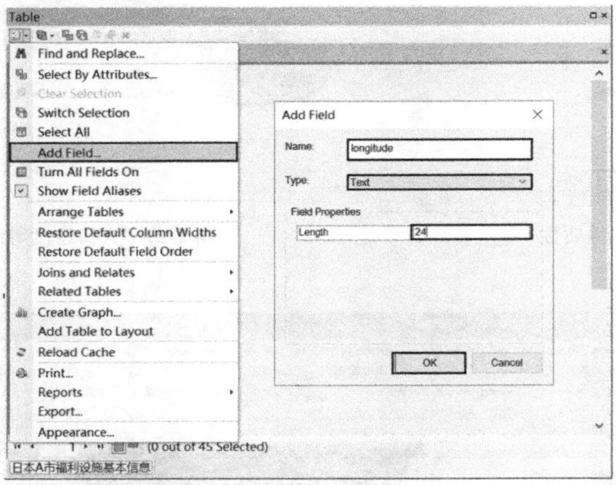

图1-31　新建“longitude”字段

步骤3：按照步骤2继续添加“latitude”字段，如图1-32所示。

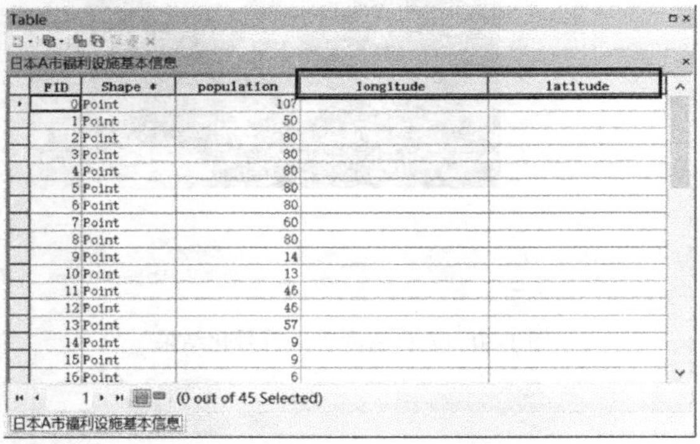

Table

日本A市福利设施基本信息

FID	Shape *	population	longitude	latitude
0	Point	107		
1	Point	50		
2	Point	80		
3	Point	80		
4	Point	80		
5	Point	80		
6	Point	80		
7	Point	60		
8	Point	80		
9	Point	14		
10	Point	13		
11	Point	46		
12	Point	46		
13	Point	57		
14	Point	9		
15	Point	9		
16	Point	6		

(0 out of 45 Selected)

日本A市福利设施基本信息

图1-32　新建“latitude”字段

3）计算点要素的经纬度

步骤1：在【Table】窗口中，右键单击“longitude”字段，在右键菜单中选择【Calculate Geometry】，在弹出的【Calculate Geometry】窗口中设置相关参数。在【Property】下拉列表中选择【X Coordinate of Point】，在【Coordinate System】下拉列表中选择【Use coordinate system of the data source】，在【Units】下拉列表中选择【Degrees Minutes Seconds（DDD MMM′ SS.sss″［W|E］）】，最后单击【OK】，如图1-33所示。

步骤2：在【Table】窗口中，右键单击“latitude”字段，在右键菜单中选择【Calculate Geometry】,参考步骤 1,在弹出的【Calculate Geometry】窗口中设置相关参数,计算福利设施点要素的纬度,如图 1-34 所示。

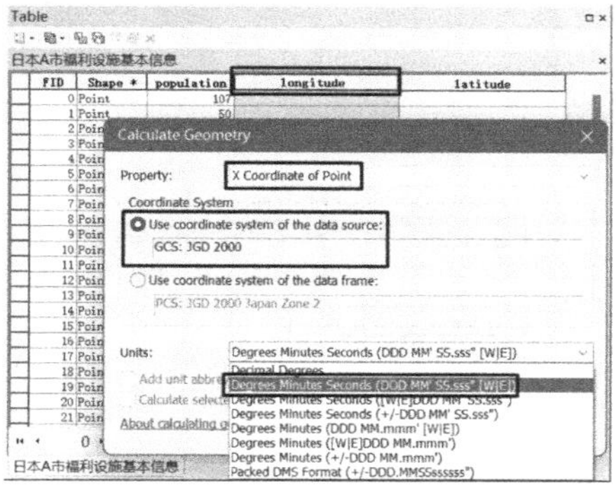

图 1-33 “longitude”字段参数设置

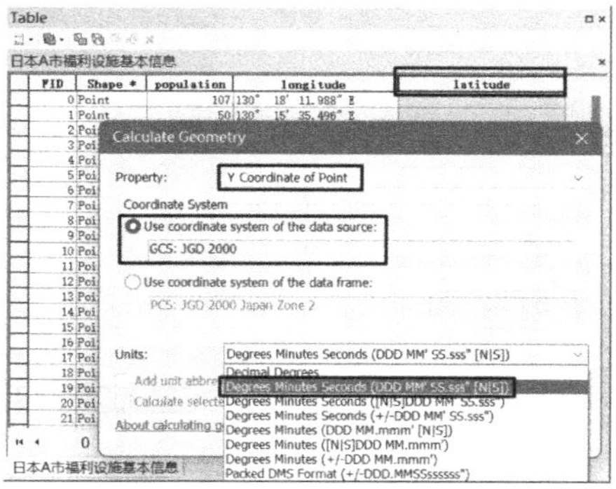

图 1-34 “latitude”字段参数设置

经纬度的计算结果如图 1-35 所示。

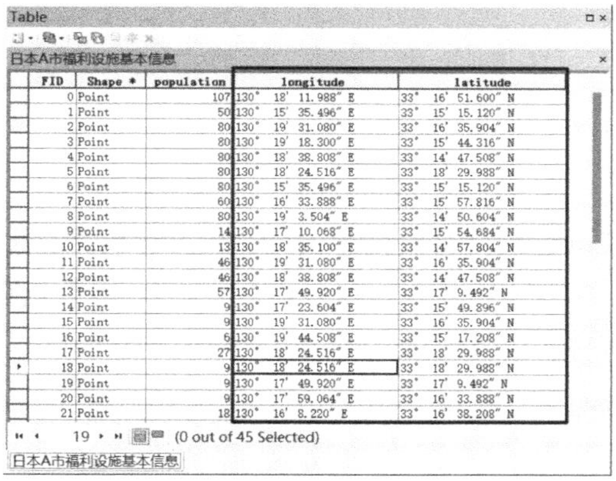

FID	Shape *	population	longitude	latitude
0	Point	107	130° 18' 11.988" E	33° 16' 51.600" N
1	Point	50	130° 15' 35.496" E	33° 15' 15.120" N
2	Point	80	130° 19' 31.080" E	33° 16' 35.904" N
3	Point	80	130° 19' 18.300" E	33° 15' 44.316" N
4	Point	80	130° 18' 38.808" E	33° 14' 47.508" N
5	Point	80	130° 18' 24.516" E	33° 18' 29.988" N
6	Point	80	130° 15' 35.496" E	33° 15' 15.120" N
7	Point	60	130° 16' 33.888" E	33° 15' 57.816" N
8	Point	80	130° 19' 3.504" E	33° 14' 50.604" N
9	Point	14	130° 17' 10.068" E	33° 15' 54.684" N
10	Point	13	130° 18' 35.100" E	33° 14' 57.804" N
11	Point	46	130° 19' 31.080" E	33° 16' 35.904" N
12	Point	46	130° 18' 38.808" E	33° 14' 47.508" N
13	Point	57	130° 17' 49.920" E	33° 17' 9.492" N
14	Point	9	130° 17' 23.604" E	33° 15' 49.896" N
15	Point	9	130° 19' 31.080" E	33° 16' 35.904" N
16	Point	6	130° 19' 44.508" E	33° 15' 17.208" N
17	Point	27	130° 18' 24.516" E	33° 18' 29.988" N
18	Point	9	130° 18' 24.516" E	33° 18' 29.988" N
19	Point	9	130° 17' 49.920" E	33° 17' 9.492" N
20	Point	9	130° 17' 59.064" E	33° 16' 33.888" N
21	Point	18	130° 16' 8.220" E	33° 16' 38.208" N

图 1-35 福利设施点的经纬度计算结果

1.2.2 属性表的综合应用

目的:绘制日本 A 市高龄化率的等级划分图和福利设施容量的等级划分图。

1)加载数据

单击工具栏的 ◆· 图标,在弹出的【Add Data】窗口中,选择随书文件“Ex_01”文件夹中的“日本 A 市行政区划.shp”“日本 A 市分年龄段人口数据.dbf”和“日本 A 市福利设施基本信息.shp”。

2)连接 GIS 数据与 dbf 数据

步骤 1:在【Table Of Contents】中,右键单击“日本 A 市行政区划”图层,在右键菜单中选择【Joins and Relates】→【Join】[图 1-36(左)]。

步骤 2:在弹出的【Join Data】窗口中,参考字段选择“MOJI”(日本 A 市行政区划),关联文件选择“日本A市分年龄段人口数据”,关联字段选择“NAME”,最后单击【OK】,如图1-36(右)所示。

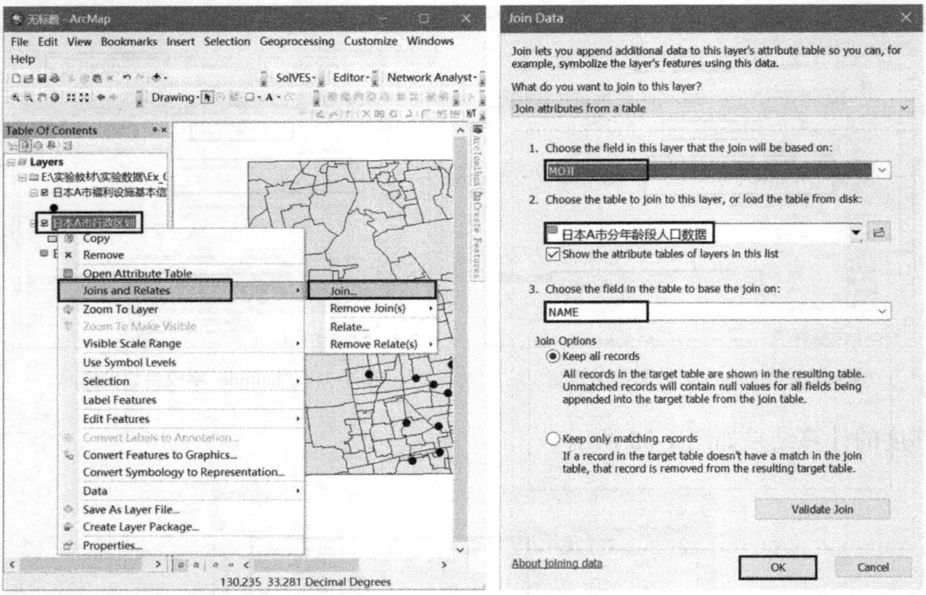

图1-36 连接字段

步骤3:在【Table Of Contents】中,右键单击“日本A市行政区划”图层,在右键菜单中选择【Data】→【Export Data】,在弹出的【Export Data】窗口中,将数据命名为“日本A市不同街道人口普查数据.shp”,存储在“Ex_01”文件夹中,如图1-37所示。

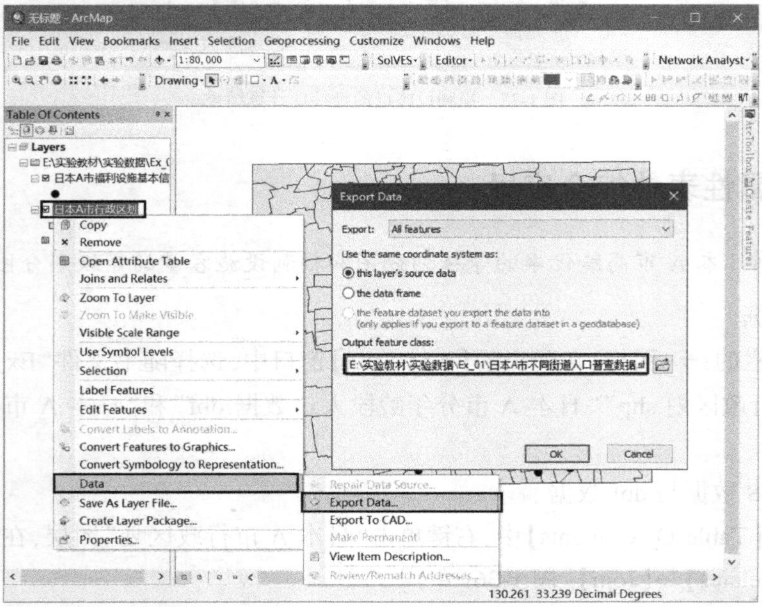

图1-37 数据导出

步骤 4:弹出【ArcMap】窗口,选择【Yes】,表示将导出的数据作为新的图层加载,如图 1-38 所示。后文默认继续执行,将导出的数据自动添加到图层,不再弹出此提示。

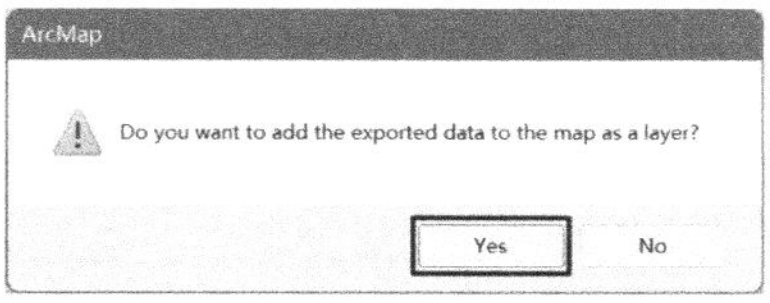

图 1-38 提示是否加载数据到图层

3)计算高龄化率

高龄化率指 65 岁以上人口占总人口的比重。高龄化率=(65~70 岁年龄段总人数+70~75 岁年龄段总人数+超过 75 岁年龄段总人数)/总人口数。

步骤 1:在【Table Of Contents】中,右键单击"日本 A 市不同街道人口普查数据"图层,在右键菜单中选择【Open Attribute Table】。

步骤 2:在弹出的【Table】窗口中,新建高龄化率字段"aging_rate",具体步骤参考第 1.2 节,如图 1-39 所示。

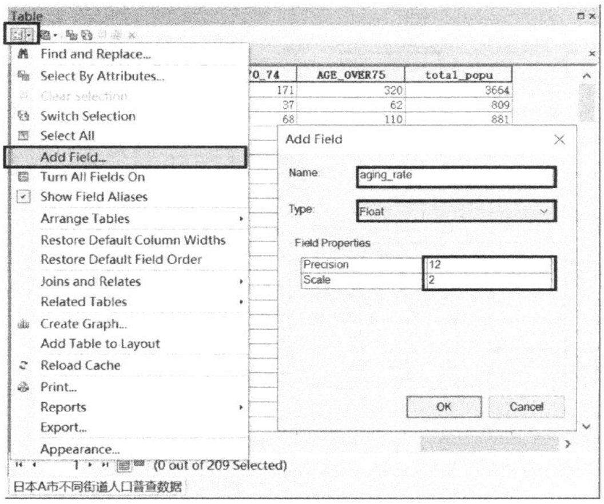

图 1-39 新建字段

步骤 3:在【Table】窗口中,右键单击"aging_rate"字段,在右键菜单中选择【Field Calculator】。在弹出的【Field Calculator】窗口中,通过双击【Fields】中的字段名和右方的运算符号,在【aging_rate=】输入框中输入"([AGE65_69]+[AGE70_74]+[AGE_OVER75])/[total_popu]",最后单击【OK】,如图 1-40 所示。

4)高龄化率符号化

步骤 1:在【Table Of Contents】中,右键单击"日本 A 市不同街道人口普查数据"图层,在右键菜单中选择【Properties】。

步骤 2:在弹出的【Layer Properties】窗口中,选择【Symbology】标签页,在左侧【Show】列表中选择【Quantities】→【Graduated colors】,在【Value】下拉列表中选择"aging_rate",在【Color Ramp】下拉列表中选择合适的色带,最后单击【确定】,如图 1-41 所示。将高龄化率符号化后的结果如图 1-42 所示。

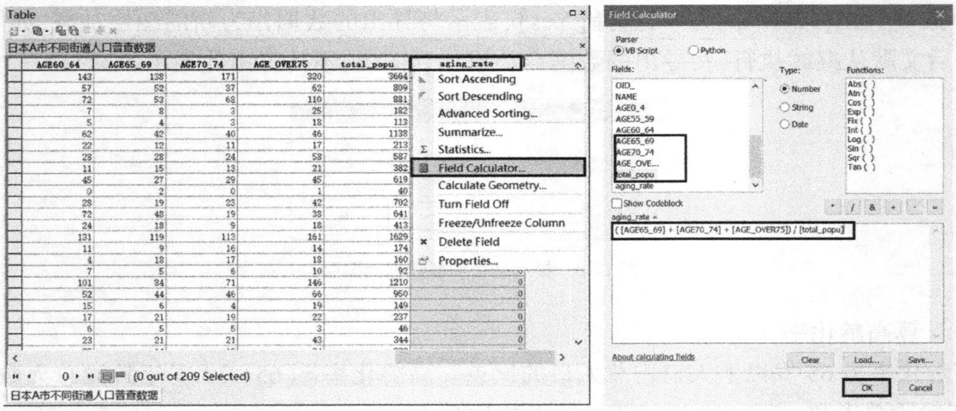

图 1-40　计算高龄化率

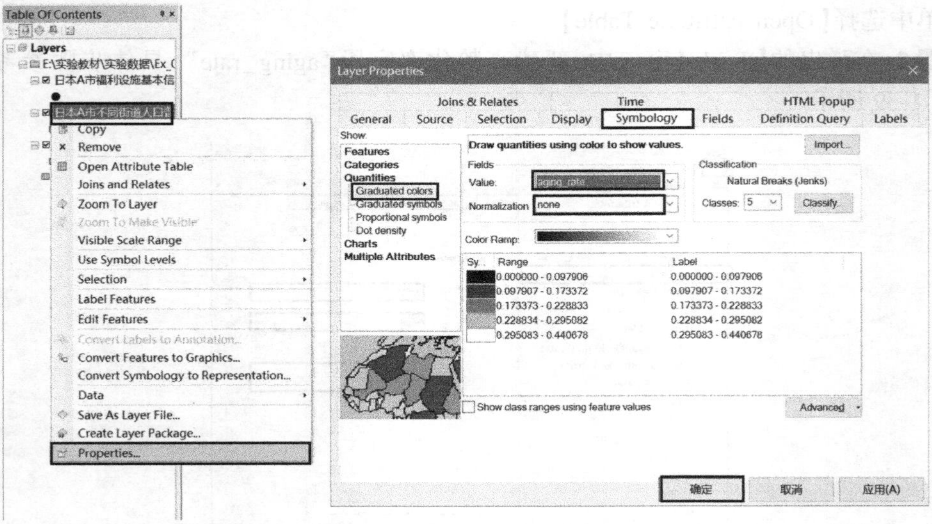

图 1-41　高龄化率符号化

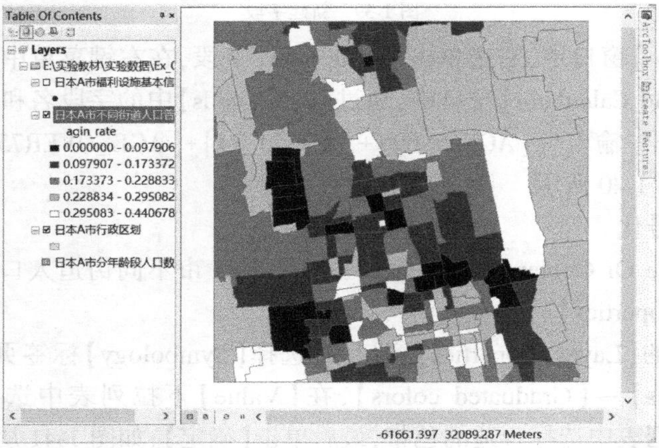

图 1-42　高龄化率等级划分结果

5)叠加福利设施容量与高龄化率

步骤1:在【Table Of Contents】中,右键单击"日本A市福利设施基本信息"图层,在右键菜单中选择【Properties】。

步骤2:在弹出的【Layer Properties】窗口中,选择【Symbology】标签页,在左侧【Show】列表中选择【Quantities】→【Graduated colors】,在【Value】下拉列表中选择"population",在【Color Ramp】下拉列表中选择合适的色带,最后单击【确定】,如图1-43所示。福利设施容量分级结果叠加在高龄化率分级结果图层上,如图1-44所示。

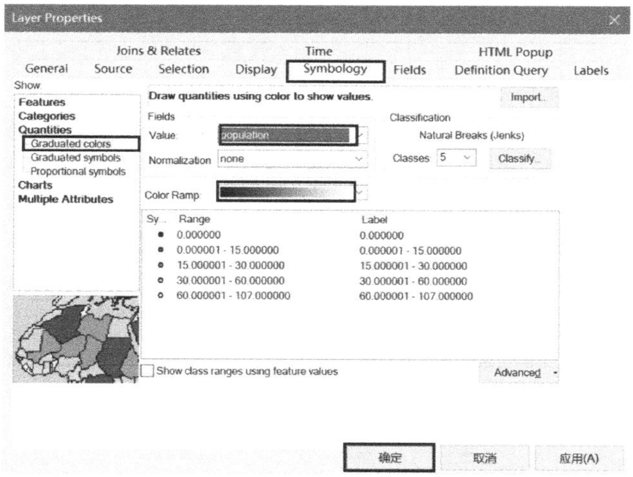

图1-43 福利设施容量符号化

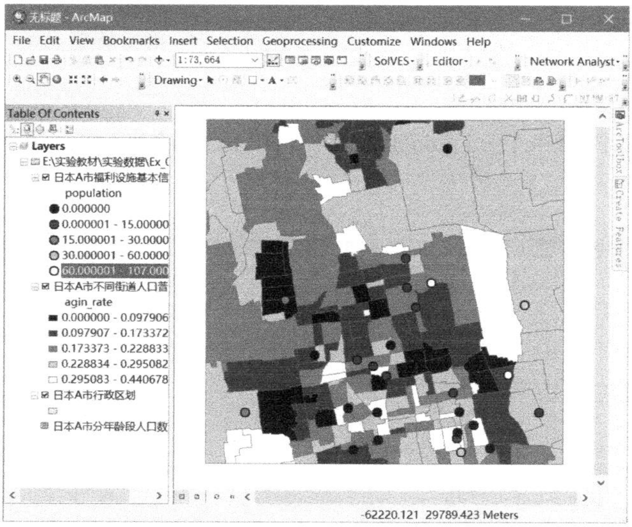

图1-44 福利设施容量与高龄化率叠加

第 2 章　ArcGIS 空间查询方法的综合应用

空间查询包括属性查询和位置查询，即基于要素属性的查询和基于要素位置的查询。基于位置的查询是进行多图层叠加分析的常用功能，突出了地理数据最关键的属性——位置，如查询河流所流经的区域、某公路横跨的省份、洪水影响的范围等。

通过本章的学习，读者可以理解属性查询和位置查询的基本概念，并掌握查询方法。

本章所用到的示例数据位于随书文件的“Ex_02”文件夹，见表 2-1。

示 例 数 据　　表 2-1

编　号	文 件 名	文件格式
1	日本 A 市不同街道人口普查数据	.shp
2	公共设施	.shp
3	日本 A 市公路网	.shp

2.1　基 本 案 例

2.1.1　属性查询——单要素查询

目的：使用属性查询功能查询日本 A 市高龄化率大于 30%的区域。

1）加载数据

步骤 1：单击菜单栏【File】→【Add Data】→【Add Data】，或者直接单击工具栏的 + 图标，如图 2-1 所示。

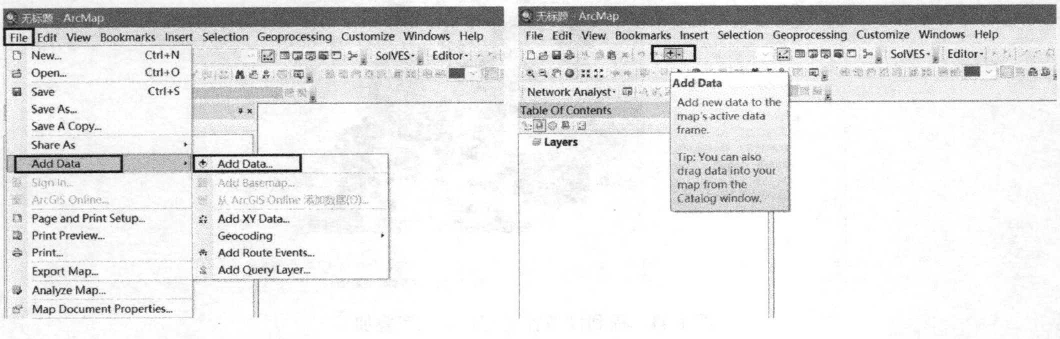

图 2-1　加载数据

步骤 2:在弹出的【Add Data】窗口,选择随书文件“Ex_02”文件夹中的“日本 A 市不同街道人口普查数据.shp”,单击【Add】按钮,如图 2-2 所示。

图 2-2 添加数据

2)属性查询

步骤 1:单击菜单栏的【Selection】→【Select By Attributes】。

步骤 2:在弹出的【Select By Attributes】窗口中进行相关设置。在【Layer】下拉列表中选择“日本 A 市不同街道人口普查数据”;在【SELECT * FROM 日本 A 市不同街道人口普查数据 WHERE】输入框中输入“"aging_rate" >30”,最后单击【OK】,如图 2-3 所示。日本 A 市高龄化率大于 30%的区域如图 2-4 所示。

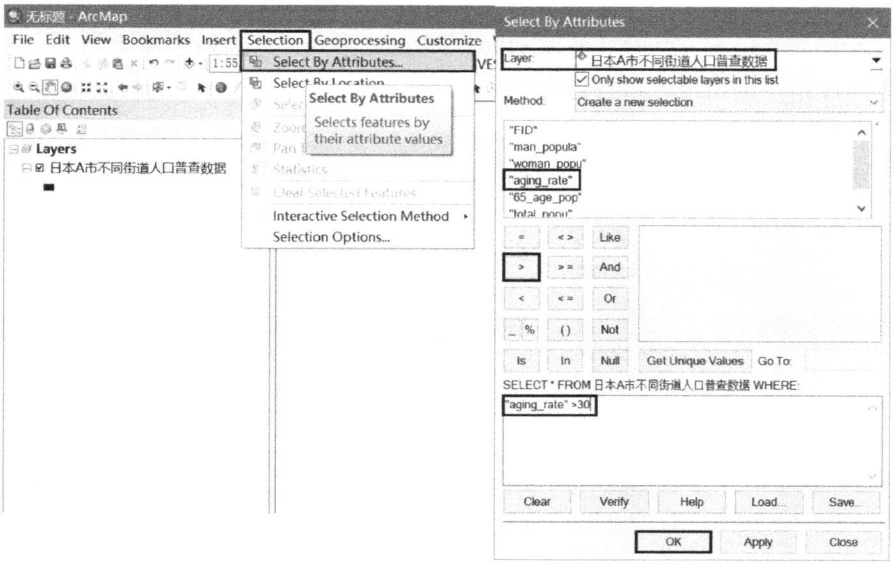

图 2-3 属性查询工具及设置

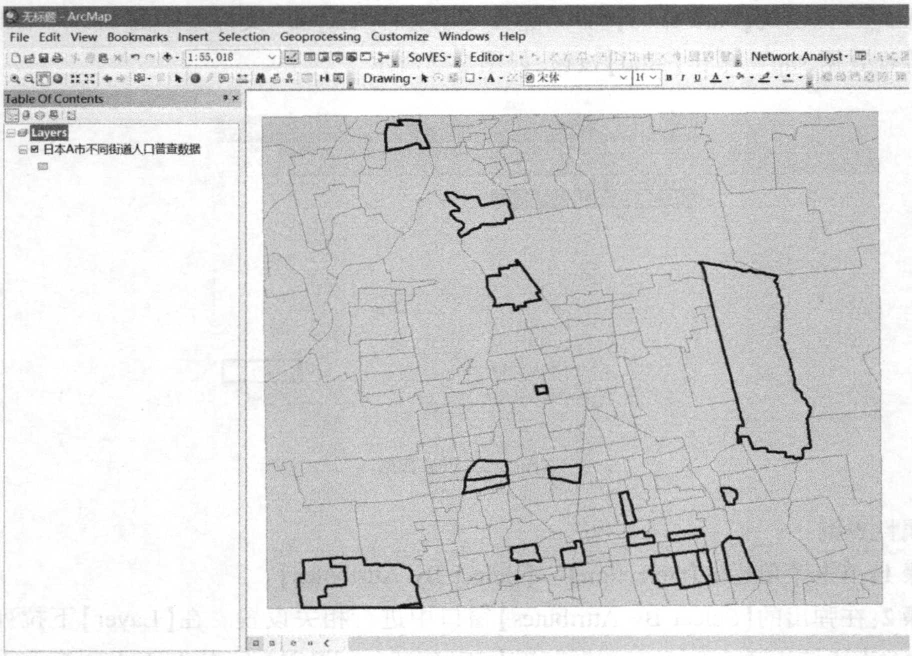

图 2-4　查询结果

3)查询结果

在【Table Of Contents】中,右键单击“日本 A 市不同街道人口普查数据”图层,在右键菜单中选择【Selection】→【Create Layer From Selected Features】,如图 2-5 所示。得到新图层——“日本 A 市不同街道人口普查数据 selection”,如图 2-6 所示。

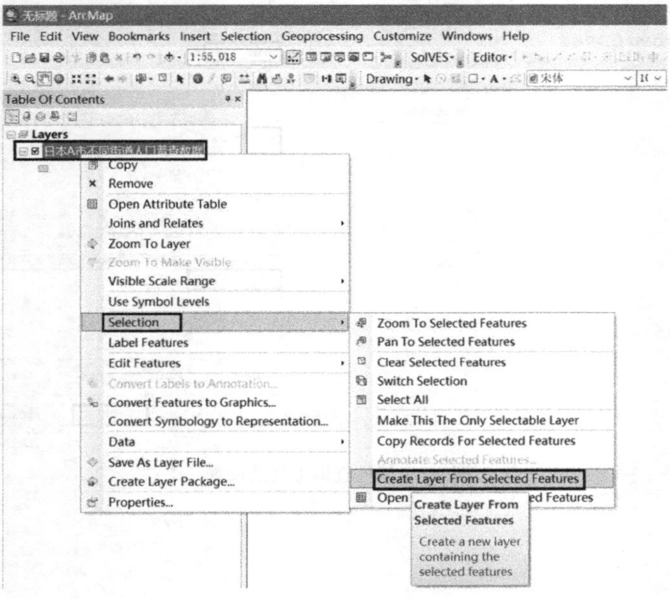

图 2-5　将查询结果另存为新图层

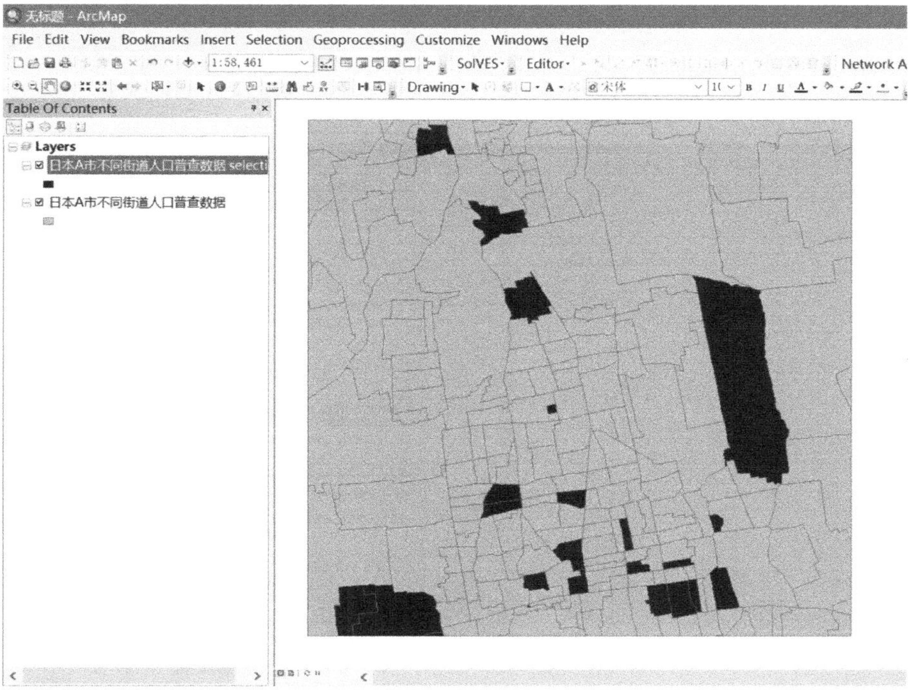

图 2-6 属性查询结果图层

2.1.2 位置查询——点面叠加查询

目的:使用位置查询功能查询日本 A 市有公共设施的区域。

1)加载数据

单击工具栏的 ✥· 图标,在弹出的【Add Data】窗口中,选择随书文件“Ex_02”文件夹中的“公共设施.shp”和“日本 A 市不同街道人口普查数据.shp”。

2)位置查询

步骤 1:单击菜单栏的【Selection】→【Select By Location】。

步骤 2:在弹出的【Select By Location】窗口中进行相关设置。在【Selection method】下拉列表中选择【select features from】;在【Target layer(s)】中选择“日本 A 市不同街道人口普查数据”,在【Source layer】下拉列表中选择“公共设施”,在【Spatial selection method for target layer feature(s)】下拉列表中选择【intersect the source layer feature】,单击【OK】,如图 2-7 所示。使用位置查询功能检索的日本 A 市有公共设施区域如图 2-8 所示。

3)查询结果

在【Table Of Contents】中,右键查询“日本 A 市不同街道人口普查数据”图层,将查询结果创建为新图层,如图 2-9 所示。

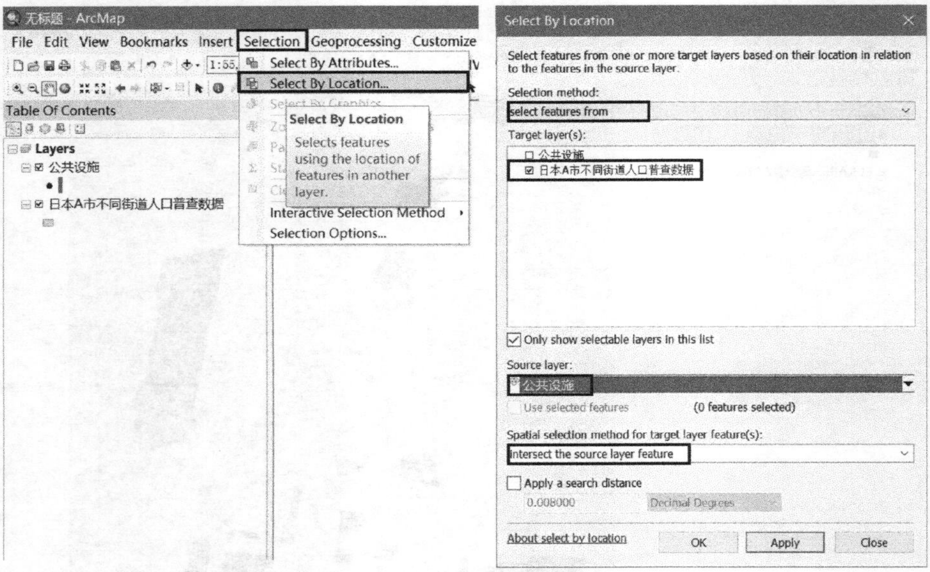

图 2-7　位置查询工具及设置

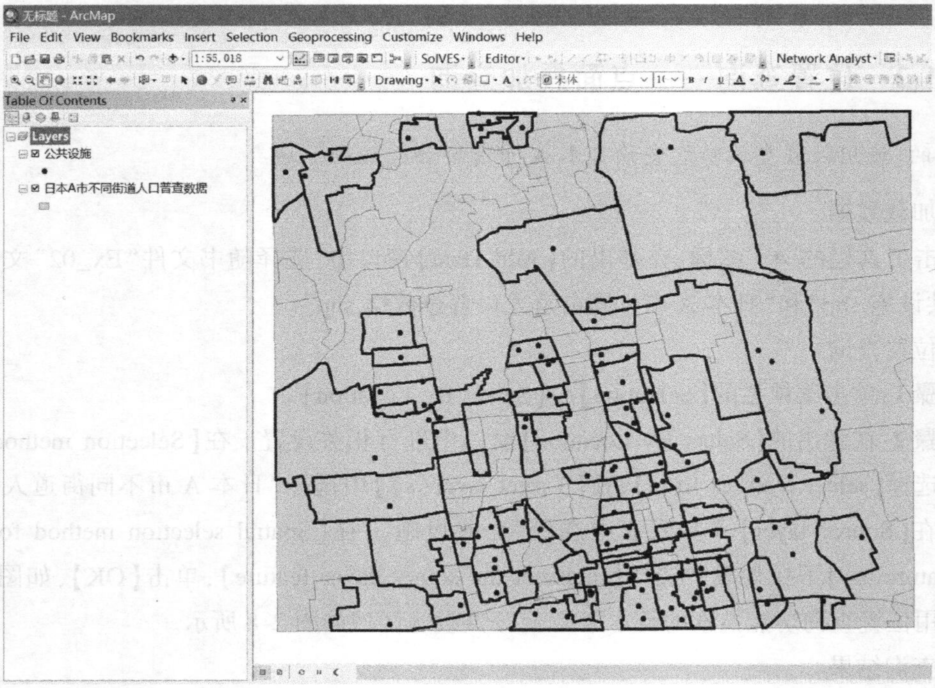

图 2-8　查询结果

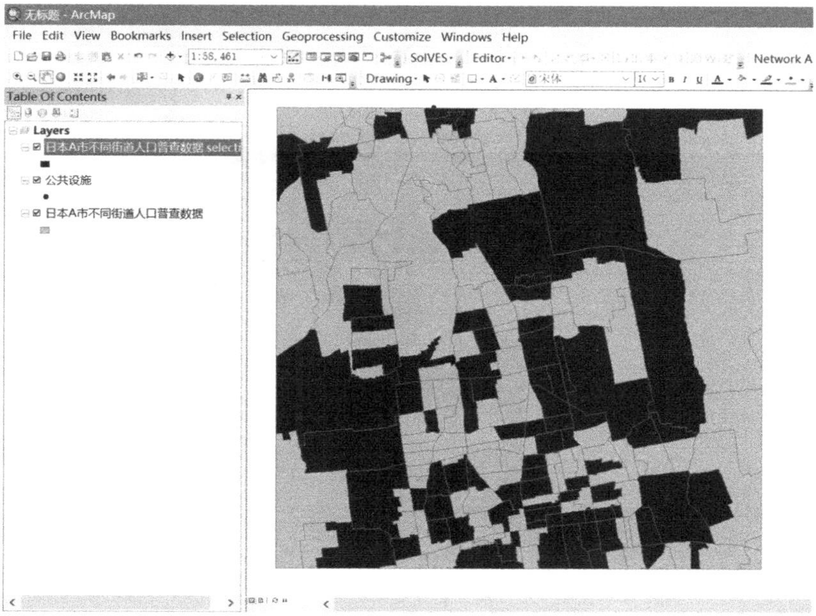

图 2-9 查询结果

2.2 拓 展 案 例

2.2.1 属性查询——多属性查询

目的：提取总人口≥1000人且高龄化率≥20%的街道。

1）加载数据

单击工具栏的 ✦· 图标，在弹出的【Add Data】窗口中，选择随书文件“Ex_02”文件夹中的“日本A市不同街道人口普查数据.shp”。

2）属性查询

步骤1：单击菜单栏的【Selection】→【Select By Attributes】。

步骤2：在弹出的【Select By Attributes】窗口中进行相关设置，在【Layer】下拉列表中选择“日本A市不同街道人口普查数据”；在【SELECT FROM 日本A市不同街道人口普查数据 WHERE】输入框中构造计算式“"total_popu" >= 1000 AND "aging_rate" >= 20”，单击【OK】，如图2-10所示。

图 2-10 【Select By Attributes】设置

3）查询结果

在【Table Of Contents】中，右键单击“日本A市不同街道人口普查数据"图层,得到新图层——"日本A市不同街道人口普查数据 selection",如图2-11所示。

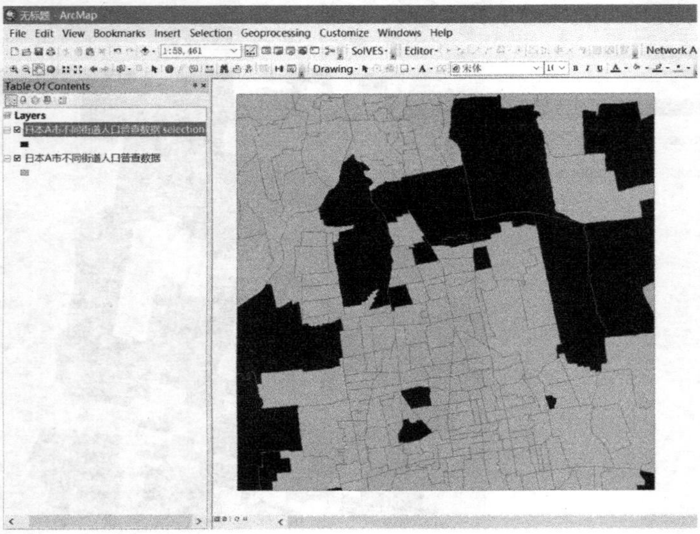

图2-11 查询结果

4)注记

在查询结果的图层上同时显示人口与高龄化的数值。

步骤1:双击"日本A市不同街道人口普查数据 selection",在弹出的【Layer Properties】窗口选择【Labels】标签,勾选【Label features in this layer】。

步骤2:单击【Text String】区域的【Expression】按钮,在弹出的【Label Expression】窗口的【Expression】输入框中构造表达式"[total_popu]&" "&[aging_rate]",然后单击【确定】,返回【Layer Properties】窗口,再单击【确定】,如图2-12所示。注记结果如图2-13所示。

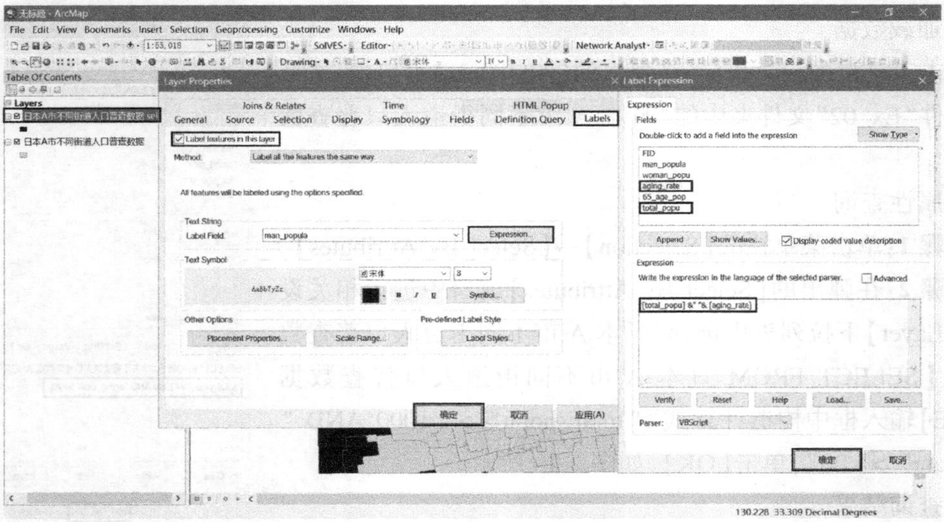

图2-12 Label设置

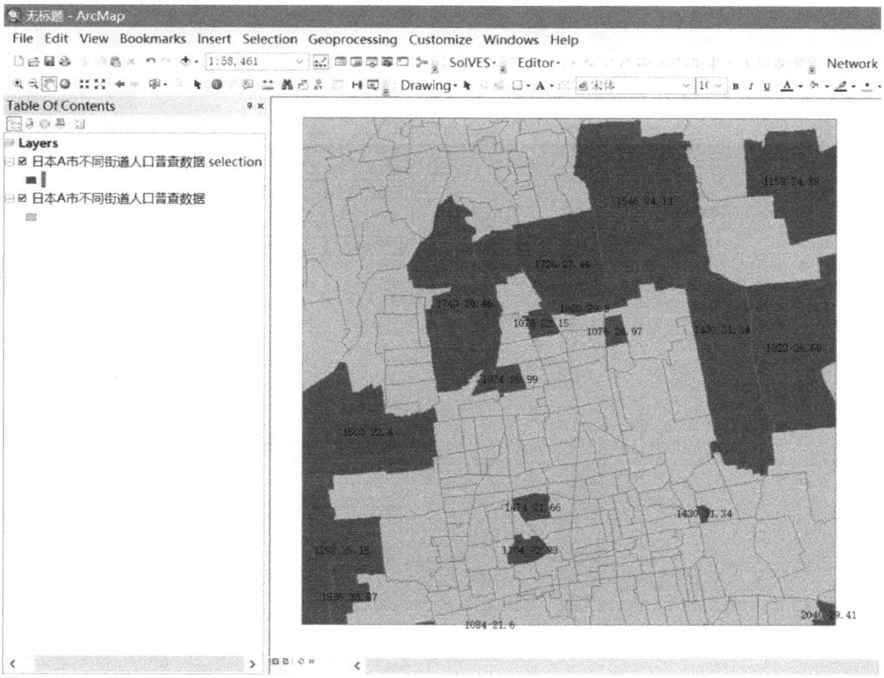

图 2-13　注记结果

2.2.2　位置查询——线面叠加查询

目的:提取日本 A 市有道路的街道。

1)加载数据

单击工具栏的 图标,在弹出的【Add Data】窗口中,选择随书文件“Ex_02”文件夹中的“日本 A 市公路网.shp”和“日本 A 市不同街道人口普查数据.shp”。

2)位置查询

步骤 1:单击菜单栏的【Selection】→【Select By Location】。

步骤 2:在弹出的【Select By Location】窗口中进行相关设置。在【Selection method】下拉列表中选择【select features from】,在【Target layer(s)】中选择“日本 A 市不同街道人口普查数据”,在【Source layer】下拉列表中选择“日本 A 市公路网”,在【Spatial selection method for target layer feature(s)】下拉列表中选择【intersect the source layer feature】,单击【OK】,如图 2-14所示。

3)查询结果

在【Table Of Contents】中,右键单击“日本 A 市不同街道人口普查数据”图层,在右键菜单中选择【Selection】→【Create Layer From Selected Features】,得到新图层——“日本 A 市不同街道人口普查数据 selection”,如图 2-15 所示。

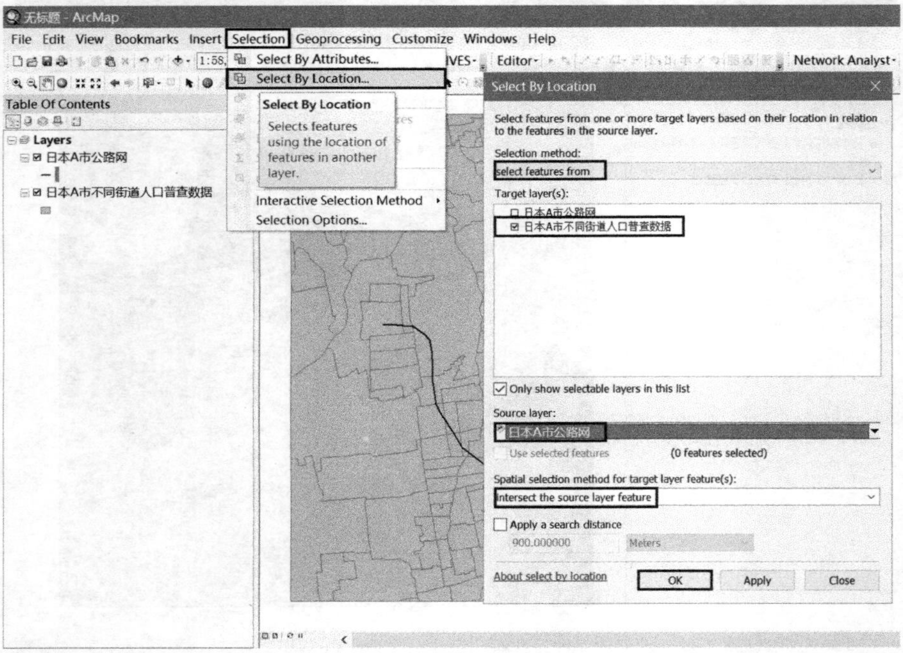

图 2-14　位置查询及设置

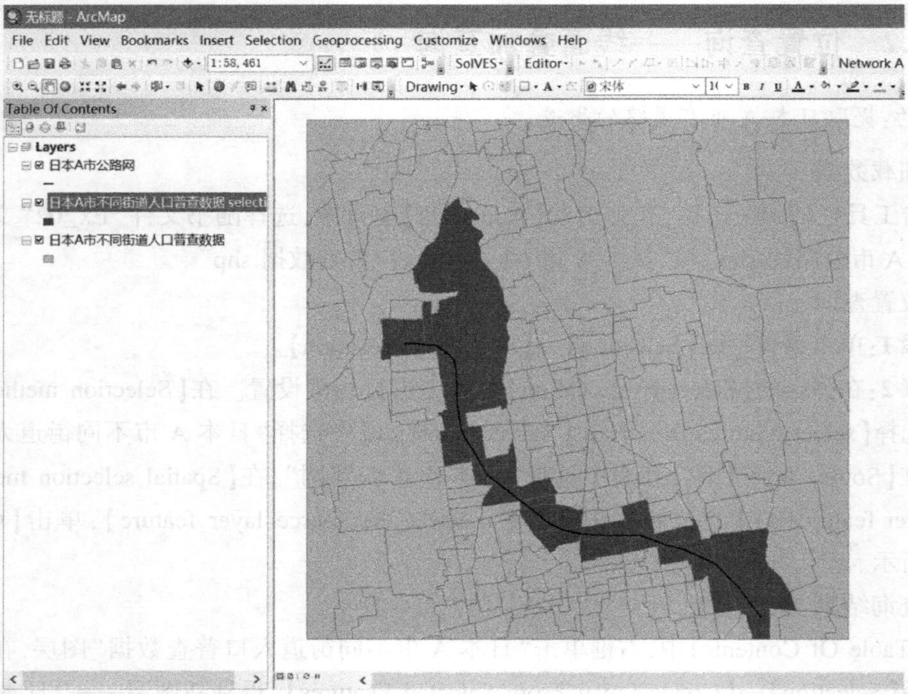

图 2-15　查询结果

2.2.3 同时使用属性查询和位置查询——综合查询

目的:提取日本 A 市有医院的街道。

1)加载数据

单击工具栏的 ✦· 图标,在弹出的【Add Data】窗口中,选择随书文件“Ex_02”文件夹中的“日本 A 市不同街道人口普查数据.shp”和“公共设施.shp”。

2)属性查询

步骤 1:单击菜单栏的【Selection】→【Select By Attributes】。

步骤 2:在弹出的【Select By Attributes】窗口中进行相关设置。在【Layer】下拉列表中选择“公共设施”,单击【Get Unique Values】按钮,显示所有公共设施类型,在【SELECT * FROM 公共设施 WHERE】输入框中构造计算式“"type" = 'hospital'”,单击【OK】,如图 2-16 所示。

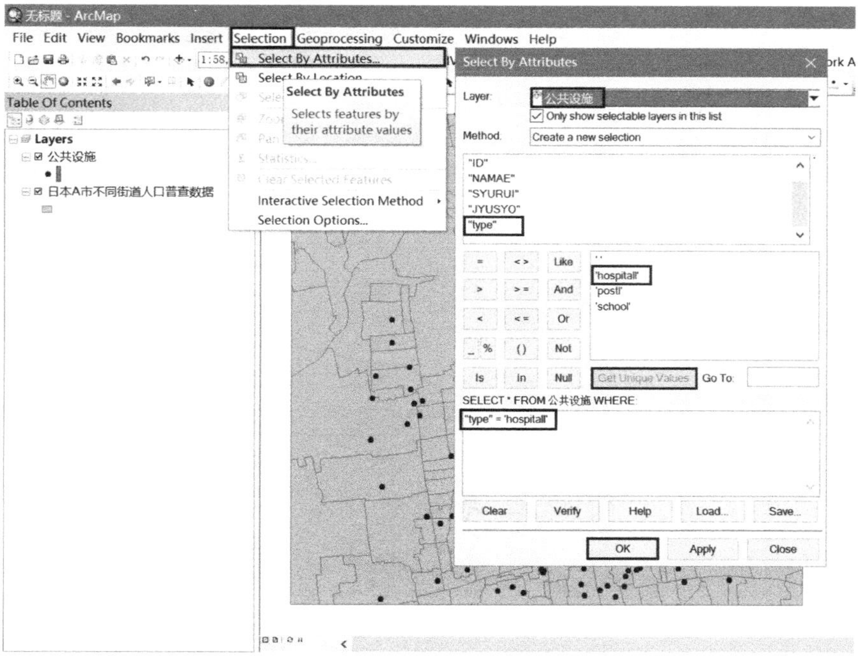

图 2-16 查询医院

注意:保持查询出的医院处于被选中状态。

3)位置查询

步骤 1:单击菜单栏的【Selection】→【Select By Location】。

步骤 2:在弹出的【Select By Location】窗口中进行相关设置。在【Target layer(s)】中选择“日本 A 市不同街道人口普查数据”,在【Source layer】下拉列表中选择“公共设施”,勾选【Use selected features】,在【Spatial selection method for target layer feature(s)】下拉列表中选

择【intersect the source layer feature】，单击【OK】，如图 2-17 所示。查询结果如图 2-18 所示。

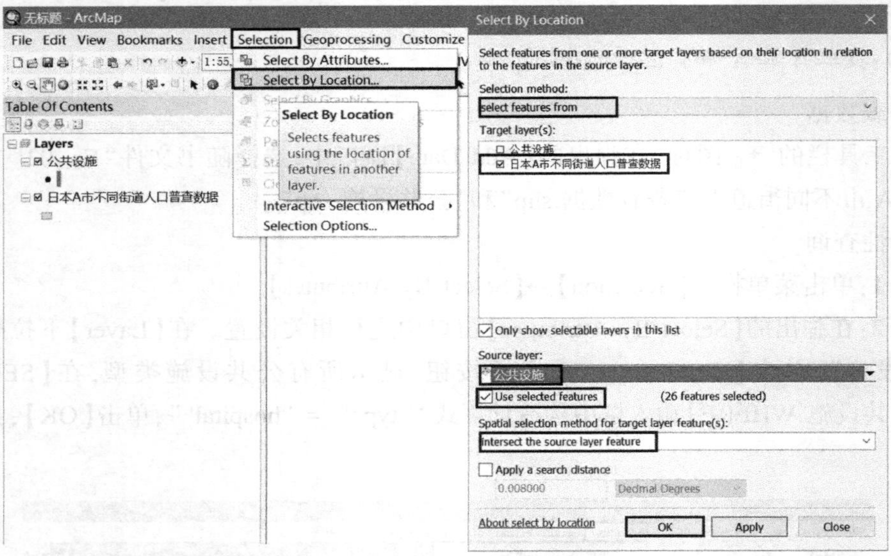

图 2-17　位置查询及设置

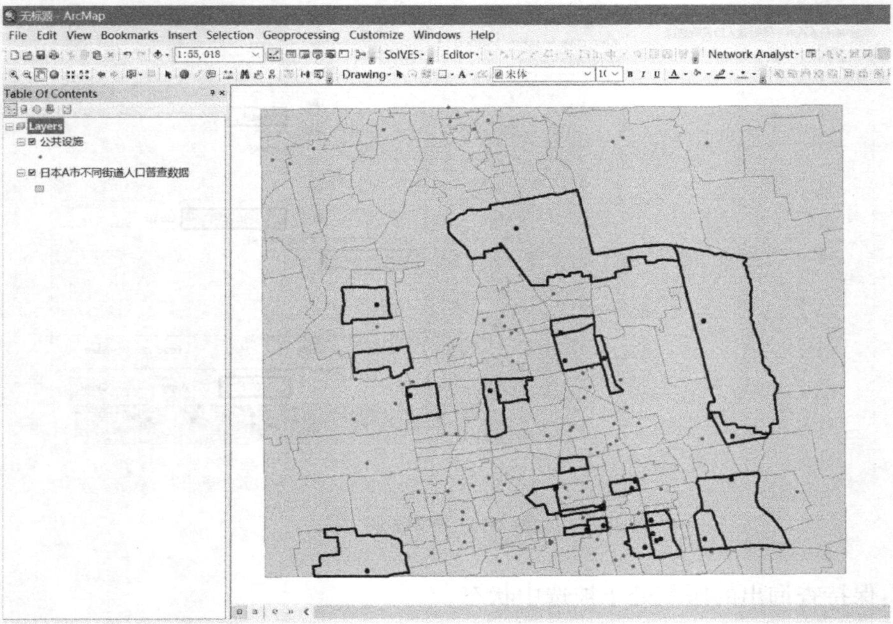

图 2-18　查询结果高亮显示

步骤 3：在【Table Of Contents】中，右键单击“日本 A 市不同街道人口普查数据”图层，在右键菜单中选择【Selection】→【Create Layer From Selected Features】，得到新图层——“日本 A 市不同街道人口普查数据 selection”，如图 2-19 所示。

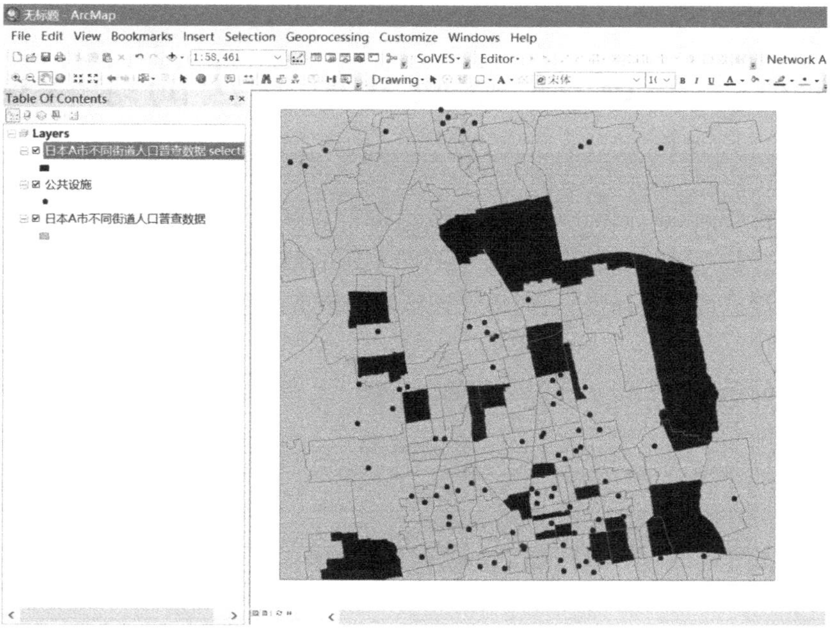

图 2-19 含有医院的街道

第 3 章　ArcGIS 叠加分析方法的综合应用

空间叠加分析(Spatial overlay analysis)是一项非常重要的空间分析功能,它是在统一的空间坐标系下,对同一区域的两个或者多个不同主题的数据图层进行逻辑交、差、并运算,并对该区域内的属性进行分析评定,从而得到该区域的多重属性特征或建立对象之间的空间对应关系。

本章所用到的示例数据位于随书文件的“Ex_03”文件夹,见表 3-1。

示例数据　　表 3-1

编　号	文件名	文件格式
1	日本 A 市公共设施	.shp
2	日本 A 市道路网	.shp
3	淹没区域_100 年一遇的大雨	.shp
4	日本 A 市行政区划	.shp
5	淹没区域_平成 20 年 6 月 19 日的水灾	.shp

3.1　基本案例

3.1.1　Dissolve 工具的使用

目的:使用 Dissolve 工具提取日本 A 市发生 100 年一遇的大雨时水深小于 50cm 的区域。

1)加载数据

步骤 1:单击菜单栏的【File】→【Add Data】→【Add Data】,或者直接单击工具栏的 ✚▾ 图标,如图 3-1 所示。

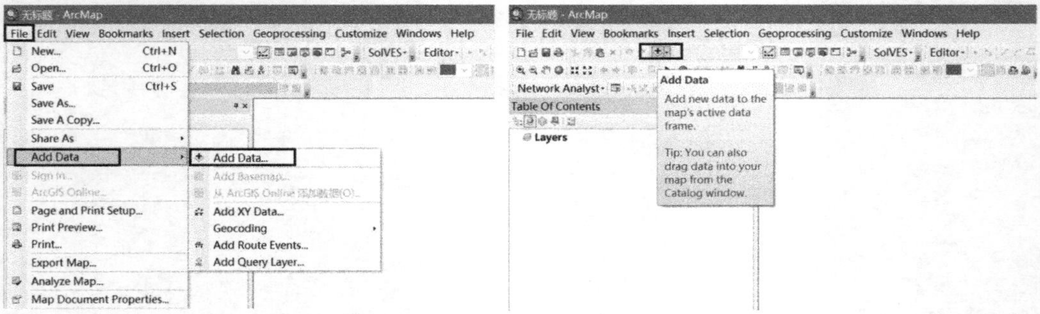

图 3-1　加载数据

步骤 2:在【Add Data】窗口,选择随书文件"Ex_03"文件夹中的"淹没区域_100 年一遇的大雨.shp"和"日本 A 市行政区划.shp",单击右下角的【Add】按钮,如图 3-2 所示。

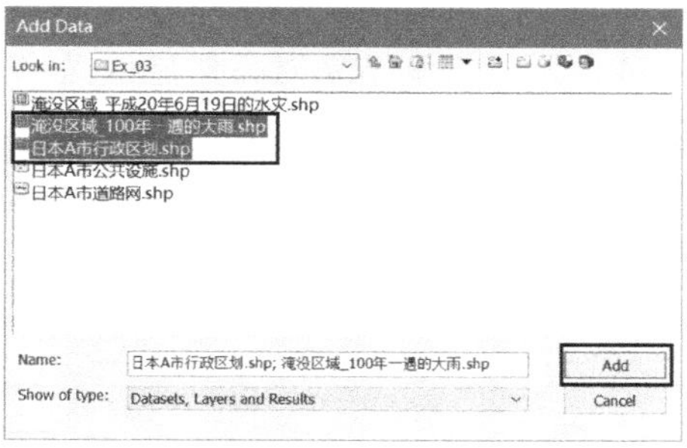

图 3-2 添加数据

2)融合数据

步骤 1:单击【ArcToolbox】→【Data Management Tools】→【Generalization】→【Dissolve】。

步骤 2:在弹出的【Disslove】窗口中进行相关设置。在【Input Features】下拉列表中选择"淹没区域_100 年一遇的大雨",在【Output Feature Class】栏将输出文件位置设为"Ex_03"文件夹,并将文件名设为"预测水深区域_dissolve.shp",在【Dissolve_Field(s) (optional)】中选择【Expected_w】,单击【OK】,如图 3-3 所示。

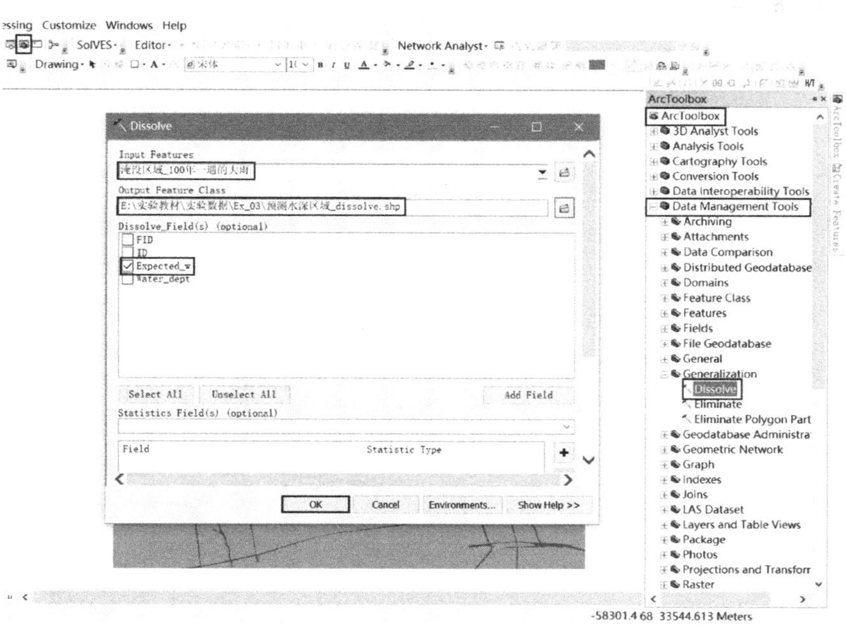

图 3-3 Dissolve 工具加载及设置

3)筛选水深小于 50cm 的区域

步骤 1:单击菜单栏的【Selection】→【Select By Attributes】。

步骤 2:在弹出的【Select By Attributes】窗口中进行相关设置。在【Layer】下拉列表中选择“预测水深区域_dissolve”,在【Method】下拉列表中选择【Create a new selection】,在【SELECT * FROM 预测水深区域_dissolve WHERE】输入框中输入“"Expected_w"='<50cm'”,单击【OK】,如图 3-4 所示。查询结果以高亮显示,如图 3-5 所示。

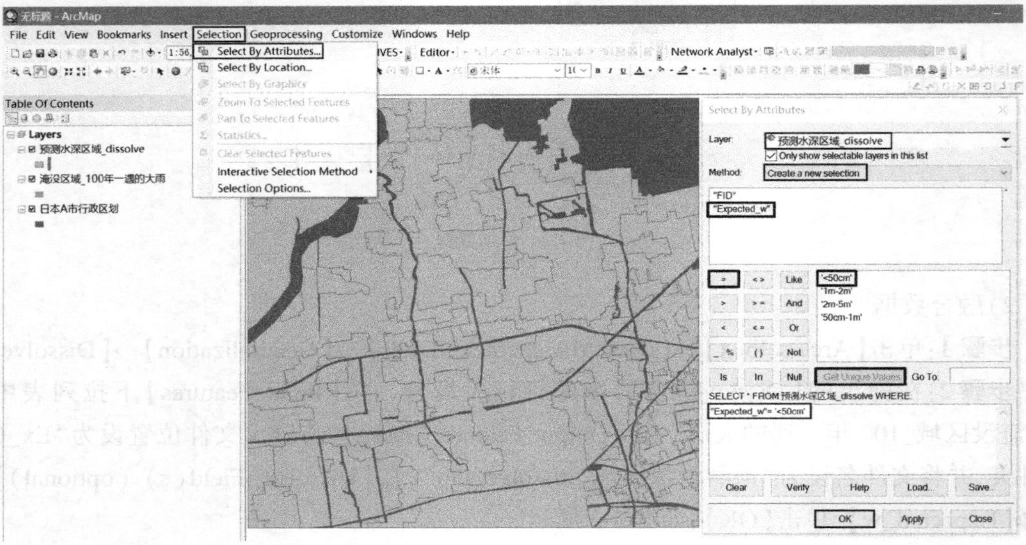

图 3-4 加载属性选择工具及设置

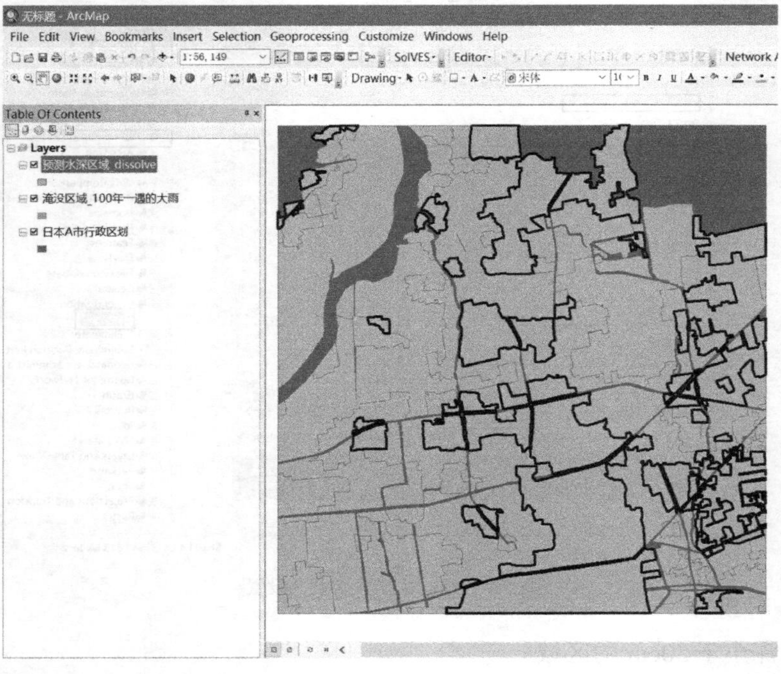

图 3-5 预测水深小于 50cm 的区域高亮显示

4)提取水深小于 50cm 的区域

步骤 1:在【Table Of Contents】中,右键单击“预测水深区域_dissolve”图层,在右键菜单中选择【Selection】→【Create Layer From Selected Features】,如图 3-6 所示。

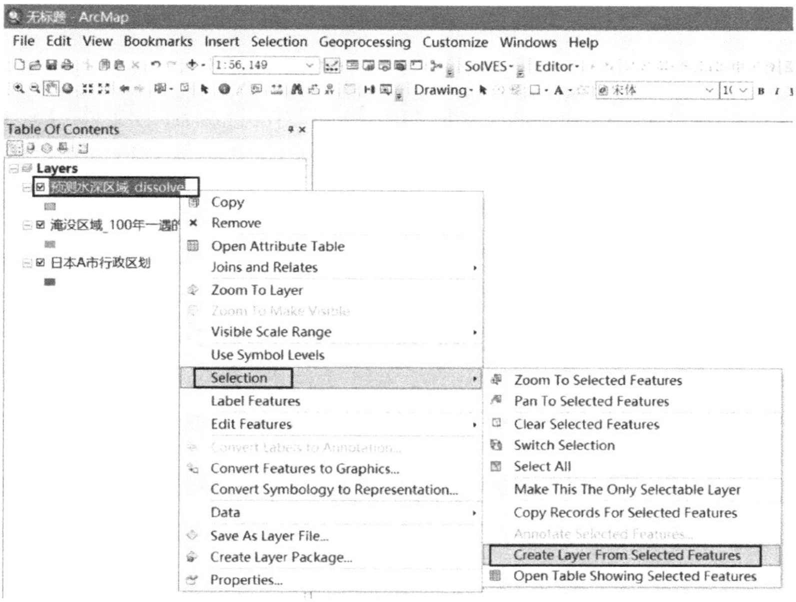

图 3-6 将查询结果另存为新图层

步骤 2:取消勾选“淹没区域_100 年一遇的大雨”图层和“预测水深区域_dissolve”图层,将提取的水深小于 50cm 的区域叠加到日本 A 市行政区,如图 3-7 所示。

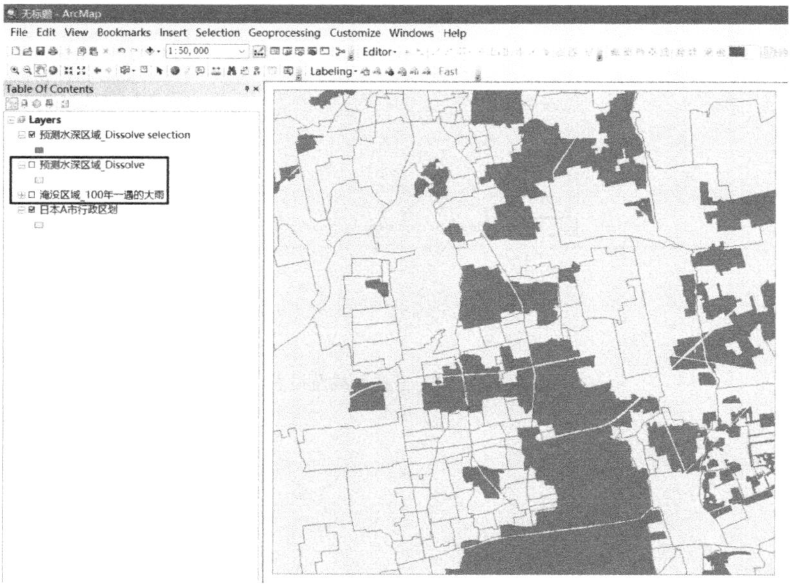

图 3-7 预测水深小于 50cm 区域

3.1.2 Clip 工具的使用

目的：使用 Clip 工具提取日本 A 市平成 20 年(2008 年)发生水灾时被洪水淹没的道路。

1)加载数据

单击工具栏的 + 图标，在弹出的【Add Data】窗口中，选择随书文件“Ex_03”文件夹中的“日本 A 市道路网.shp”和“淹没区域_平成 20 年 6 月 19 日的水灾.shp”。

2) 提取日本 A 市被洪水淹没的道路

步骤 1：单击【ArcToolbox】→【Analysis Tools】→【Extract】→【Clip】。

步骤 2：在弹出的【Clip】窗口中进行相关设置。在【Input Features】下拉列表中选择“日本 A 市道路网”，在【Clip Features】栏中选择“淹没区域_平成 20 年 6 月 19 日的水灾”，在【Output Feature Class】栏将输出位置设为“Ex_03”文件夹，并将文件名设为“日本 A 市道路网_Clip.shp”，其他设置保持默认，单击【OK】，如图 3-8 所示，提取结果如图 3-9 所示。

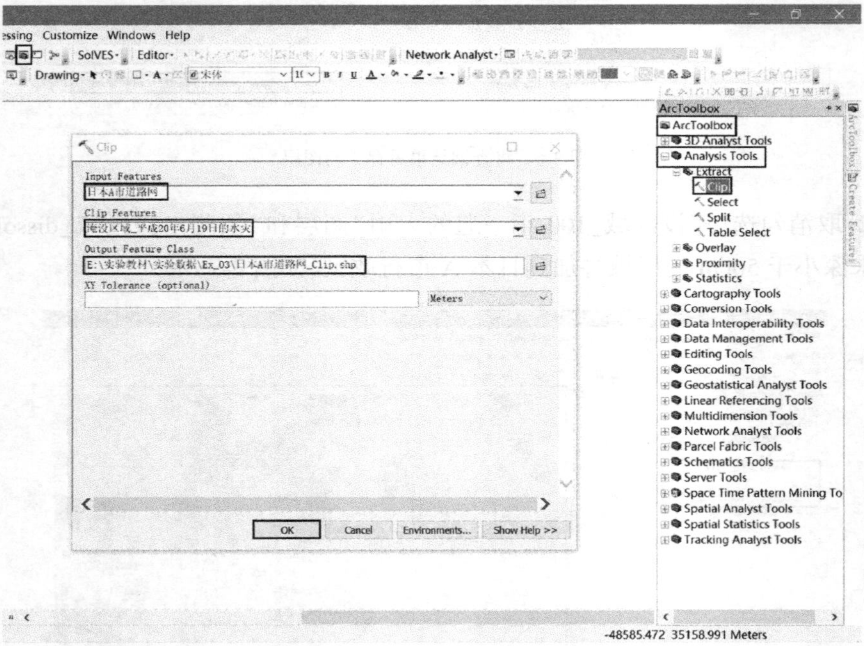

图 3-8 Clip 工具加载及设置

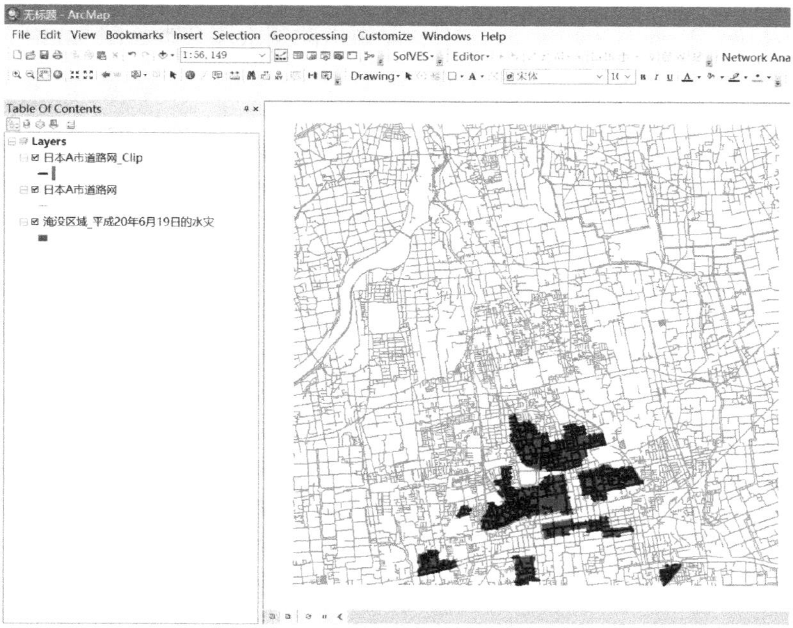

图 3-9 被水害淹没的道路

3.1.3 Intersect 工具的使用

目的:使用 Intersect 工具提取日本 A 市发生 100 年一遇的大雨时被雨水淹没的道路并按水深将道路分类。

1)加载数据

单击工具栏的 图标,在弹出的【Add Data】窗口中,选择随书文件“Ex_03”文件夹中的“日本 A 市道路网.shp”和“淹没区域_100 年一遇的大雨.shp”。

2)提取日本 A 市被洪水淹没的道路

步骤 1:单击【ArcToolbox】→【Analysis Tools】→【Overlay】→【Intersect】。

步骤 2:在弹出的【Intersect】窗口中进行相关设置。在【Input Features】下拉列表中选择“日本 A 市道路网”和“淹没区域_100 年一遇的大雨”,在【Output Feature Class】栏中将输出文件位置设为“Ex_03”文件夹,并将文件名设为“日本 A 市道路网_100 年水害_Intersect.shp”,单击【OK】,如图 3-10 所示。提取结果如图 3-11 所示。

3)日本 A 市道路网水深分类

步骤 1:在【Table Of Contents】中,右键单击“日本 A 市道路网_100 年水害_Intersect”图层,在右键菜单中选择【Properties】。

步骤 2:在弹出的【Layer Properties】窗口中,选择【Symbology】标签页,在左侧【Show】列表中,选择【Categories】→【Unique values】,在右侧的【Value Field】下拉列表中选择“Water_ dept”字段,单击【Add All Values】以显示所有类型,在【Color Ramp】下拉列表中选择合适的颜色组合,单击【确定】,如图 3-12 所示。日本 A 市道路网水深分类如图 3-13 所示。

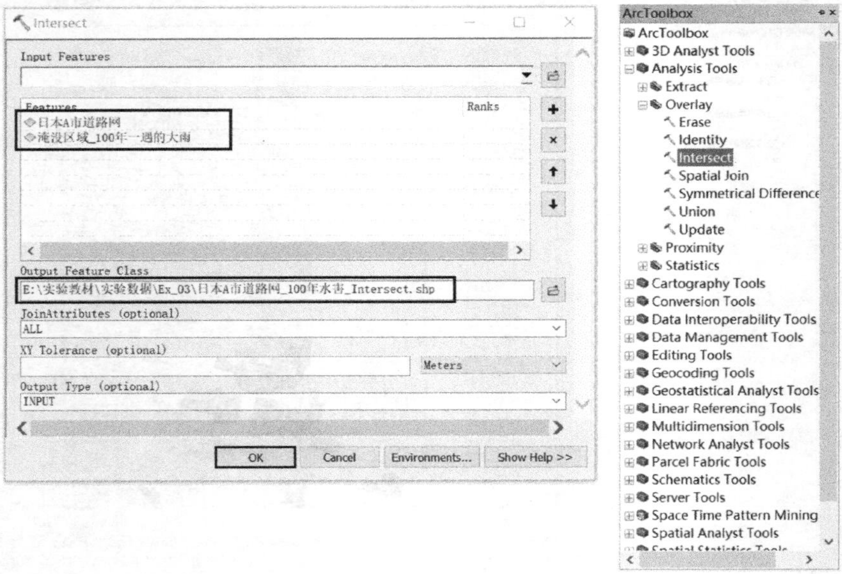

图 3-10　Intersect 工具加载及设置

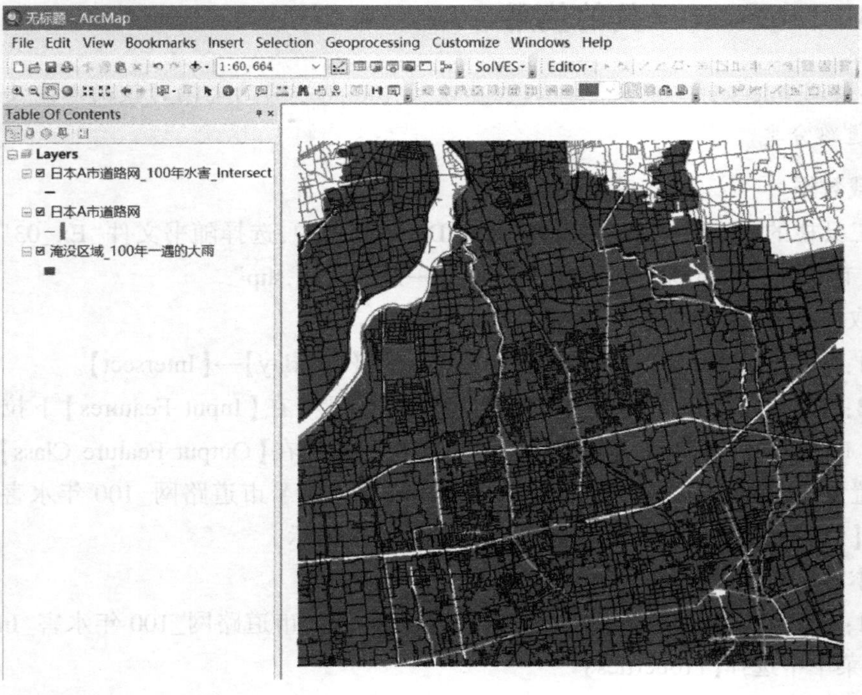

图 3-11　日本 A 市被淹没的道路

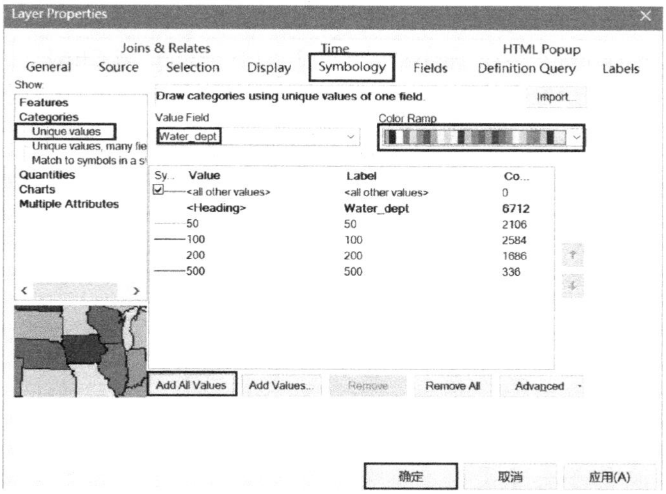

图 3-12 日本 A 市道路网按水深符号化设置

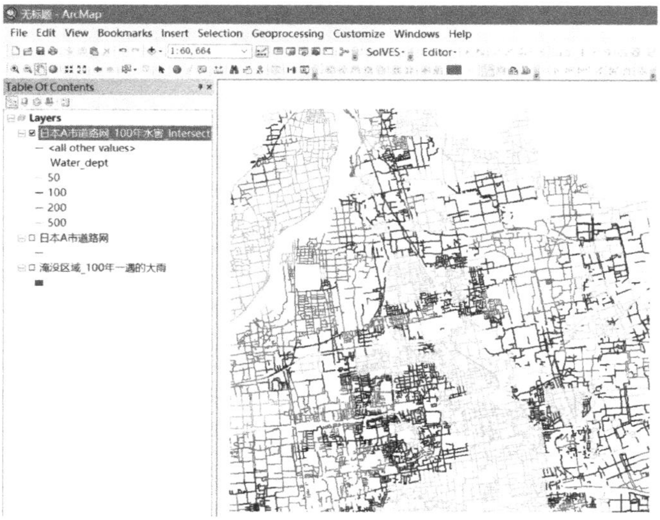

图 3-13 日本 A 市道路网水深分类

3.2 拓展案例

3.2.1 提取日本 A 市水灾中淹没的公共设施

1)加载数据

单击工具栏的 ✚· 图标,在弹出的【Add Data】窗口中,选择随书文件“Ex_03”文件夹中的“日本 A 市公共设施.shp”和“淹没区域_平成 20 年 6 月 19 日的水灾.shp”。

2)提取被淹没的日本 A 市公共设施

Clip(裁剪)工具和 Intersect(相交)工具都可以提取被淹没的日本 A 市公共设施数据。

• 方法 1:使用 Clip 工具提取

步骤 1:单击【ArcToolbox】→【Analysis Tools】→【Extract】→【Clip】。

步骤 2:在弹出的【Clip】窗口中进行相关设置。在【Input Features】下拉列表中选择"日本A 市公共设施",在【Clip Features】栏中选择"淹没区域_平成 20 年 6 月 19 日的水灾",在【Output Feature Class】栏中将输出文件位置设为"Ex_03"文件夹,并将文件名设为"水灾淹没的日本 A 市公共设施_Clip.shp",单击【OK】,如图 3-14 所示。提取结果如图 3-15 所示。

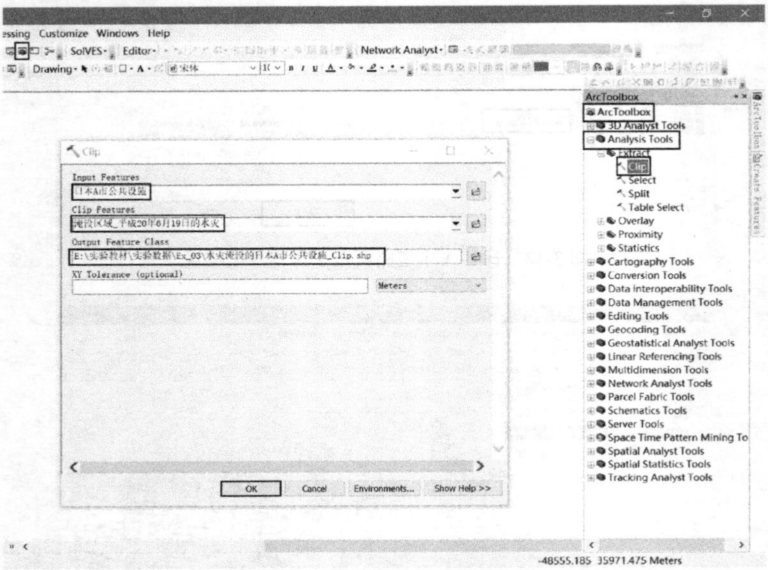

图 3-14　Clip 工具加载及设置

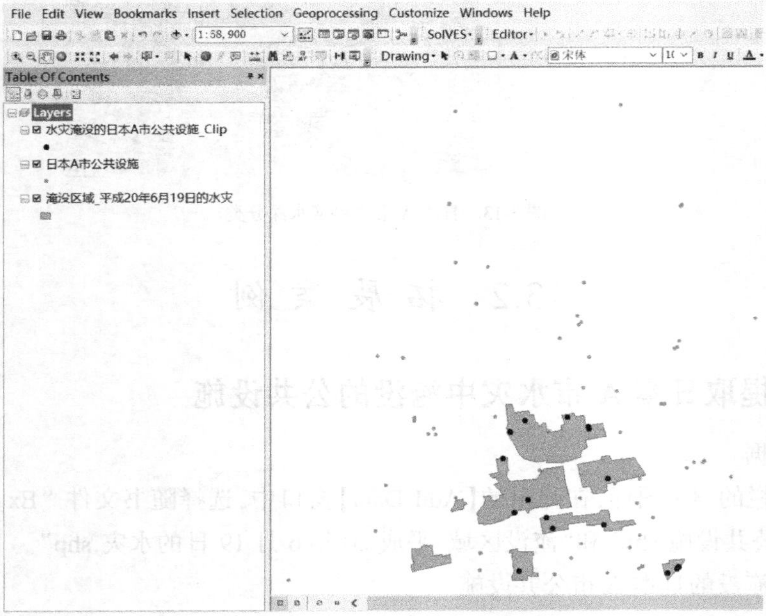

图 3-15　水灾中被淹没的日本 A 市公共设施

● 方法 2：使用 Intersect 工具提取

步骤 1：单击【ArcToolbox】→【Analysis Tools】→【Overlay】→【Intersect】。

步骤 2：在弹出的【Intersect】窗口中进行相关设置。在【Input Features】下拉列表中选择“日本 A 市公共设施”和“淹没区域_平成 20 年 6 月 19 日的水灾”，在【Output Feature Class】栏中将输出文件位置设为“Ex_03”文件夹，并将文件名设为“水灾淹没的日本 A 市公共设施_Intersect.shp”，单击【OK】，如图 3-16 所示。使用 Intersect 工具提取的结果同使用 Clip 工具提取的结果一致，如图 3-15 所示。

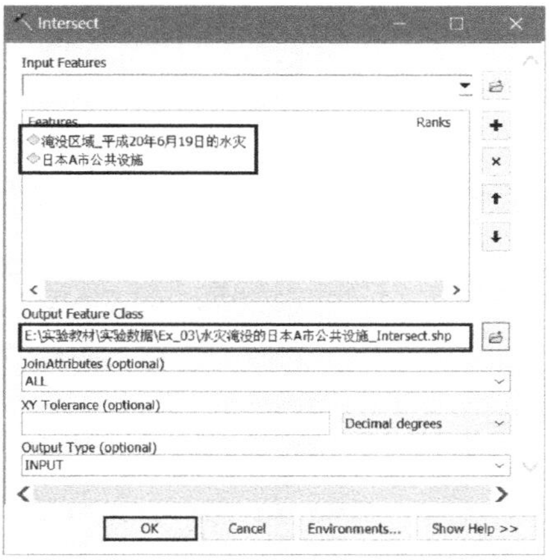

图 3-16 Intersect 工具设置

3.2.2 提取日本 A 市发生 100 年一遇大雨时处于水深小于 50cm 区域的公共设施

1）加载数据

单击工具栏的 图标，在弹出的【Add Data】窗口中，选择随书文件“Ex_03”文件夹中的“淹没区域_100 年一遇的大雨.shp”和“日本 A 市公共设施.shp”。

2）筛选水深小于 50cm 区域

步骤 1：单击菜单栏的【Selection】→【Select By Attributes】。

步骤 2：在弹出的【Select By Attributes】窗口中进行相关设置。在【Layer】下拉列表中选择“淹没区域_100 年一遇的大雨”，在【Method】下拉列表中选择【Create a new selection】。双击【"Expected_w"】和【=】，然后单击【Get Unique Values】，双击【'<50cm'】，在【SELECT * FROM 淹没区域_100 年一遇的大雨 WHERE】输入框中构建表达式“"Expected_w"='<50cm'”，单击【OK】，如图 3-17 所示。

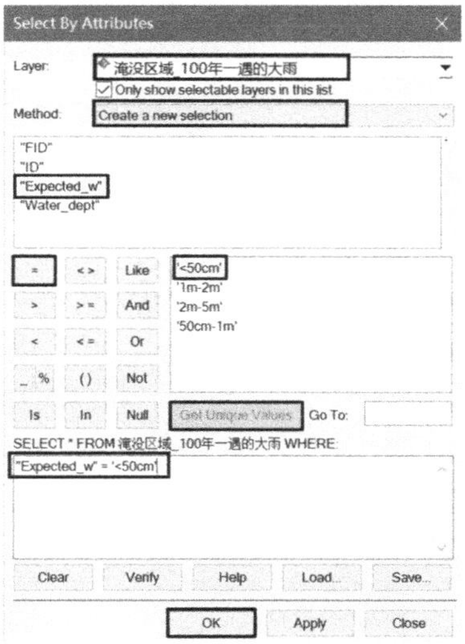

图 3-17 筛选水深小于 50cm 的区域

预测水深小于 50cm 的区域如图 3-18 所示。

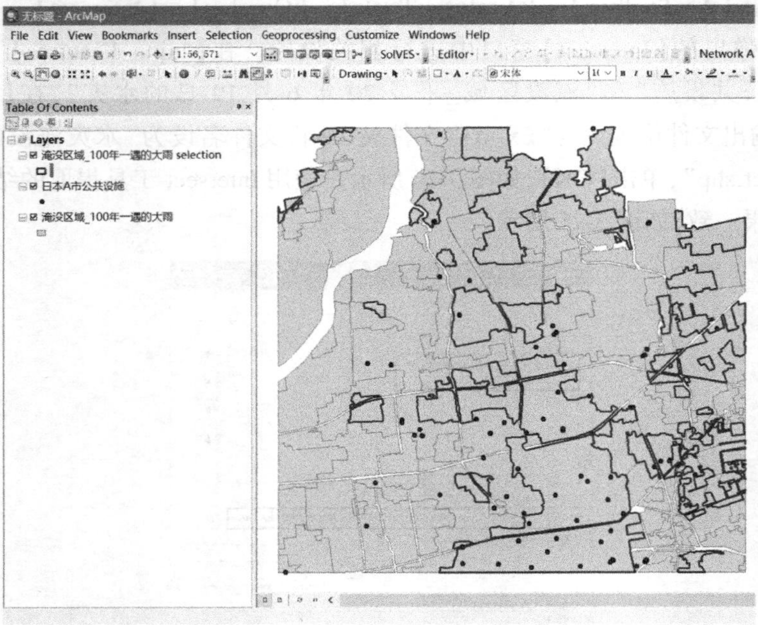

图 3-18　预测水深小于 50cm 的区域

步骤 3:在【Table Of Contents】中,右键单击"淹没区域_100 年一遇的大雨"图层,在右键菜单中选择【Selection】→【Create Layer From Selected Features】,步骤与第 3.1.1 节一致。提取结果如图 3-19 所示。

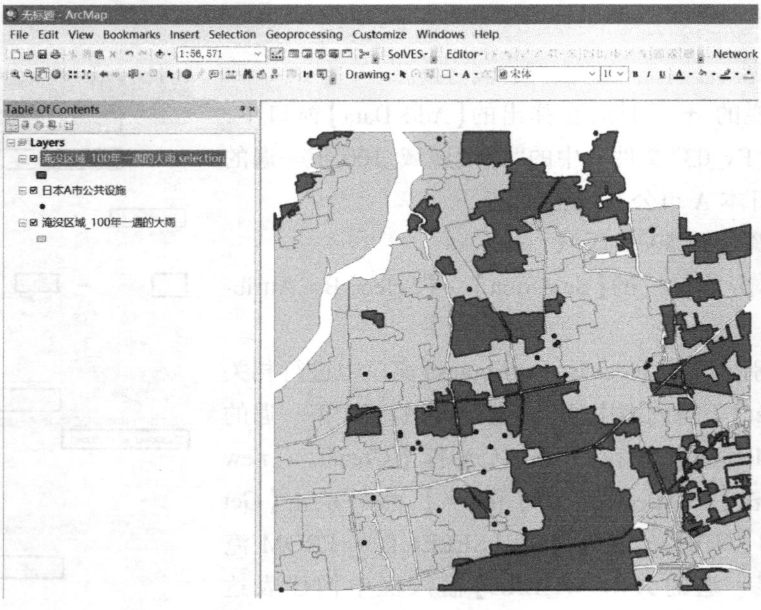

图 3-19　水深小于 50cm 的区域

3)提取处于水深小于50cm区域的日本A市公共设施

提取处于水深小于50cm区域的日本A市公共设施有3种方法,分别是使用Intersect工具、使用Clip工具和使用Select By Location工具。这里演示使用Select By Location提取的步骤。

步骤1:单击菜单栏的【Selection】→【Select By Location】,弹出【Select By Location】窗口。

步骤2:在【Target layer(s)】中选择"日本A市公共设施",在【Source layer】下拉列表中选择"淹没区域_100年一遇的大雨 selection",在【Spatial selection method for target layer feature(s)】下拉列表中选择【intersect the source layer feature】,单击【OK】,如图3-20所示。

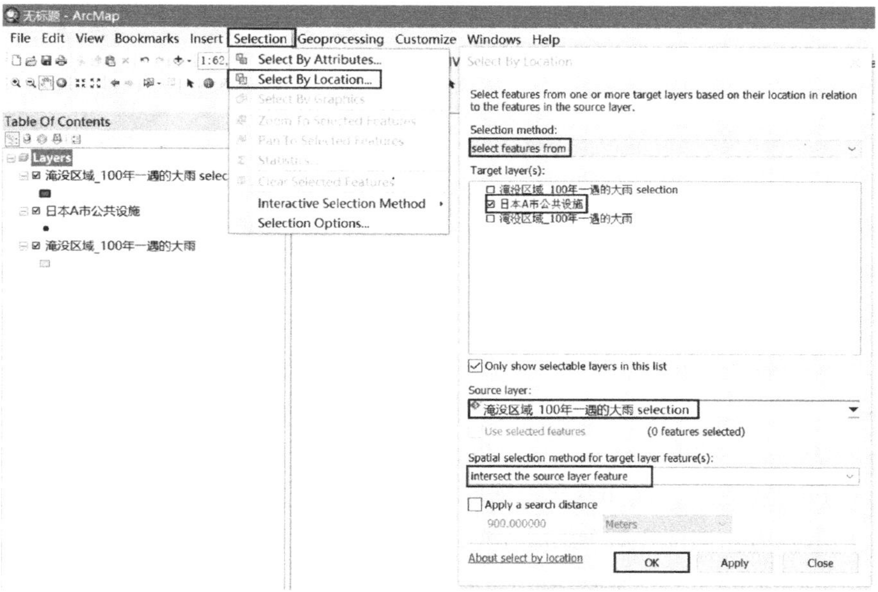

图3-20 Select By Location工具加载及设置

步骤3:在【Table Of Contents】中,右键单击"日本A市公共设施"图层,在右键菜单中选择【Selection】→【Create Layer From Selected Features】,接下来的步骤可参考第3.1.1节。处于水深小于50cm区域的日本A市公共设施如图3-21所示。

3.2.3 提取日本A市发生100年一遇大雨时处于水深大于50cm区域的公共设施并统计受影响人员数量

1)加载数据

单击工具栏的 ✦· 图标,在弹出的【Add Data】窗口中,选择随书文件"Ex_03"文件夹中的"淹没区域_100年一遇的大雨.shp"和"日本A市公共设施.shp"。

2)使用属性查询工具提取处于水深大于50cm的区域

步骤1:单击菜单栏的【Selection】→【Select By Attributes】。

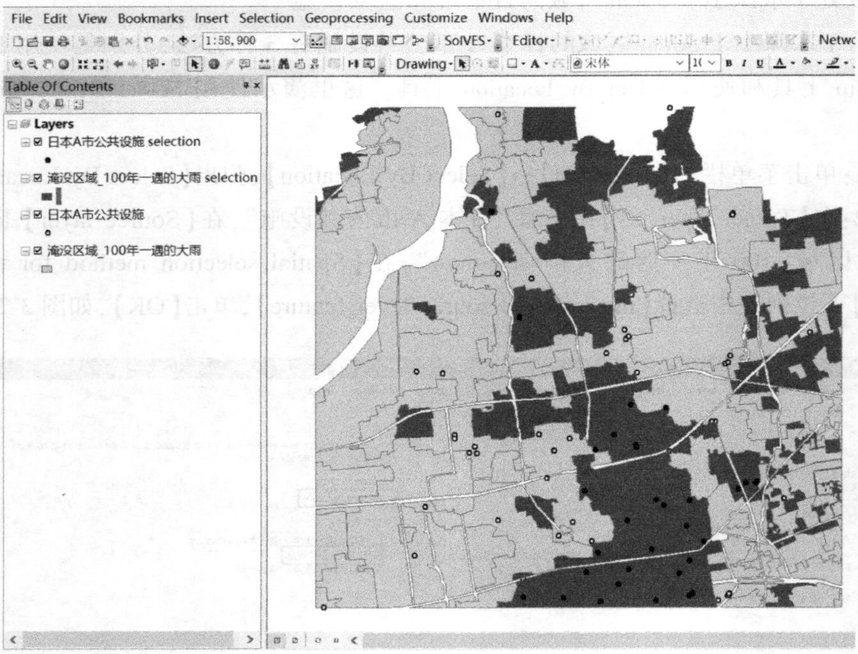

图 3-21 处于水深小于 50cm 区域的日本 A 市公共设施

步骤 2:在弹出的【Select By Attributes】窗口中进行相关设置。在【Layer】下拉列表中选择"淹没区域_100 年一遇的大雨",在【Method】下拉列表中选择【Create a new selection】,在【SELECT * FROM 淹没区域_100 年一遇的大雨 WHERE】输入框中输入""Expected_w" < > '<50cm'",单击【OK】,如图 3-22 所示。预测水深大于 50cm 的区域如图 3-23 所示。

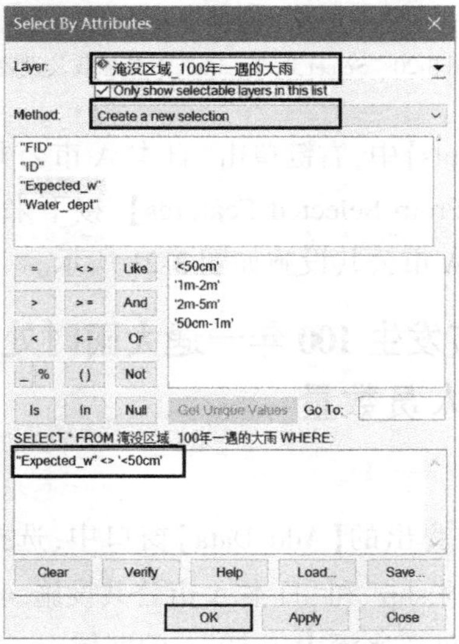

图 3-22 筛选预测水深大于 50cm 的区域

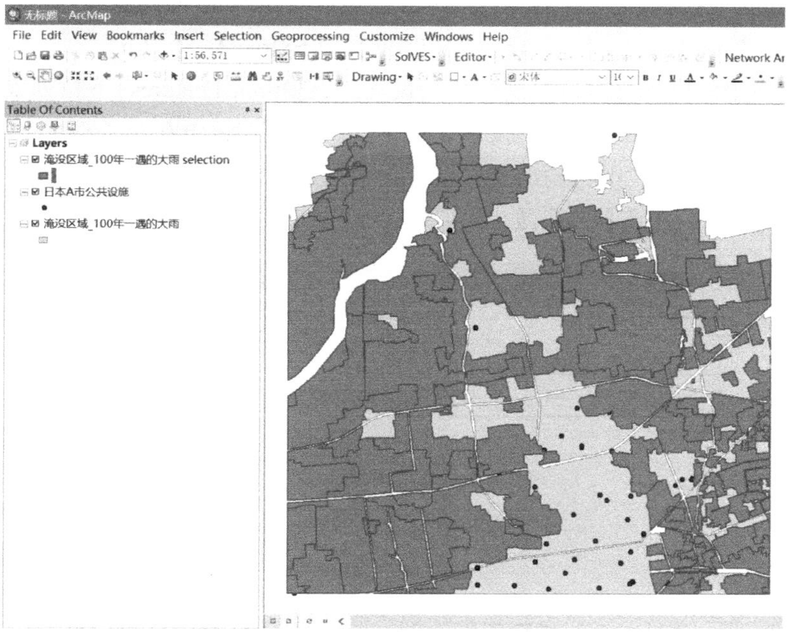

图 3-23　预测水深大于 50cm 的区域

步骤 3:在【Table Of Contents】中,右键单击“淹没区域_100 年一遇的大雨”图层,在右键菜单中选择【Selection】→【Create Layer From Selected Features】,接下来的步骤可参考第 3.1.1 节。提取结果如图 3-24 所示。

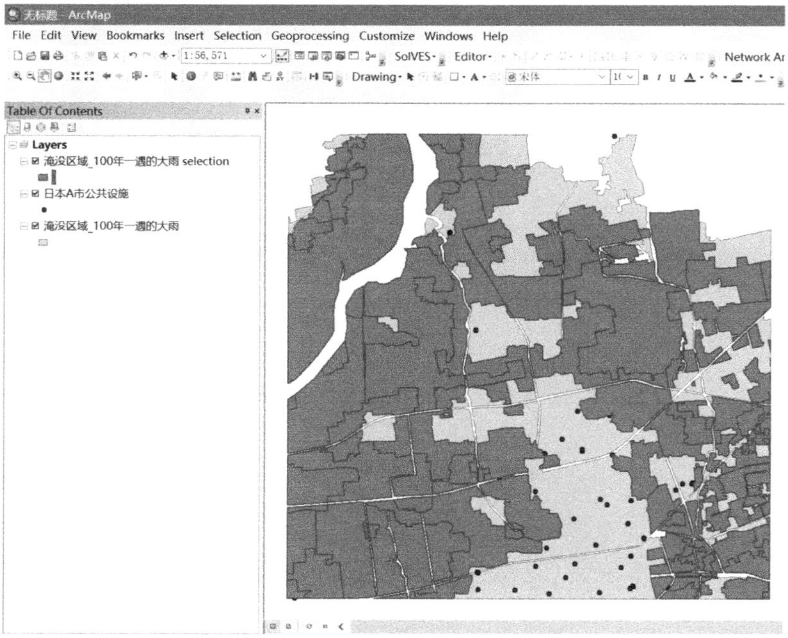

图 3-24　水深大于 50cm 的区域

3）使用 Clip 工具提取处于水深大于 50cm 区域的日本 A 市公共设施

步骤 1：单击【ArcToolbox】→【Analysis Tools】→【Extract】→【Clip】。

步骤 2：在弹出的【Clip】窗口中进行相关设置。在【Input Features】下拉列表中选择"日本 A 市公共设施"，在【Clip Features】下拉列表中选择"淹没区域_100 年一遇的大雨 selection"，在【Output Feature Class】栏中将输出文件位置设为"Ex_03"文件夹，并将文件名设为"日本 A 市公共设施_Clip.shp"，单击【OK】，如图 3-25 所示。

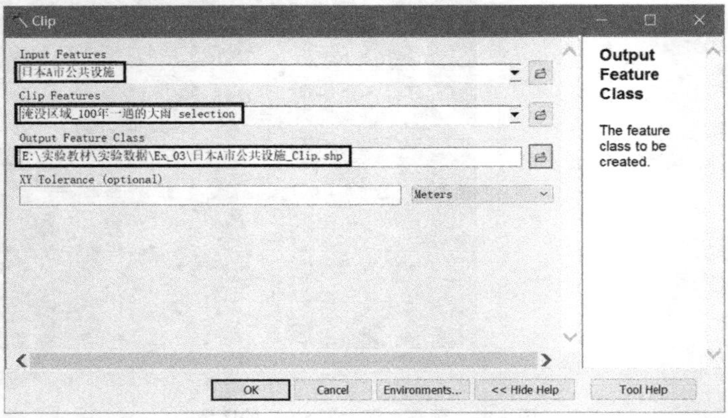

图 3-25　Clip 工具设置

4）统计处于水深大于 50cm 区域内日本 A 市公共设施影响的人口数

在【Table Of Contents】中，右键单击"日本 A 市公共设施_Clip"图层，在右键菜单中选择【Open Attribute Table】，右键单击"population"字段，在右键菜单中选择【Statistics】，如图 3-26 所示。

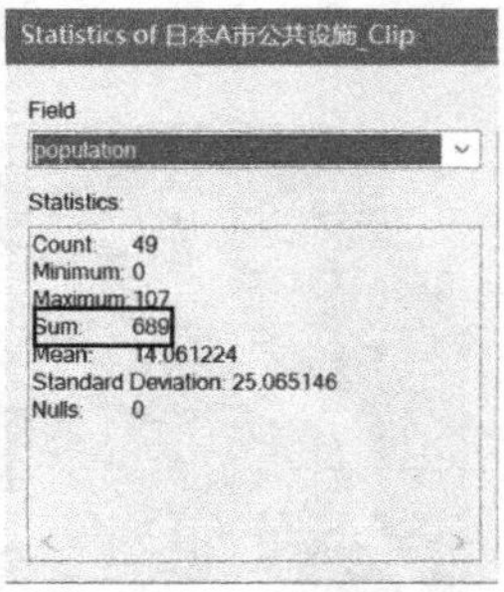

图 3-26　水深大于 50cm 区域内公共设施影响的人口数

第4章　矢量数据格网化的综合应用

在进行土地利用矢量数据的处理时,常常会因为图斑多的问题导致运算量大、运算耗时长、对计算机性能要求高等缺点,给研究带来不便。在满足研究精度的基础上,通过将矢量数据转换为网格,可以在一定程度上解决这些问题。

通过本章的学习,读者可以学会将土地利用矢量数据转化为特定单元大小的网格数据的操作,从而掌握矢量数据格网化的基本概念。

本章所用到的数据位于随书文件的“Ex_04”文件夹,见表4-1。

示 例 数 据　　表4-1

编　号	文 件 名	文 件 格 式
1	1990年日本B市土地利用	.shp
2	日本B市区域边界	.shp
3	2000年中国Z县土地利用	.shp
4	中国Z县区域边界	.shp

4.1　基 本 案 例

4.1.1　格网构建及日本B市1990年土地利用类型提取

1)加载数据

步骤1:单击菜单栏的【File】→【Add Data】→【Add Data】,或者直接单击工具栏的 图标,如图4-1所示。

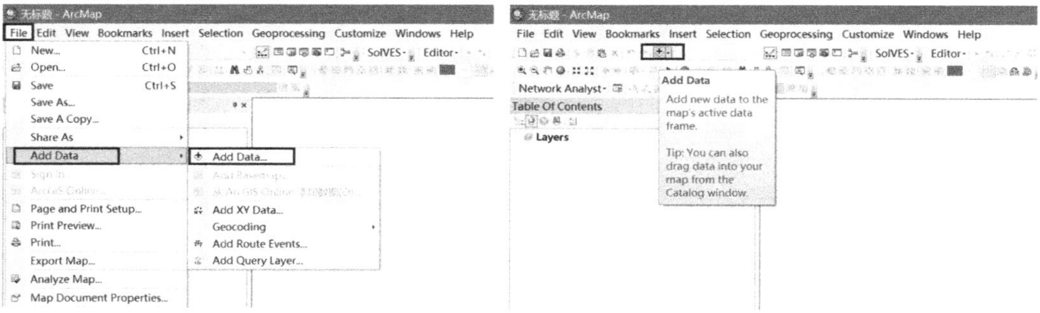

图4-1　加载数据

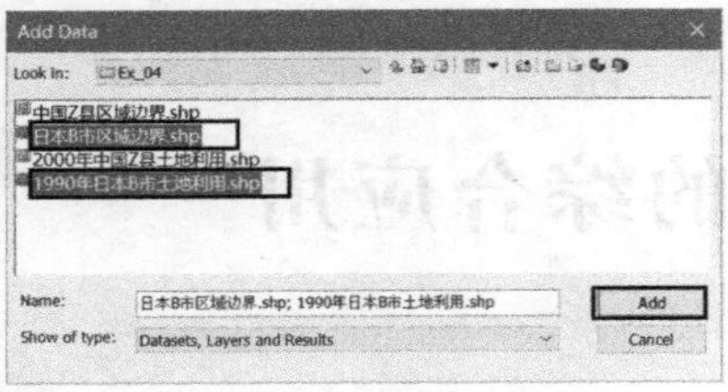

图 4-2　添加数据

步骤 2:在弹出的【Add Data】窗口,选择随书文件"Ex_04"文件夹中的"1990 年日本 B 市土地利用.shp"和"日本 B 市区域边界.shp",单击【Add】按钮,如图 4-2 所示。

2)创建网格

网格的行数、列数由矢量边界范围和网格单元大小共同决定,其行数、列数的计算公式分别为:

$$行数=\frac{矢量数据最上边界范围-矢量数据最下边界范围}{栅格单元的高度} \tag{4-1}$$

$$列数=\frac{矢量数据最右边界范围-矢量数据最左边界范围}{栅格单元的宽度} \tag{4-2}$$

步骤 1:单击【ArcToolbox】→【Data Management Tools】→【Sampling】→【Create Fishnet】。

步骤 2:在弹出的【Create Fishnet】窗口中进行相关设置。在【Output Feature Class】栏中,选择输出文件位置,并将文件名设为"日本 B 市区域边界_Fishnet.shp",在【Template Extent (optional)】栏中选择"Same as layer 日本 B 市区域边界"。

本节以 500m×500m 的网格单元为例,根据日本 B 市区域边界,计算得到的行数为 24、列数为 26。故在【Cell Size Width】和【Cell Size Height】栏分别输入"500",在【Number of Rows】栏输入"24",在【Number of Columns】栏输入"26",取消勾选【Create Label Points(optional)】,在【Geometry Type(optional)】下拉列表中选择"POLYLINE",单击【OK】,如图 4-3 所示。得到的线状格网如图 4-4 所示。

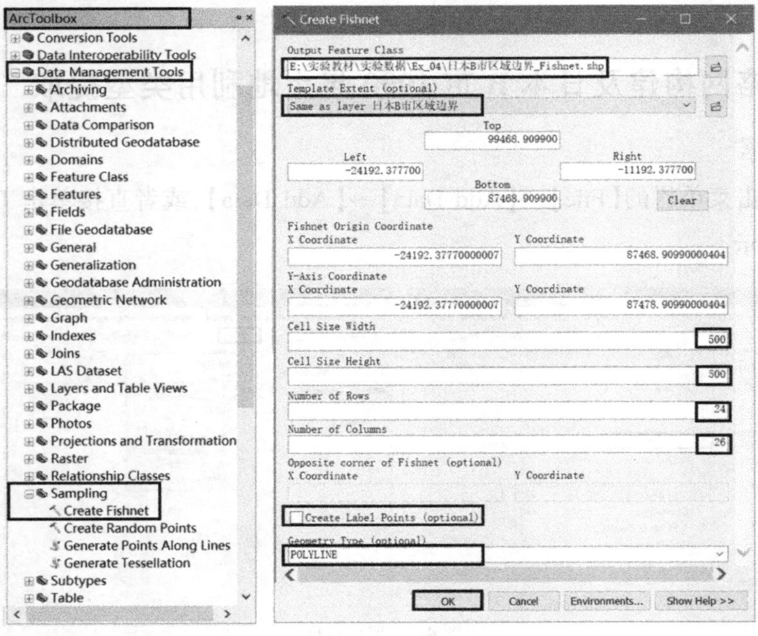

图 4-3　创建格网

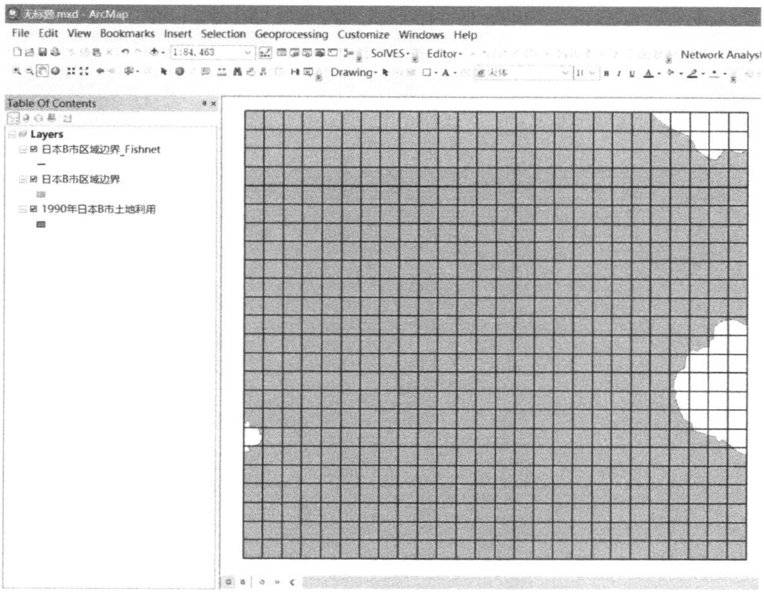

图 4-4 日本 B 市区域边界线状格网

3) 网格转网面

步骤 1:单击【ArcToolbox】→【Data Management Tools】→【Features】→【Feature to Polygon】。

步骤 2:在弹出的【Feature to Polygon】窗口中进行相关设置。在【Input Features】下拉列表中选择"日本 B 市区域边界_Fishnet",在【Output Feature Class】栏中选择输出文件位置,并将文件名设为"日本 B 市区域边界_Fishnet_polygon.shp",单击【OK】,如图 4-5 所示。面状格网如图 4-6 所示。

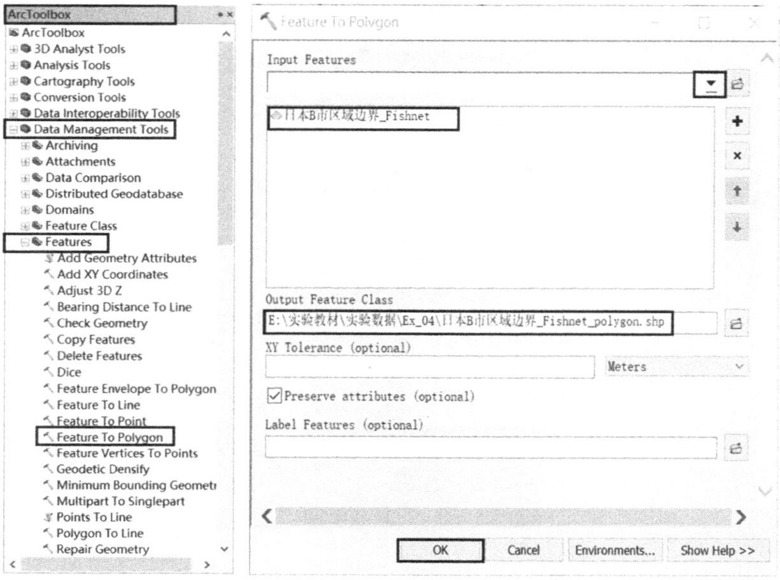

图 4-5 格网转面状格网

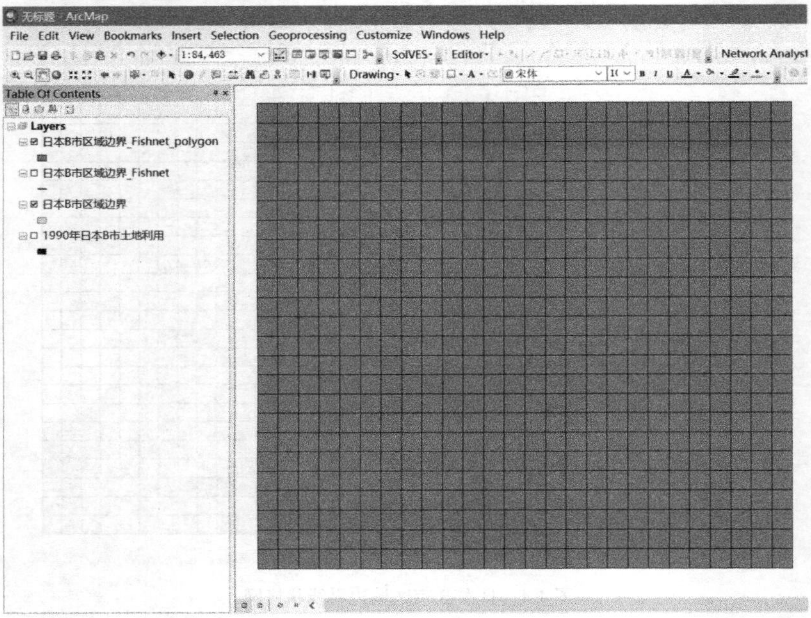

图 4-6　日本 B 市区域边界面状格网

4)字段赋值

步骤 1:在【Table Of Contents】中,右键单击"日本 B 市区域边界_Fishnet_polygon"图层,在右键菜单中选择【Open Attribute Table】,如图 4-7 所示。

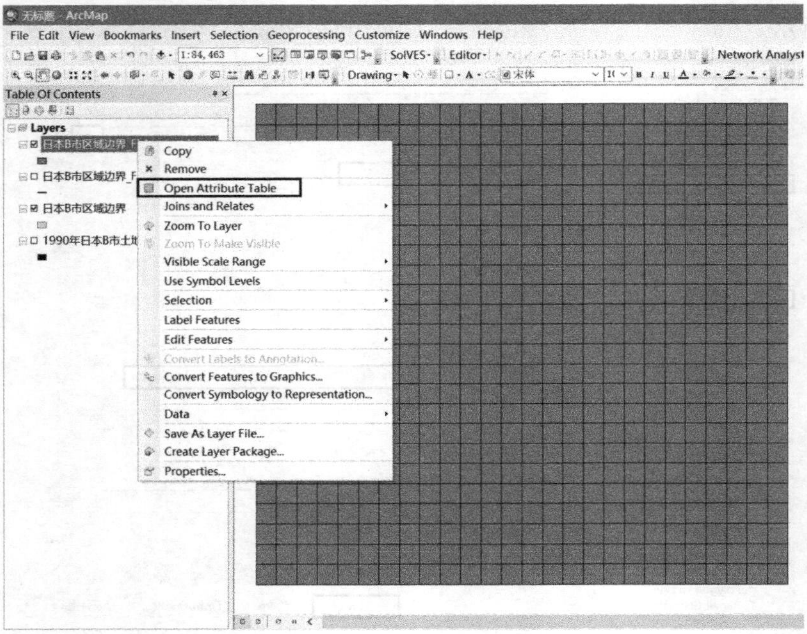

图 4-7　打开属性表

步骤 2:在弹出的【Table】窗口中,右键单击字段名“Id”,在右键菜单中选择【Field Calculator】,在弹出的【Field Calculator】窗口中进行相关设置。通过双击【Fields】中的字段名和【Function】中的运算符号,在【Id=】输入框中输入“[FID]+1”,单击【OK】,如图 4-8 所示。

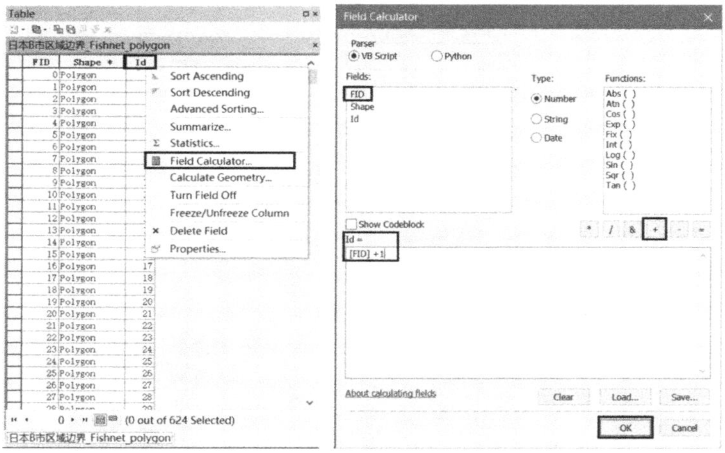

图 4-8　给格网面 Id 赋值

5)提取土地利用数据

步骤 1:单击【ArcToolbox】→【Analysis Tools】→【Overlay】→【Intersect】。

步骤 2:在弹出的【Intersect】窗口中,在【Input Features】下拉列表中选择加载的“1990 年日本 B 市土地利用”和“日本 B 市区域边界_Fishnet_polygon”,在【Output Feature Class】栏中将输出文件的位置设为“Ex_04”文件夹,并将文件名设为“1990 年日本 B 市土地利用_intersect.shp”,单击【OK】,如图 4-9 所示。提取的 1990 年日本 B 市土地利用数据如图 4-10 所示。

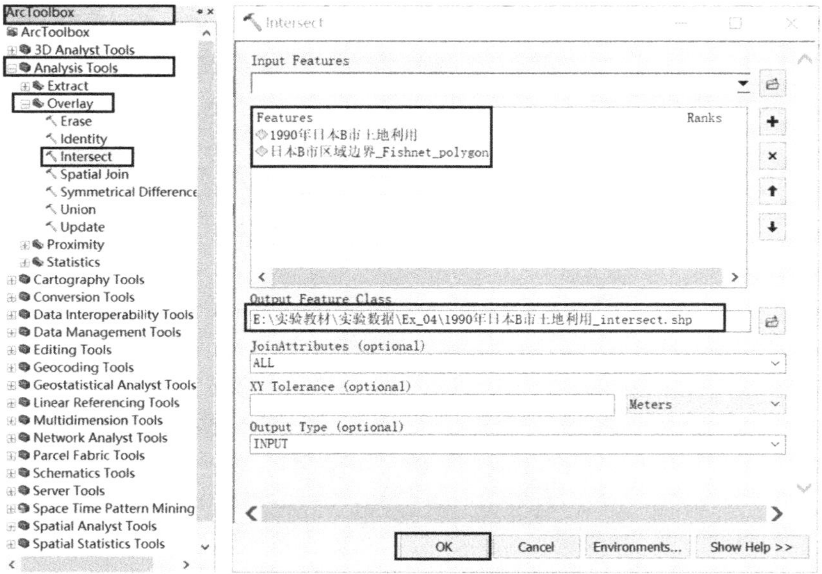

图 4-9　提取土地利用数据

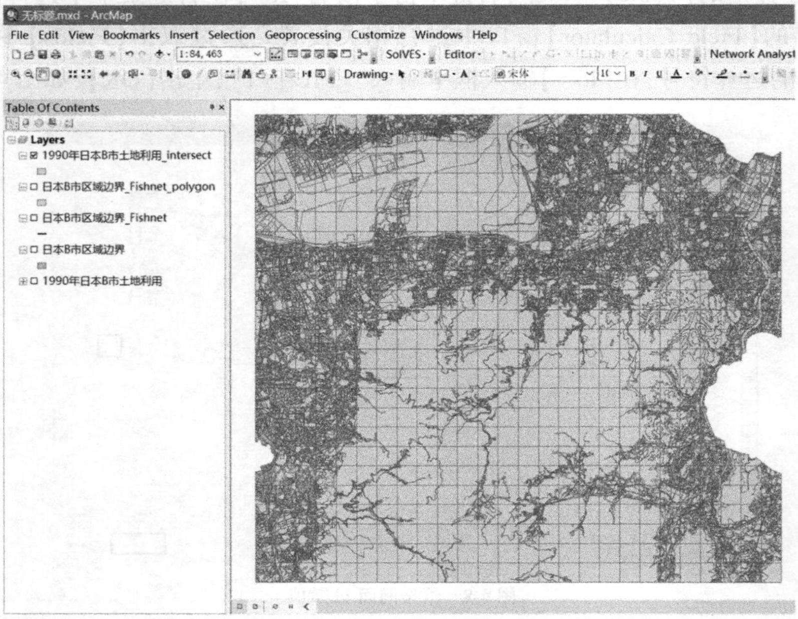

图 4-10　土地利用数据

6)计算不同土地利用类型图斑的面积

步骤 1:在【Table Of Contents】中,右键单击“1990 年日本 B 市土地利用_intersect”图层,在右键菜单中选择【Open Attribute Table】,如图 4-11 所示。

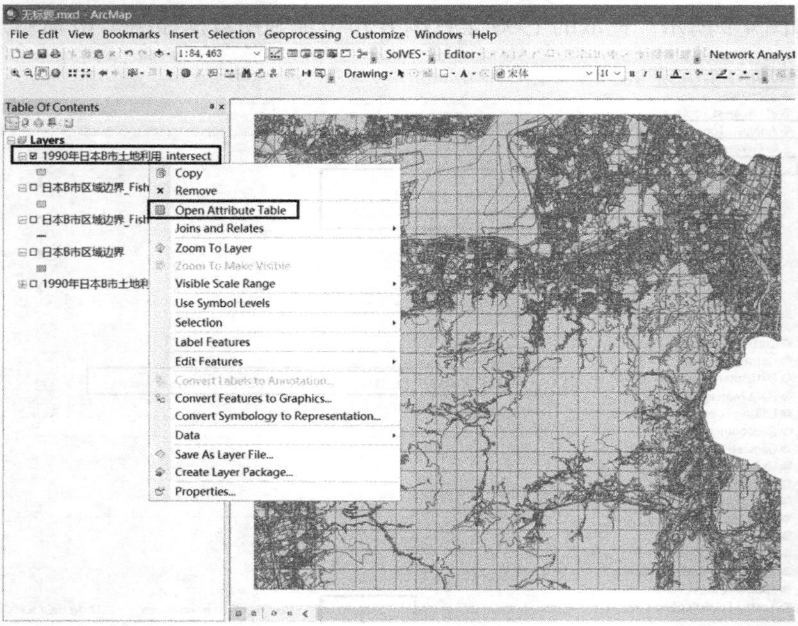

图 4-11　打开属性表

步骤2：在弹出的【Table】窗口中，单击图标→【Add Field】，在弹出的【Add Field】窗口中设置相关参数，在【Name】栏输入"Area"，在【Type】下拉列表中选择【Float】，单击【OK】按钮，如图4-12所示。

步骤3：在【Table】窗口中，右键单击"Area"字段，在右键菜单中选择【Calculate Geometry】，在弹出的【Calculate Geometry】窗口中设置相关参数。在【Property】下拉列表中选择"Area"，在【Coordinate System】中选择【Use coordinate system of the data source】，在【Units】下拉列表中选择【Hectares [ha]】，单击【OK】，如图4-13所示。

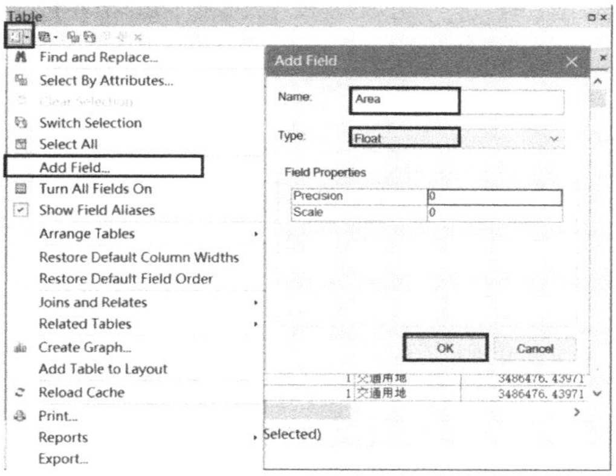

图4-12　新建"Area"字段

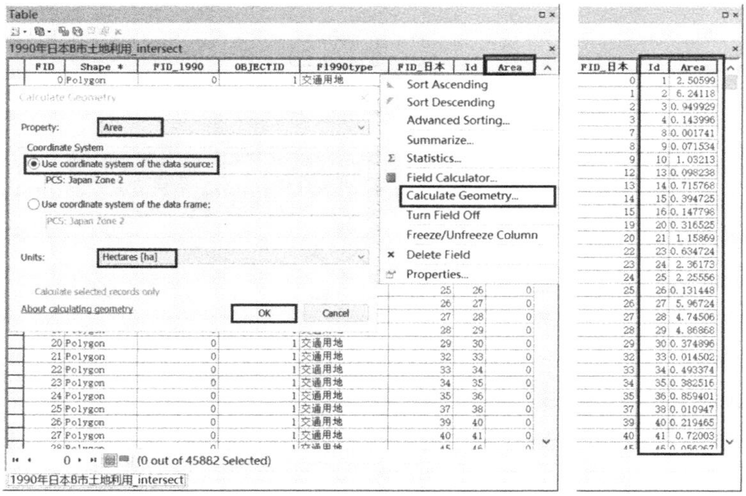

图4-13　面积计算及结果

4.1.2　日本B市格网化后土地利用类型字段赋值及符号化

1）构建数据透视表

步骤1：单击【ArcToolbox】→【Conversion Tools】→【Excel】→【Table To Excel】。

步骤2：在弹出的【Table To Excel】窗口中，在【Input Table】下拉列表中选择"1990年日本B市土地利用_intersect"，在【Output Excel File】栏中将输出文件位置设为"Ex_04"文件夹，并将文件名设为"1990年日本B市土地利用数据表.xls"，单击【OK】，如图4-14所示。

步骤3：以Excel 2016为例，打开"1990年日本B市土地利用数据表.xls"。单击【插入】选项卡→【数据透视表】→【表格和区域】，弹出【来自表格或区域的数据透视表】窗口。在【选择表格或区域】中选择数据所在区域，在【选择放置数据透视表的位置】中勾选【新工作表】，单击【确定】，完成透视表创建，如图4-15所示。

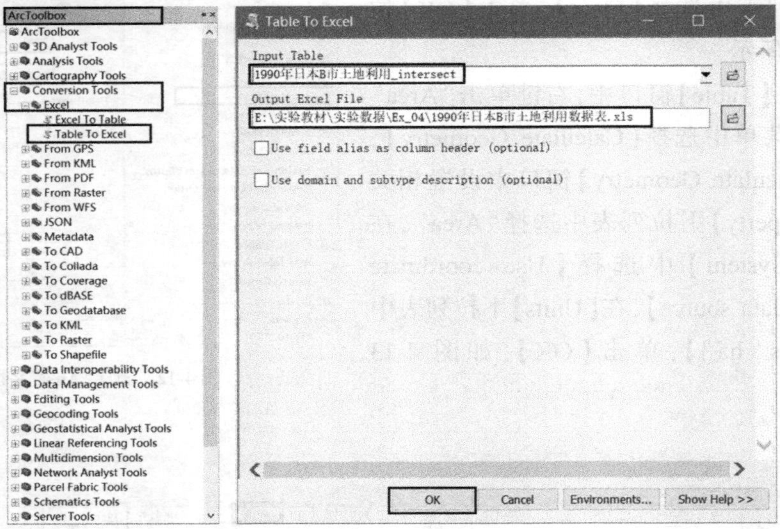

图4-14　将土地利用数据导出为Excel文件

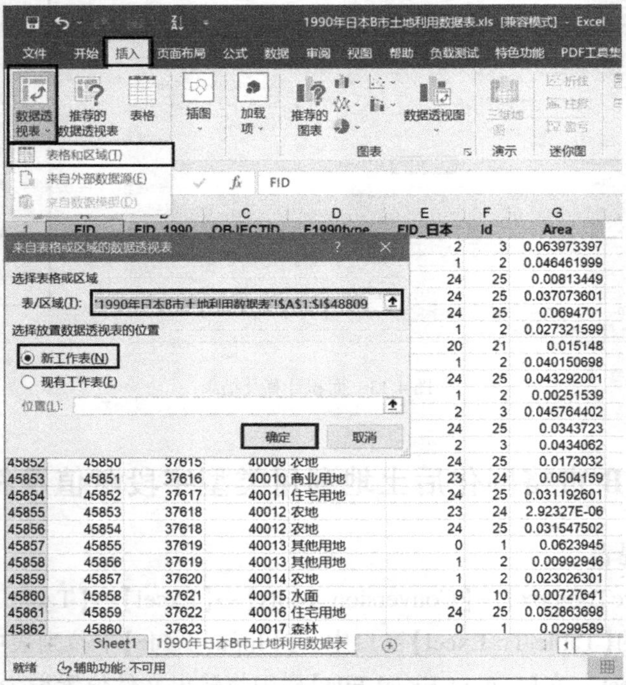

图4-15　创建数据透视表

步骤4：创建数据透视表后，在数据透视表字段下方，将“Id”字段拖放到【行】区域，将“F1990type”字段拖放到【列】区域，将“Area”字段拖放到【值】区域，如图4-16所示。

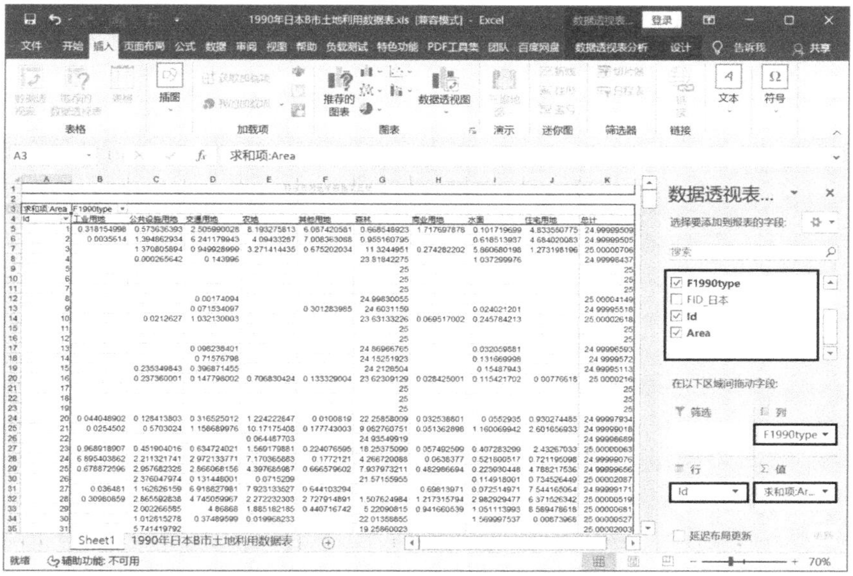

图 4-16　数据透视表设置

步骤 5:将数据透视表的结果(即单元格 A4:J613 的内容)复制到新建的 Excel 表中,以数值的形式存储,将该新建的 Excel 表格保存为“1990 年日本 B 市土地利用面积表.xlsx”。

2)最大面积隶属度原则

最大面积隶属度求取土地利用类型的原理是比较同一网格内不同土地利用类型的面积,以拥有最大面积的土地利用类型替换其他类型,使该网格的土地利用类型变为单一类型,如图 4-17所示。这里介绍使用 Excel 软件根据最大面积隶属度原则求取土地利用类型。

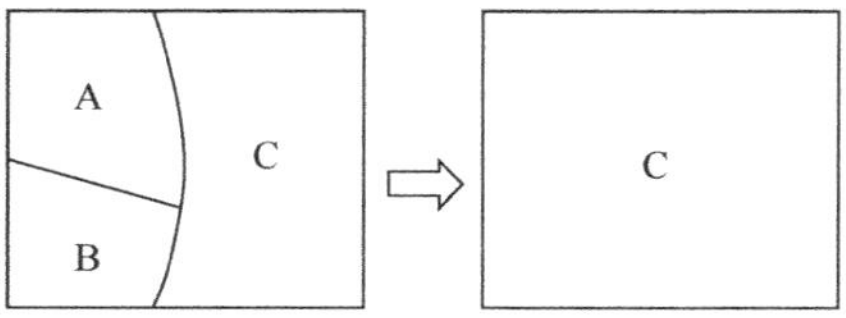

图 4-17　最大面积隶属度原则

使用 Excel 软件打开“1990 年日本 B 市土地利用面积表.xlsx”。新建“max”和“Type”两个字段,在“max”字段下方单元格输入函数“=MAX(B2:J2)”,在“Type”字段下方单元格输入函数“=INDEX($B$1:$J$1,MATCH(K2,B2:J2,))”,完成最大隶属度的赋值,将该公式复制填充到下方所有的数据单元格,计算每个 Id 对应的唯一土地利用类型,如图 4-18 所示。

注:MAX(number 1:number n)函数,表示求 number 1 到 number n 的最大值;MATCH(lookup_value,lookup_array,[match_type])函数,表示返回指定对象在特定区域的位置,[match_type]=0 表示精确查找;INDEX(reference,row_num)函数,表示对值的引用。

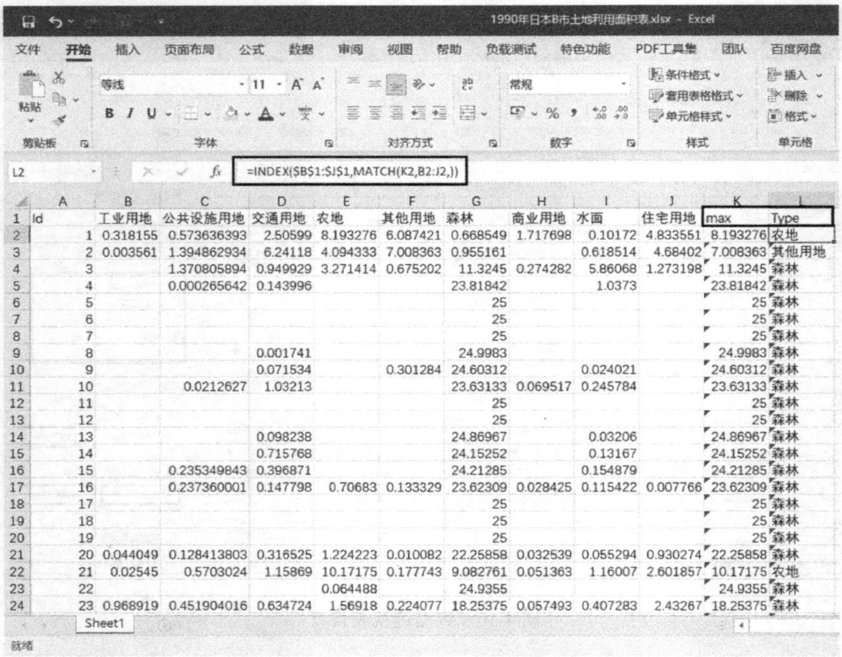

Id	工业用地	公共设施用地	交通用地	农地	其他用地	森林	商业用地	水面	住宅用地	max	Type
1	0.318155	0.573636393	2.50599	8.193276	6.087421	0.668549	1.717698	0.10172	4.833551	8.193276	农地
2	0.003561	1.394862934	6.24118	4.094333	7.008363	0.955161		0.618514	4.68402	7.008363	其他用地
3		1.370805894	0.949929	3.271414	0.675202	11.3245	0.274282	5.86068	1.273198	11.3245	森林
4		0.000265642	0.143996			23.81842		1.0373		23.81842	森林
5						25				25	森林
6						25				25	森林
7						25				25	森林
8			0.001741			24.9983				24.9983	森林
9			0.071534		0.301284	24.60312		0.024021		24.60312	森林
10		0.0212627	1.03213			23.63133	0.069517	0.245784		23.63133	森林
11						25				25	森林
12						25				25	森林
13			0.098238			24.86967		0.03206		24.86967	森林
14			0.715768			24.15252		0.13167		24.15252	森林
15		0.235349843	0.396871			24.21285		0.154879		24.21285	森林
16		0.237360001	0.147798	0.70683	0.133329	23.62309	0.028425	0.115422	0.007766	23.62309	森林
17						25				25	森林
18						25				25	森林
19						25				25	森林
20	0.044049	0.128413803	0.316525	1.224223	0.010082	22.25858	0.032539	0.055294	0.930274	22.25858	森林
21	0.02545	0.5703024	1.15869	10.17175	0.177743	9.082761	0.051363	1.16007	2.601857	10.17175	农地
22				0.064488		24.9355				24.9355	森林
23	0.968919	0.451904016	0.634724	1.56918	0.224077	18.25375	0.057493	0.407283	2.43267	18.25375	森林

图 4-18　根据最大面积隶属度原则求取土地利用类型

3)土地利用数据格网化

步骤 1:将 Excel 中“Id”和土地利用类型“Type”两列数据另存在“1990 日本 B 市土地利用分类.xls”中(ArcGIS 中只能链接.xls 后缀的 Excel 文件;如果使用较高版本的 Excel,另存时选择【Excel 97-2003 工作簿】即可)。

步骤 2:为保证 Excel 中的“Id”列与“日本 B 市区域边界_Fishnet_polygon.shp”属性表的中“Id”列数据一一对应且唯一,需要对“日本 B 市区域边界_Fishnet_ polygon”图层进行裁剪。单击【ArcToolbox】→【Analysis Tools】→【Extract】→【Clip】。

步骤 3:在弹出的【Clip】窗口中,在【Input Features】下拉列表中选择“日本 B 市区域边界_Fishnet_polygon”,在【Clip Feature】下拉列表中选择“日本 B 市区域边界”,将输出文件位置设为“Ex_04”文件夹,并将文件名设为“1990 年日本 B 市土地利用_clip.shp”,单击【OK】,如图 4-19所示。裁剪后的格网数据如图 4-20 所示。

步骤 4:在【Table Of Contents】中,右键单击“1990 年日本 B 市土地利用_clip.shp”图层,在右键菜单中选择【Joins and Relates】→【Join】,如图 4-21 所示。

步骤 5:在弹出的【Join Data】窗口中,在【1.Choose the field in this layer that the join will be based on】下拉列表中选择“Id”;在【2.Choose the table to join to this layer,or load the table from disk】栏中选择要关联的数据表格“1990 日本 B 市土地利用分类.xls”的“sheet1”;在【3.Choose the field in the table to base the join on】下拉列表中选择“Id”。最后单击【OK】。过程及结果如图 4-22 所示。

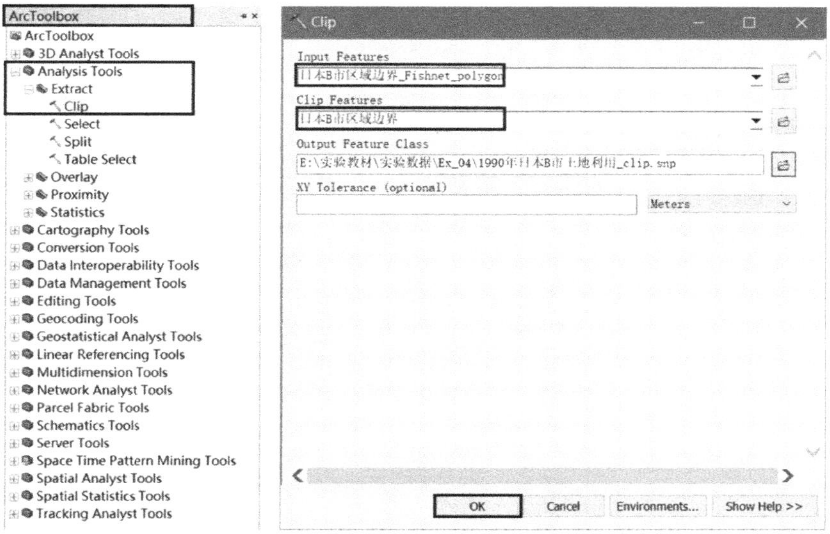

图 4-19　裁剪格网数据

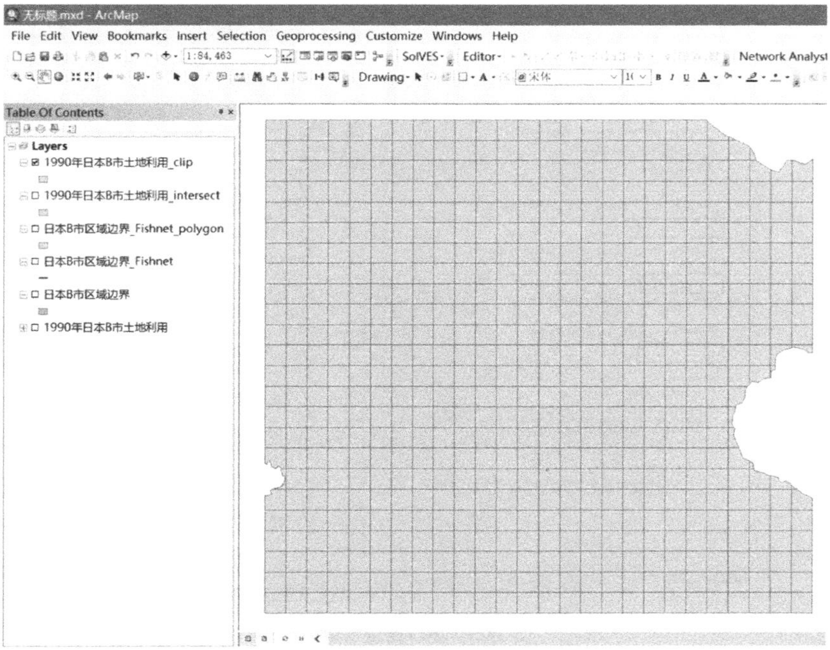

图 4-20　裁剪后的格网数据

步骤 6：在【Table Of Contents】中，右键单击“1990 年日本 B 市土地利用_clip”图层，在右键菜单中选择【Data】→【Export Data】。在弹出的【Export Data】窗口中，将文件命名为“1990 年日本 B 市土地利用格网化数据.shp”，存储在“Ex_04”文件夹中，如图 4-23 所示。

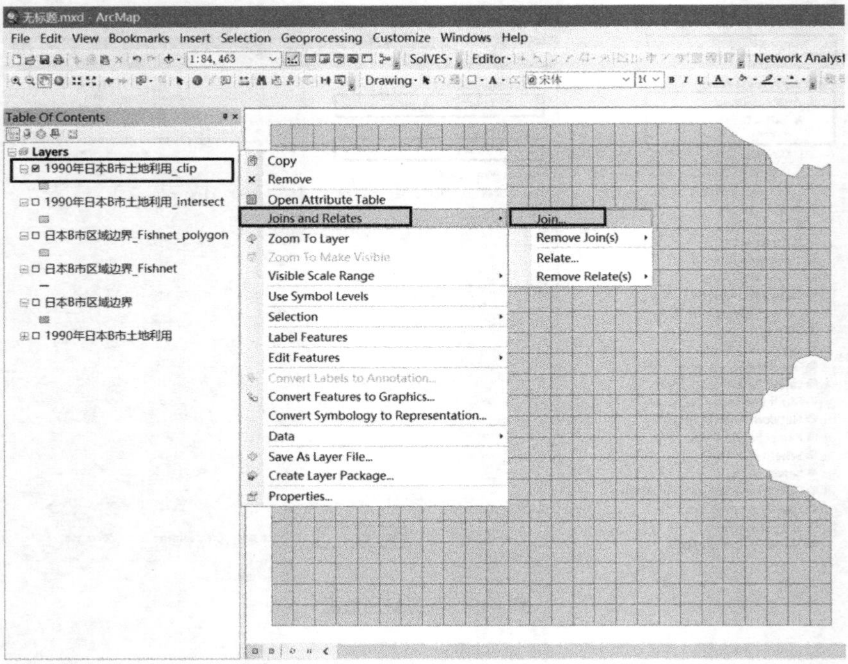

图 4-21 连接表格

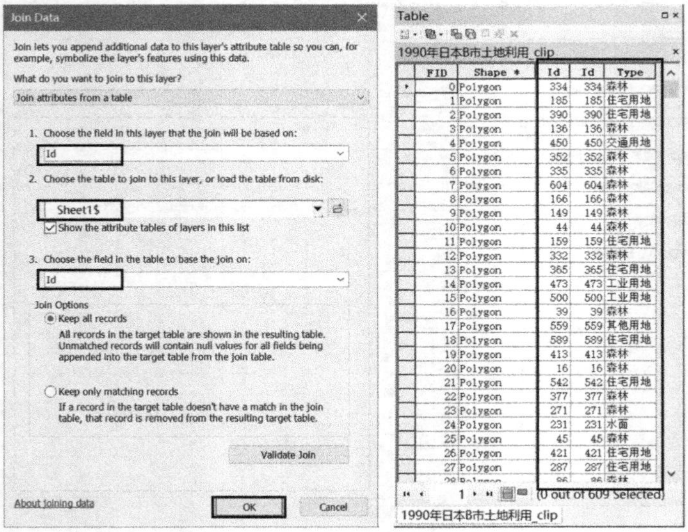

图 4-22 字段连接及结果

4）土地利用类型符号化

步骤 1：在【Table of Contents】中，左键双击“1990 年日本 B 市土地利用格网化数据”图层，弹出【Layer Properties】窗口。

步骤 2：在弹出的【Layer Properties】窗口中，选择【Symbology】标签页，在【Show】列表中选择【Categories】→【Unique values】，在【Value Field】下拉列表中选择土地利用类型字段

“Type”,单击【Add All Values】显示所有土地利用类型,在【Color Ramp】下拉列表中选择合适的色带,单击【确定】,如图 4-24 所示。得到 1990 年日本 B 市土地利用矢量数据格网化后的结果,如图 4-25 所示。

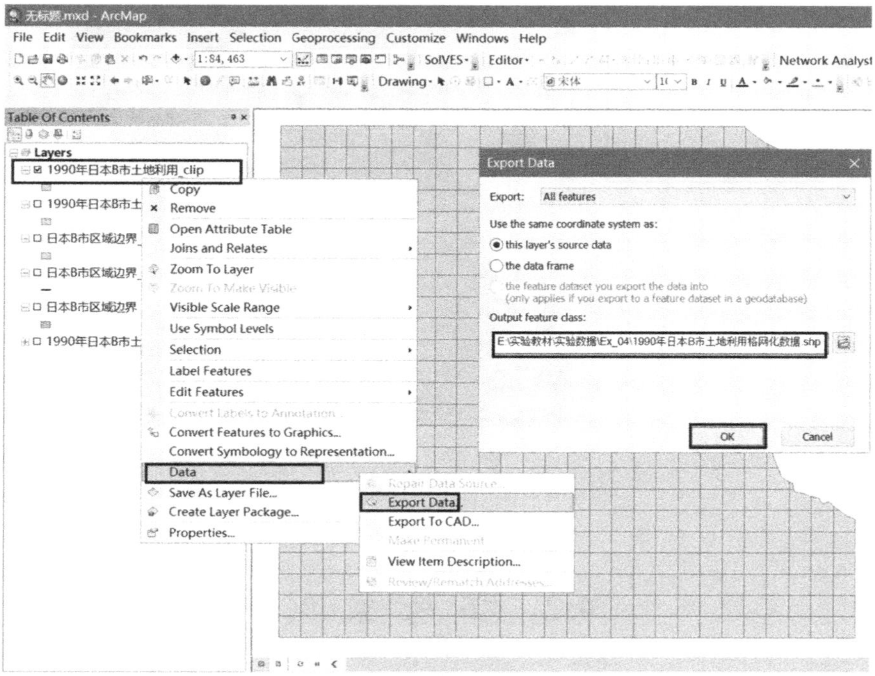

图 4-23　字段连接结果导出

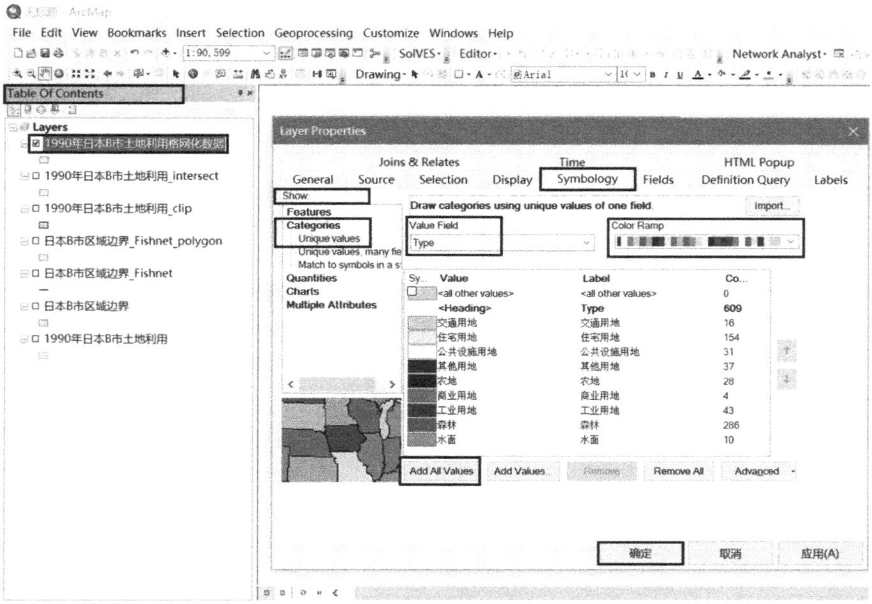

图 4-24　1990 年日本 B 市土地利用数据符号化设置

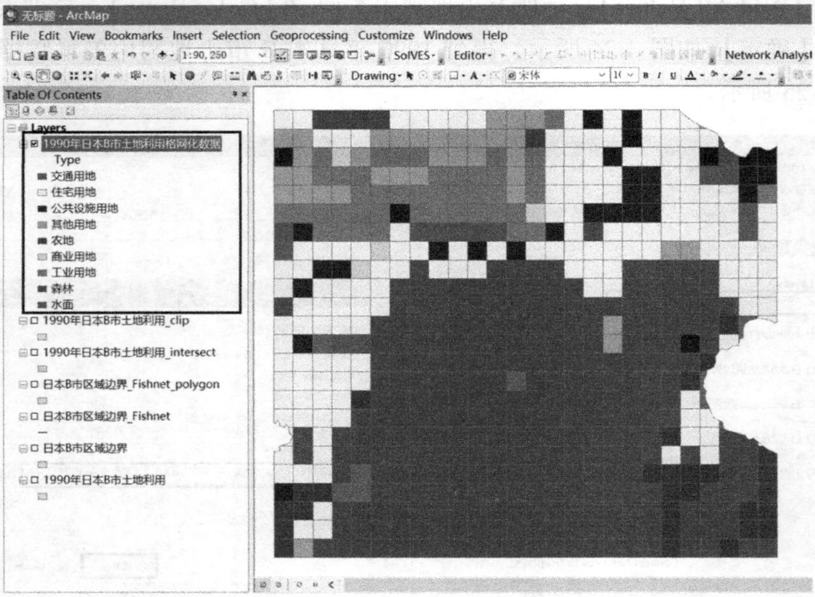

图 4-25　土地利用网格数据

4.2　拓 展 案 例

4.2.1　格网构建及中国 Z 县土地利用类型提取

目标:利用 2000 年中国 Z 县土地利用矢量数据,转化为面状格网,分辨率为 500m×500m,得到 2000 年中国 Z 县土地利用格网数据。

1)加载数据

步骤 1:单击菜单栏的【File】→【Add Data】→【Add Data】,或者直接单击工具栏的 ✦ 图标,如图 4-26 所示。

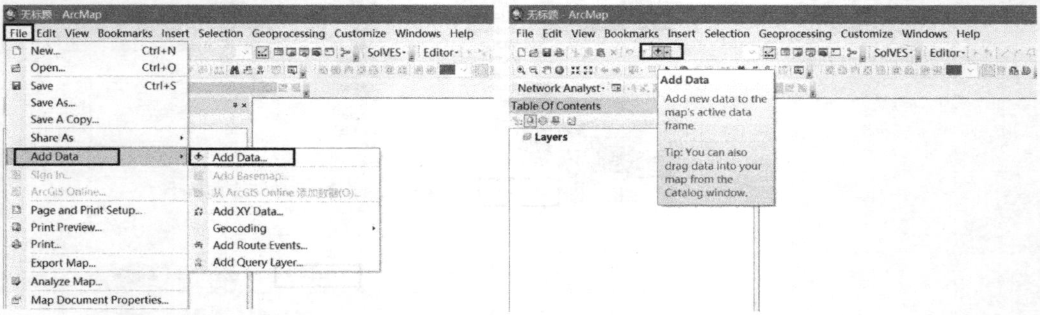

图 4-26　加载数据

步骤 2:在弹出的【Add Data】窗口中,选择随书文件“Ex_04”文件夹中的“2000 年中国 Z 县土地利用.shp”和“中国 Z 县区域边界.shp”,单击【Add】按钮,如图 4-27 所示。

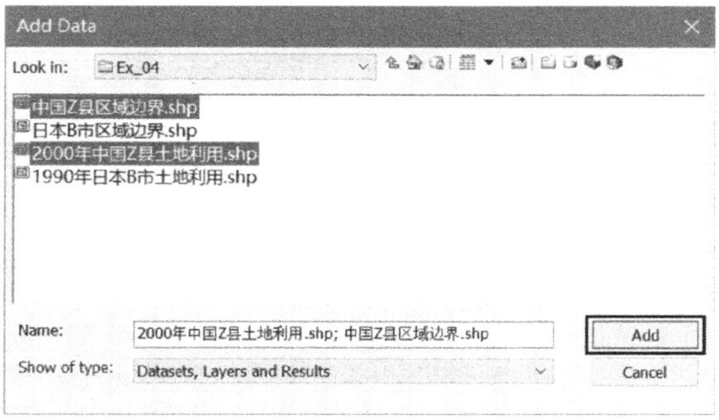

图 4-27　添加数据

2)创建网面

步骤 1:单击【ArcToolbox】→【Data Management Tools】→【Sampling】→【Create Fishnet】。

步骤 2:在弹出的【Create Fishnet】窗口中,在【Template Extent(optional)】下拉列表中选择“Same as layer 中国 Z 县区域边界”,在【Output Feature Class】栏中选择输出文件位置,并将文件名设为“中国 Z 县区域边界_Fishnet.shp”。在【Cell Size Width】和【Cell Size Height】标签中分别输入“500”,勾选【Create Label Points(optional)】,在【Geometry Type(optional)】下拉列表中选【POLYGON】,单击【OK】,如图 4-28 所示。结果如图 4-29 所示。

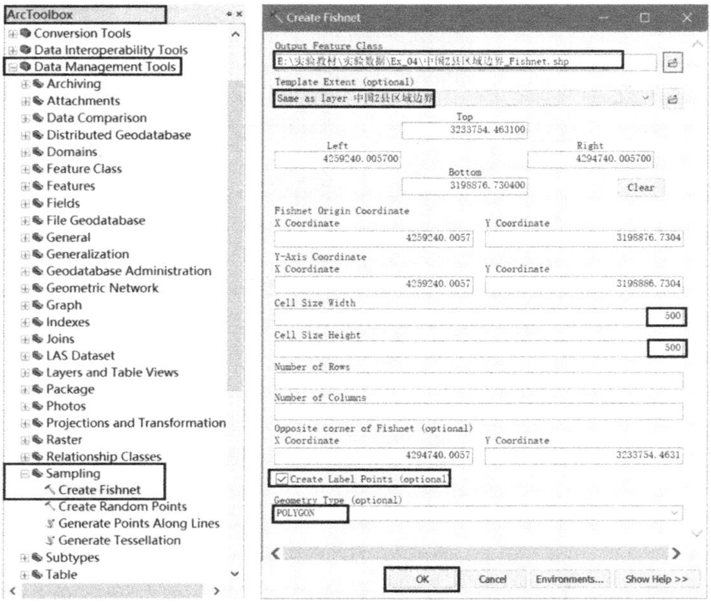

图 4-28　面状格网的设置

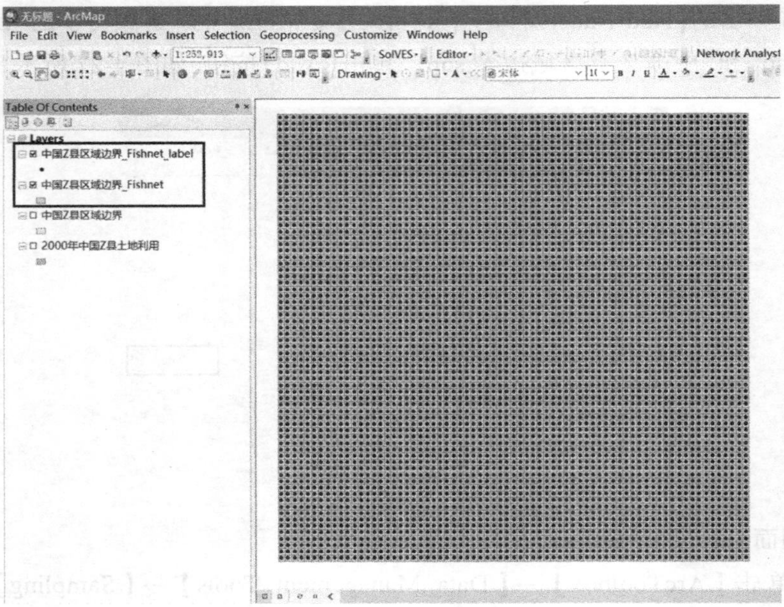

图 4-29　中国 Z 县区域边界面状格网及中心点

3）字段赋值

步骤 1：在【Table Of Contents】中，右键单击“中国 Z 县区域边界_Fishnet.shp”图层，在右键菜单中选择【Open Attribute Table】，如图 4-30 所示。

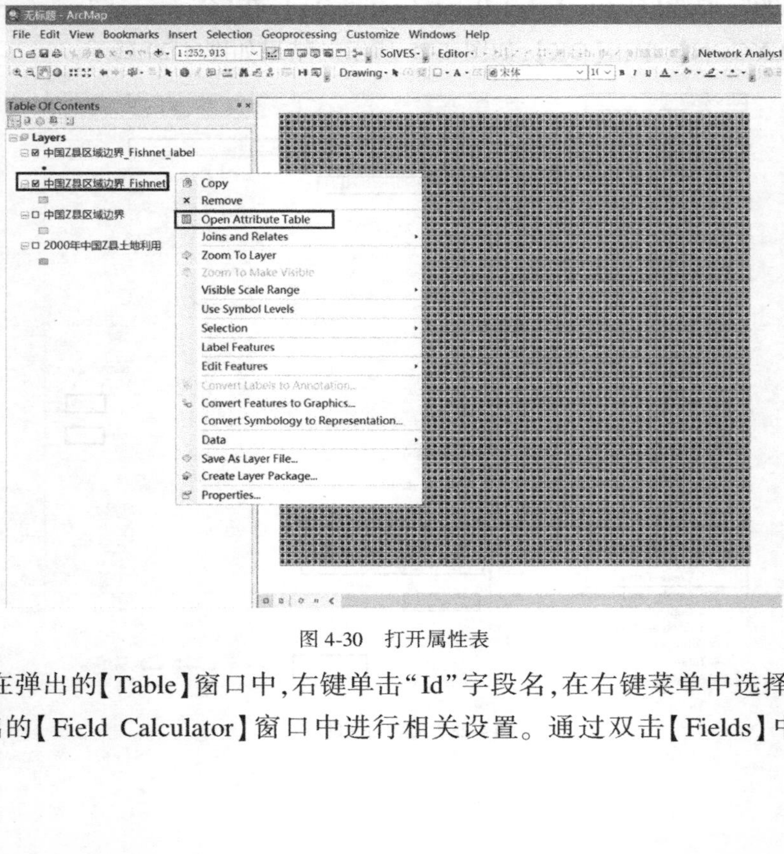

图 4-30　打开属性表

步骤 2：在弹出的【Table】窗口中，右键单击“Id”字段名，在右键菜单中选择【Field Calculator】，在弹出的【Field Calculator】窗口中进行相关设置。通过双击【Fields】中的字段名和

【Functions】中的运算符号,在【Id=】输入框中输入“[FID]+1”,单击【OK】,如图 4-31 所示。按同样的步骤,对“中国 Z 县区域边界_Fishnet_label”图层的“Id”字段通过构建表达式“[FID]+1”进行赋值。

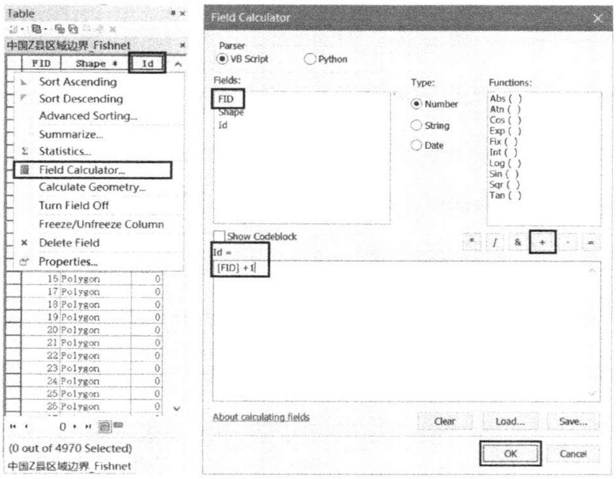

图 4-31　字段赋值

4)数据批量裁剪

步骤 1:单击【ArcToolbox】→【Analysis Tools】→【Extract】,右键单击【Clip】,在右键菜单中选择【Batch】,如图 4-32 所示。

步骤 2:在弹出的【Clip】窗口中,在【Input Features】列选择“中国 Z 县区域边界_Fishnet_label”,在【Clip Features】列选择“中国 Z 县区域边界”,将输出位置设为“Ex_04”文件夹,将文件名设为“中国 Z 县区域边界_Fishnet _label _clip.shp”,完成中心点数据的裁剪设置。然后单击 + ,添加一行,在【Input Features】列选择“中国 Z 县区域边界_Fishnet”,在【Clip Features】列选择“中国 Z 县区域边界”,将输出位置设为“Ex_04”,将文件名设为“中国 Z 县区域边界_Fishnet_clip.shp”,完成格网面数据的裁剪设置,单击【OK】,见图 4-33。重新加载的裁剪后的格网数据见图 4-34。

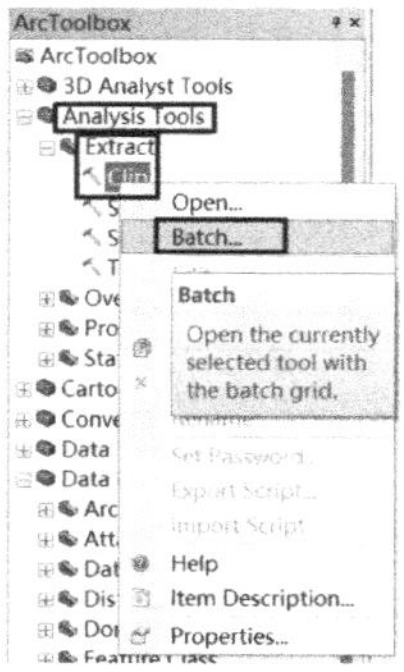

图 4-32　批量裁剪工具

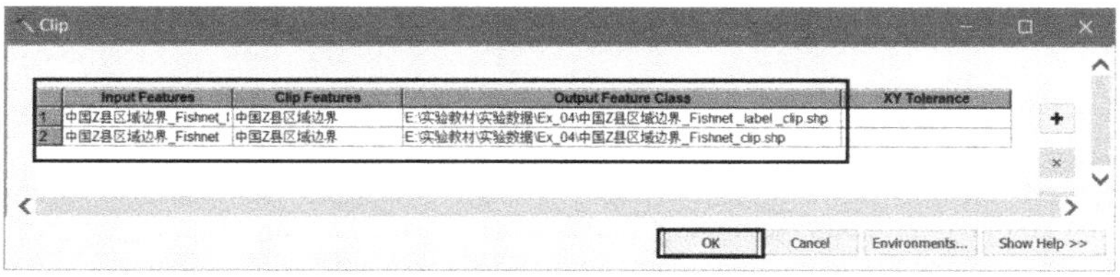

图 4-33　批量裁剪设置

5)提取土地利用数据到中心点

步骤 1:单击【ArcToolbox】→【Analysis Tools】→【Overlay】→【Intersect】。

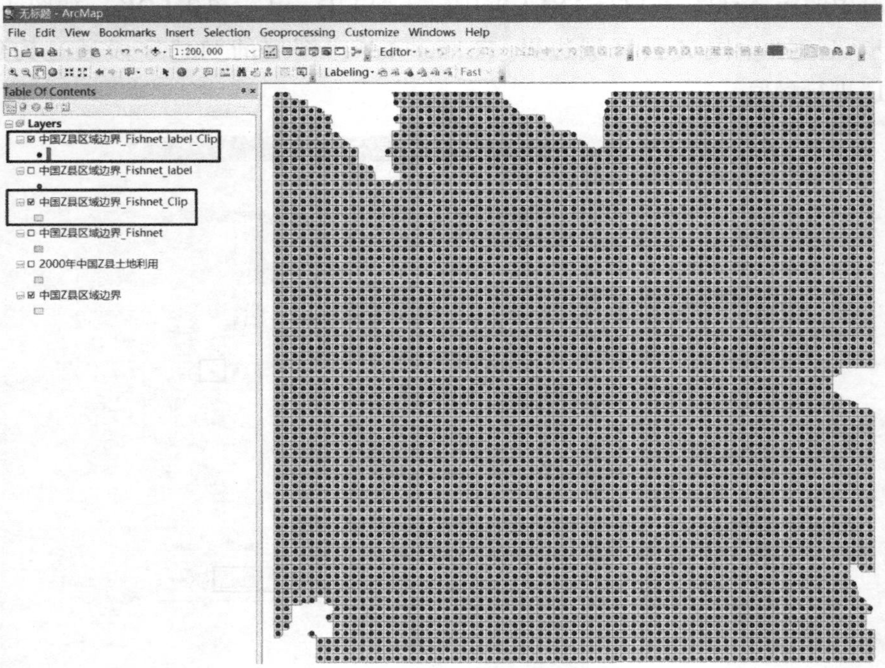

图 4-34　批量裁剪后的格网数据

步骤 2:在弹出的【Intersect】窗口中,在【Input Features】下拉列表中选择"2000 年中国 Z 县土地利用"和"中国 Z 县区域边界_Fishnet_label_clip",在【Output Feature Class】栏,将输出文件位置设为"Ex_04"文件夹,并将文件名设为"2000 年中国 Z 县土地利用中心点_intersect.shp",单击【OK】,如图 4-35 所示。提取 2000 年中国 Z 县土地利用数据到中心点的结果如图 4-36 所示。

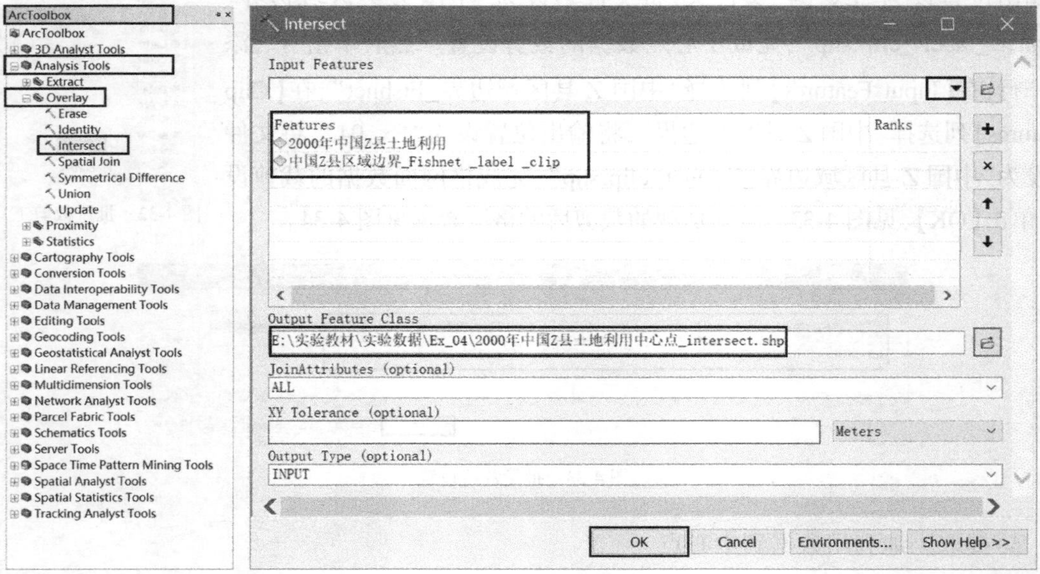

图 4-35　提取土地利用数据到中心点

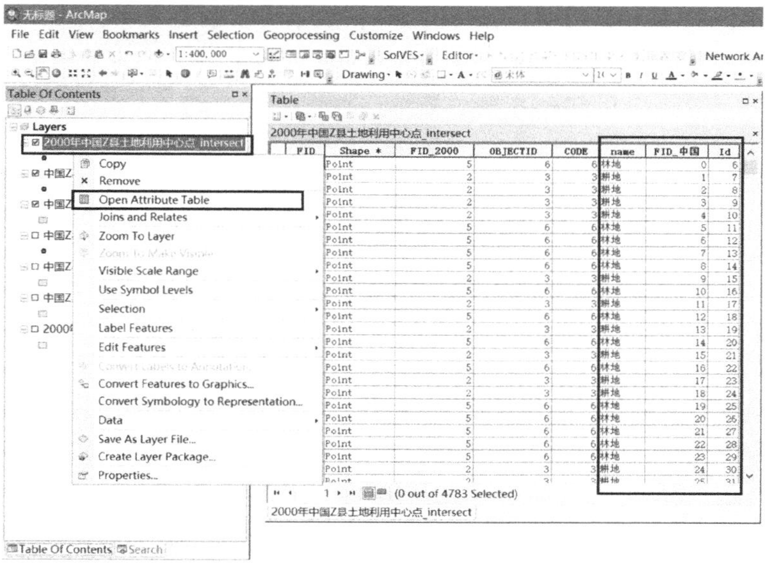

图 4-36　提取土地利用数据到中心点的结果

6)属性表的连接

步骤 1:在【Table Of Contents】中,右键单击“中国 Z 县区域边界_Fishnet_Clip”图层,在右键菜单中选择【Joins and Relates】→【Join】;在弹出的【Join Data】窗口中,在【1.Choose the field in this layer that the join will be based on】下拉列表中选择“Id”,在【2.Choose the table to join to this layer,or load the table from disk】下拉列表中选择“2000 年中国 Z 县土地利用中心点_intersect”图层,在【3.Choose the field in table to base the join on】下拉列表中选择“Id”,最后单击【OK】,见图 4-37。

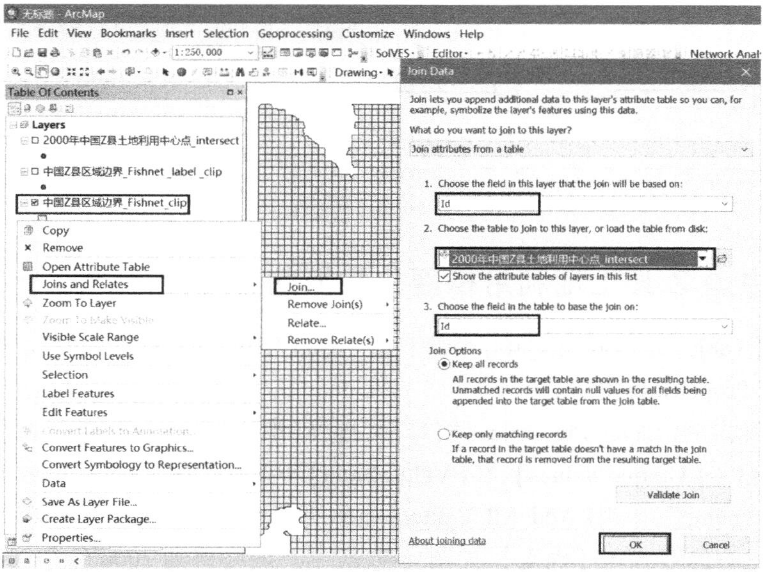

图 4-37　打开属性表并连接字段

步骤 2:弹出【Create Index】窗口,选择【Yes】,表示自动创建索引,如图 4-38 所示。后文默认勾选【Use my choice and do not show this dialog again】,不再出现此提示。

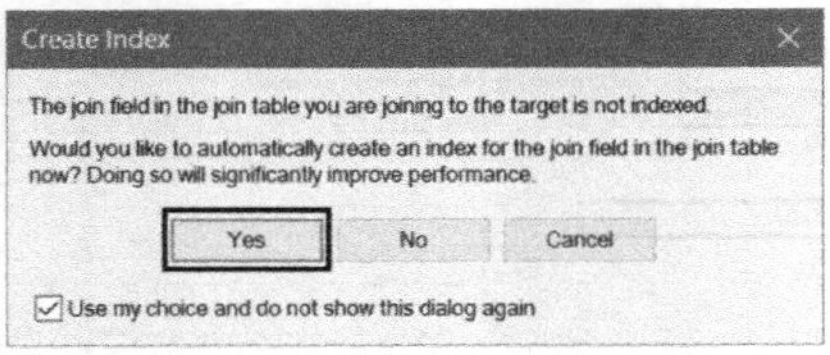

图 4-38 【Create Index】窗口

7)数据导出

在【Table Of Contents】中,右键单击"中国 Z 县区域边界_Fishnet_clip"图层,在右键菜单中选择【Data】→【Export Data】,在弹出的【Export Data】窗口中,将文件命名为"2000 年中国 Z 县土地利用格网化数据.shp",存储在"Ex_04"文件夹中,如图 4-39 所示。

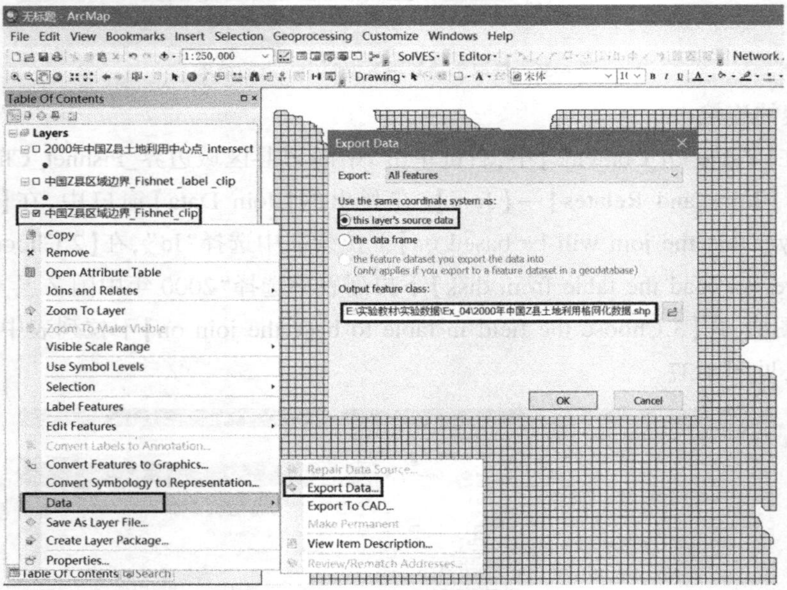

图 4-39 格网化数据导出

4.2.2 中国 Z 县土地利用格网化数据的符号化

步骤 1:在【Table Of Contents】中,左键双击"2000 年中国 Z 县土地利用格网化数据"图层,弹出【Layer Properties】窗口。

步骤 2:在弹出的【Layer Properties】窗口中,选择【Symbology】标签页,在【Show】列表中选择【Categories】→【Unique values】,在【Value Field】下拉列表中选择属性表中土地利用类型所在的字段,如"name",单击【Add All Values】显示所有土地利用类型,在【Color Ramp】下拉列表中选择合适的色带,单击【确定】,如图 4-40 所示。最终得到 2000 年中国 Z 县土地利用矢量数据格网化后的结果,如图 4-41 所示。

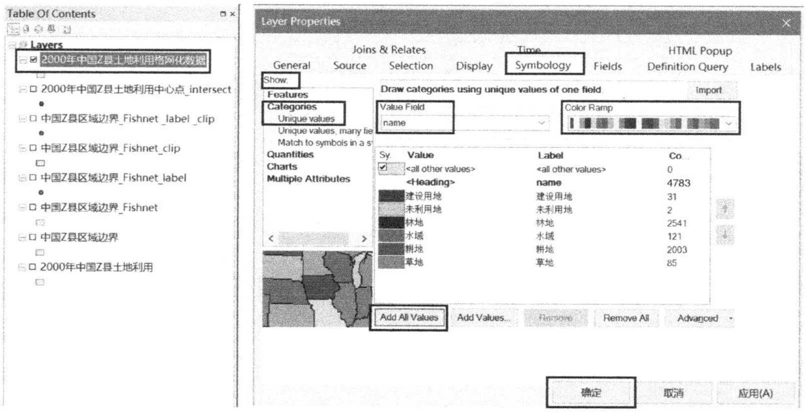

图 4-40　2000 年中国 Z 县土地利用数据符号化设置

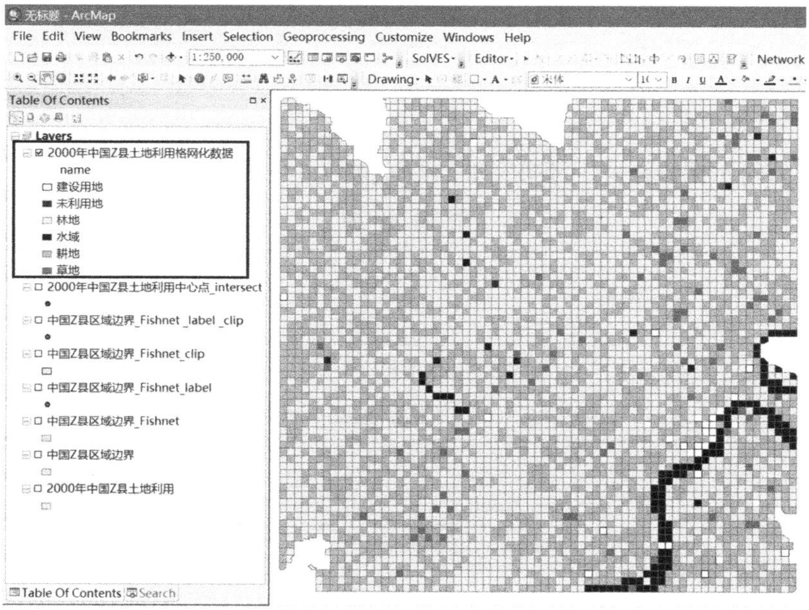

图 4-41　2000 年中国 Z 县土地利用矢量数据格网化结果

第 5 章　马尔可夫模型在土地利用分析中的应用

马尔可夫模型(Markov Model)是用概率建立的一种随机型的时序模型,利用某一变量的现在状态和动向,预测该变量未来的状态和动向。马尔可夫过程是具有“无后效性”的特殊随机过程,即某随机过程在 $t+1$ 时刻的状态,只与 t 时刻的状态有关,而与之前其他时刻无关。马尔可夫模型现已广泛应用于自然科学、工程技术领域。土地利用变化符合马尔可夫过程的基本特征:土地利用类型对应于马尔可夫模型中的状态,如某时刻的耕地、林地、水域、建设用地等都是一种状态;土地利用类型之间相互转换的面积比例,即为状态转移概率。因而,可以用马尔可夫模型进行土地利用未来变化的预测。

本章的主要内容是土地利用空间变化分析、地图制图以及基于马尔可夫模型的土地利用数量预测一般实现过程。

本章所用到的示例数据位于随书文件的“Ex_05”文件夹,见表 5-1。

示例数据　　表 5-1

编　号	文 件 名	文 件 格 式
1	1990 年日本 B 市土地利用	.shp
2	2000 年日本 B 市土地利用	.shp
3	1987 年和 1997 年日本 A 市 D 镇土地利用属性表	.xls

5.1　基 本 案 例

5.1.1　日本 B 市土地利用空间分布制图

目的:基于日本 B 市 1990—2000 年土地利用网格数据,制作土地利用的空间变化分类图(包括图例、指南针、比例尺)。

1)加载数据

步骤 1:单击菜单栏的【File】→【Add Data】→【Add Data】,或者直接单击工具栏的 图标,如图 5-1 所示。

步骤 2:在弹出的【Add Data】窗口中,选择随书文件“Ex_05”文件夹中的“1990 年日本 B 市土地利用.shp”和“2000 年日本 B 市土地利用.shp”,单击【Add】按钮,如图 5-2 所示。

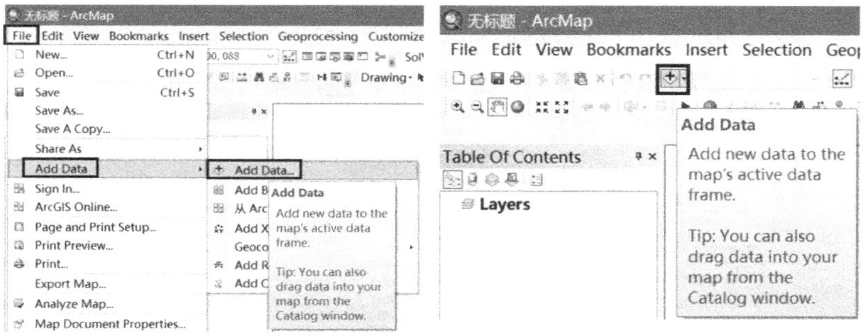

图 5-1　加载数据

2）土地利用符号化

步骤 1：在【Table Of Contents】中，右键单击“1990 年日本 B 市土地利用”图层，在右键菜单中选择【Properties】，如图 5-3 所示。

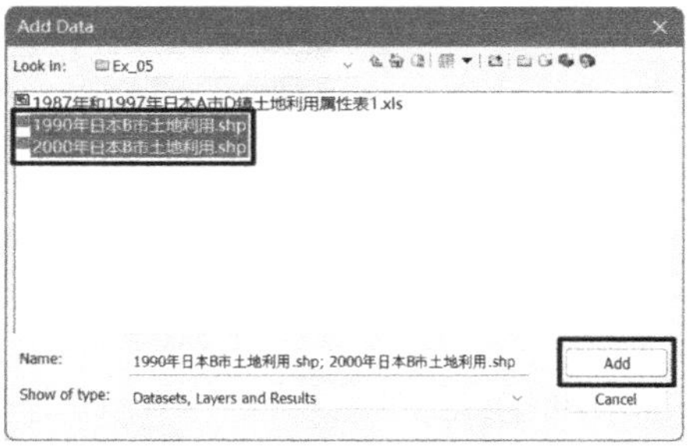

图 5-2　添加数据

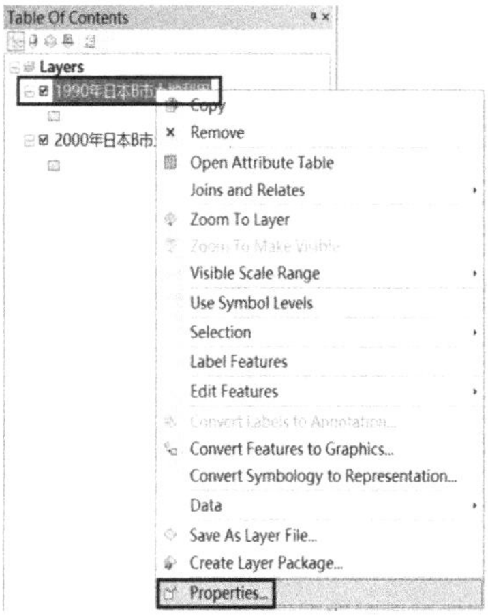

图 5-3　打开【Layer Properties】

步骤 2：在弹出的【Layer Properties】窗口中，选择【Symbology】标签页，在【Show】列表中选择【Categories】→【Unique values】，在【Value Field】下拉列表中选择土地利用类型字段“1990type”，单击【Add All Values】加载该字段中的所有值，取消勾选【all other values】，在【Color Ramp】下拉列表中选择合适的色带，单击【确定】，如图 5-4 所示。1990 年日本 B 市土地利用符号化结果如图 5-5a）所示。按同样的步骤，2000 年日本 B 市土地利用符号化结果如图 5-5b）所示。

3）制作土地利用专题地图

步骤 1：单击窗口左下角的【Layout View】（布局视图），在页面空白处单击右键，在右键菜单中选择【Page and Print Setup】。在弹出的【Page and Print Setup】窗口中，取消勾选【Use Printer Paper Settings】；在【Page】→【Width】栏输入“10”，在【Height】栏输入“8”，单位全部选

择【Centimeters】;在【Page】→【Orientation】处,选择页面的方向为【Landscape】,单击【OK】,完成制图页面宽度、高度和纸张方向的设置,如图 5-6 所示。

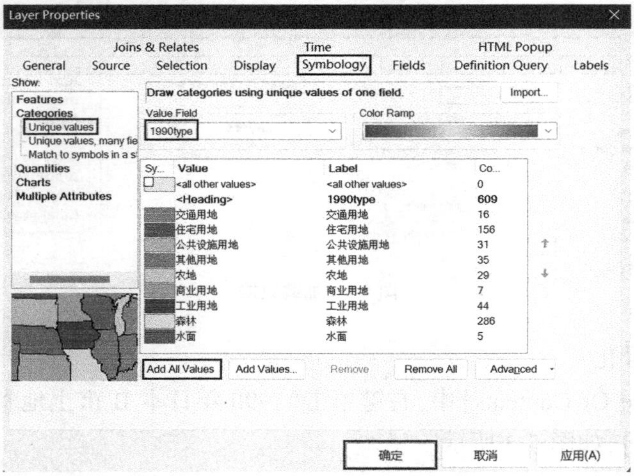

图 5-4　符号化设置

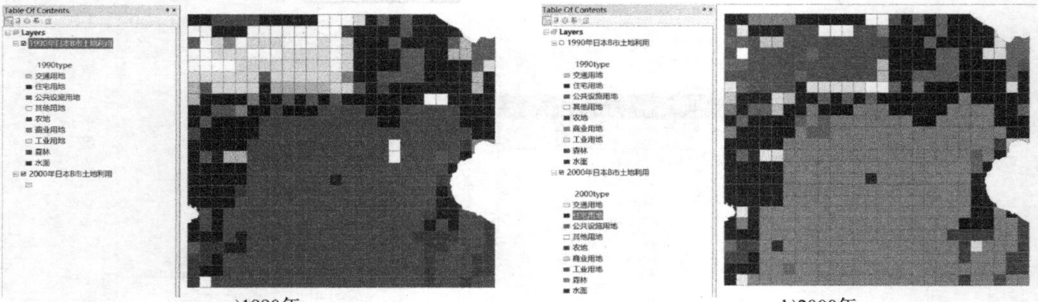

a)1990年　　b)2000年

图 5-5　日本 B 市土地利用符号化结果

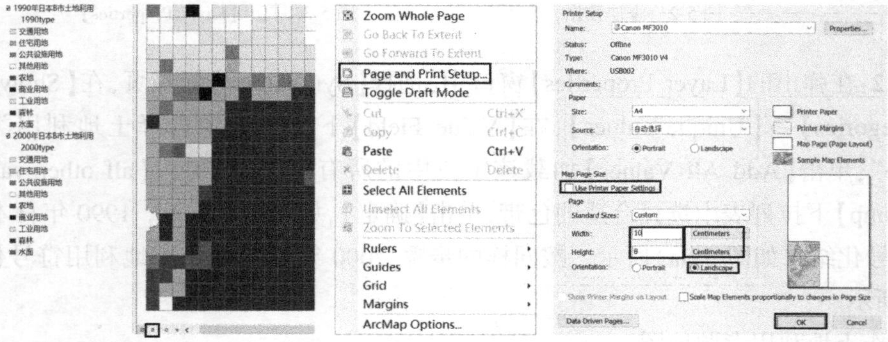

图 5-6　【Layout View】和【Page and Print Setup】设置

步骤 2:单击菜单栏的【Insert】→【Title】,为地图添加标题。在弹出的【Insert Title】窗口中输入地图名——“1990 年日本 B 市土地利用分类图”,如图 5-7 所示。

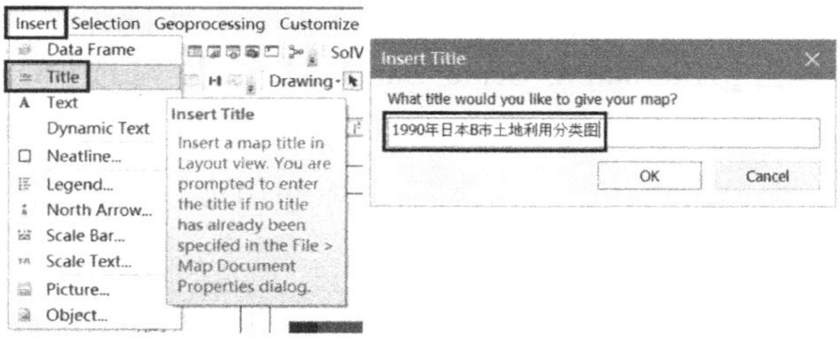

图 5-7　添加图名

步骤 3：单击菜单栏的【Insert】→【Legend】，为地图添加图例。在弹出的【Legend Wizard】窗口中，在【Set the number columns in your legend】栏输入“5”，单击【下一步】。在【Legend Title】文本框中输入“图例”，选择合适的字体和字号，单击【下一步】，如图 5-8 所示。接下来，继续单击【下一步】直到最后单击【完成】，如图 5-9 所示。

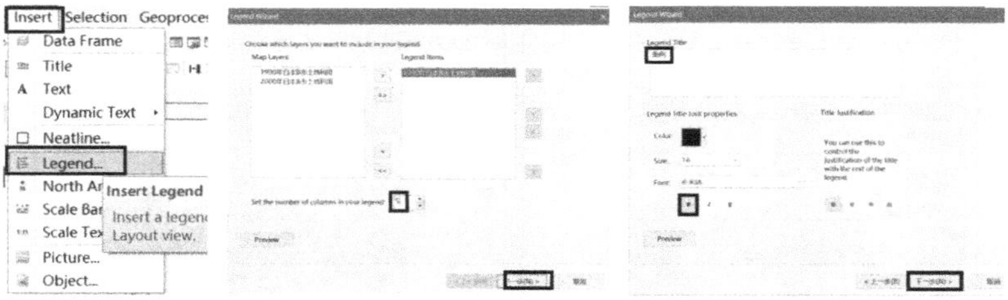

图 5-8　添加图例

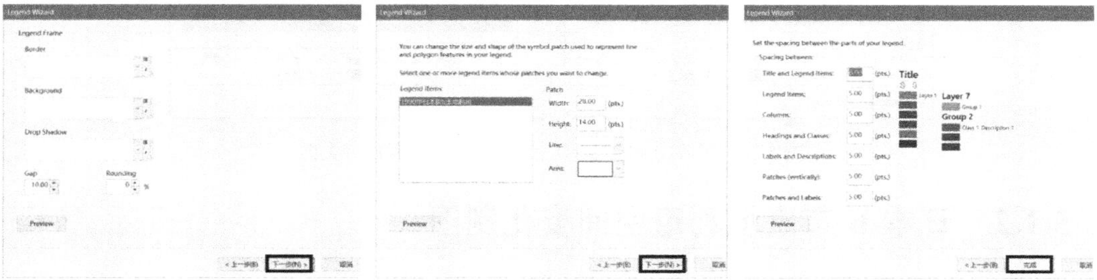

图 5-9　图例向导设置

双击生成的图例，或右键单击生成的图例，在右键菜单中选择【Properties】，弹出【Legend Properties】窗口。在【Items】标签中，点击【Style】，弹出【Legend Item Selector】窗口，选择【Horizontal Single Symbol Label Only】，单击【OK】，单击【确定】，如图 5-10 所示。

步骤 4：单击菜单栏的【Insert】→【North Arrow】，为地图添加指北针要素。在弹出的【North Arrow Selector】窗口中，单击【ESRI North 3】，勾选【Scale to fit page】，单击【OK】，如图 5-11 所示。

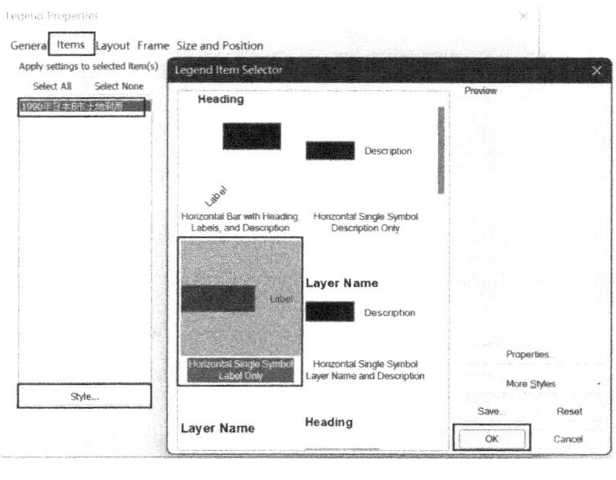

图 5-10　图例属性

步骤 5:单击菜单栏的【Insert】→【Scale Bar】,为地图添加比例尺要素。在弹出的【Scale Bar Selector】窗口中,单击【Alternating Scale Bar 1 Metric】,勾选【Scale to fit page】,单击【OK】,如图 5-12 所示。可自行在比例尺【Properties】中进行整饰。

步骤 6:按同样的步骤,对 2000 年日本 B 市土地利用进行专题地图制作,生成的结果如图 5-13所示。

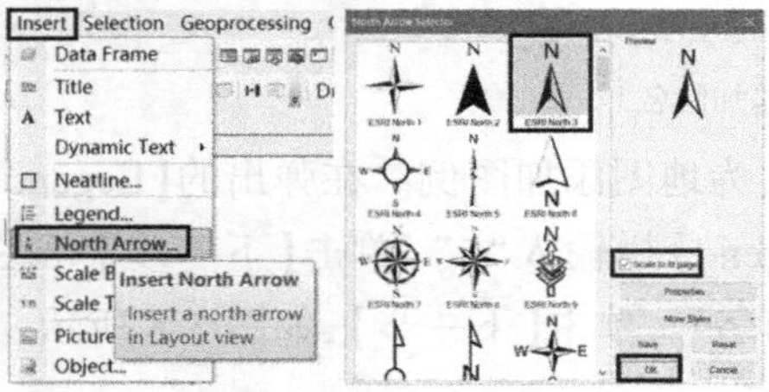

图 5-11　添加指北针

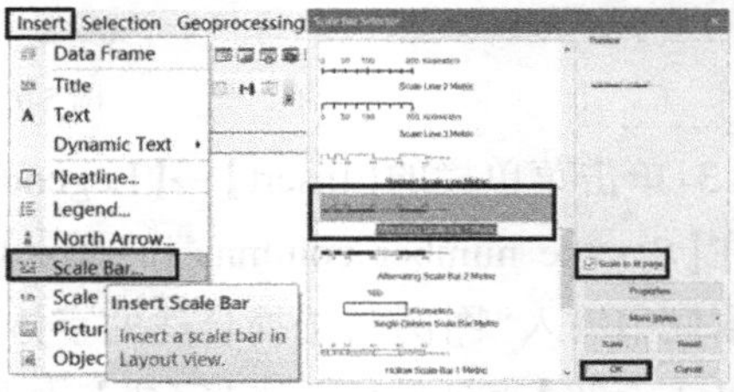

图 5-12　添加地图要素

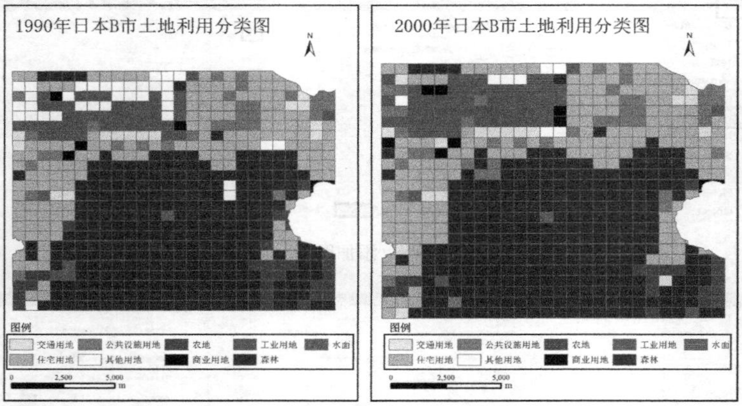

图 5-13　日本 B 市 1990 年和 2000 年土地利用分类图

5.1.2　日本 B 市土地利用空间变化制图

目的:查询 1990—2000 年土地利用发生变化的区域。

1)生成标识数据

打开【ArcToolbox】,单击【Analysis Tools】→【Overlay】→【Identity】。在弹出的【Identity】窗口中,在【Input Features】下拉列表中选择"1990 年日本 B 市土地利用",在【Identity Features】下拉列表中选择"2000 年日本 B 市土地利用",将文件命名为"c1990 年日本 B 市土地利用_Identity.shp",存储在"Ex_05"文件夹中,单击【OK】,如图 5-14 所示。

2)提取土地利用变化区域

在菜单栏单击【Selection】→【Select By Attributes】。在弹出的【Select By Attributes】窗口中,在【Layer】下拉列表中选择"c1990 年日本 B 市土地利用_Identity"图层,在【SELECT * FROM c1990 年日本 B 市土地利用_Identity WHERE】输入框中构造计算式""1990type" < > "2000type"",单击【OK】,如图 5-15 所示。

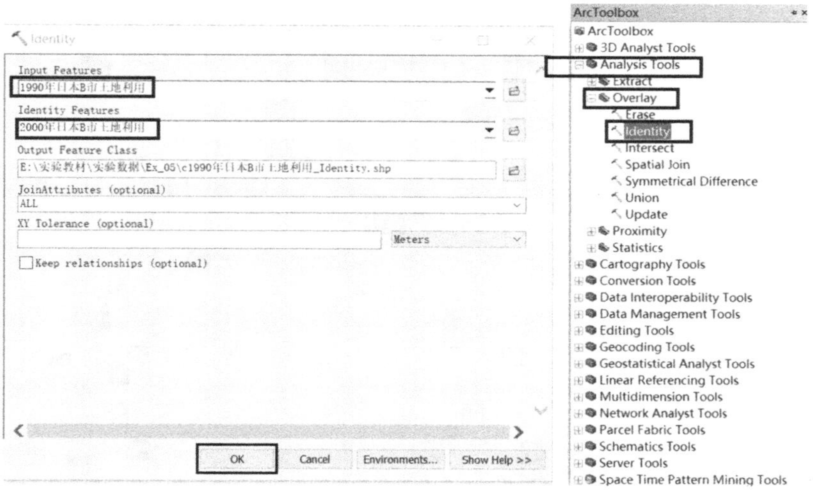

图 5-14　【Identity】窗口设置

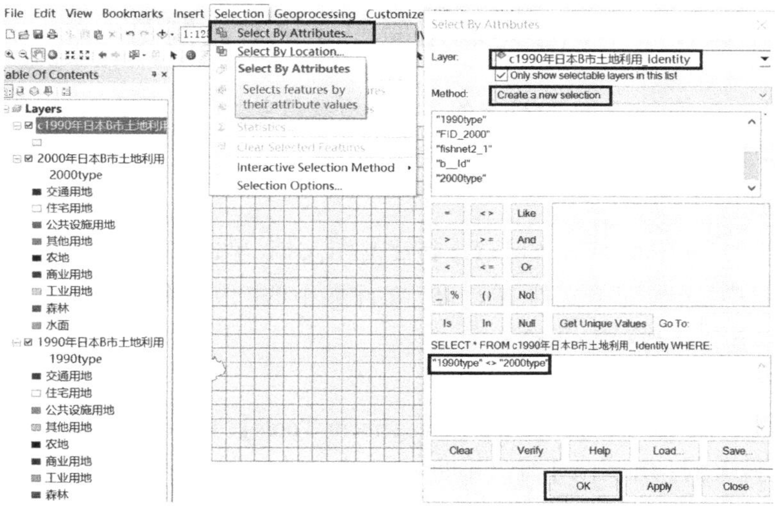

图 5-15　提取土地利用变化区域

3）导出有变化区域

在【Table Of Contents】中，右键单击“c1990年日本B市土地利用_Identity”图层，在右键菜单中选择【Selection】→【Create Layer From Selected Features】，如图5-16所示。得到新图层“c1990年日本B市土地利用_Identity selection”，如图5-17所示。

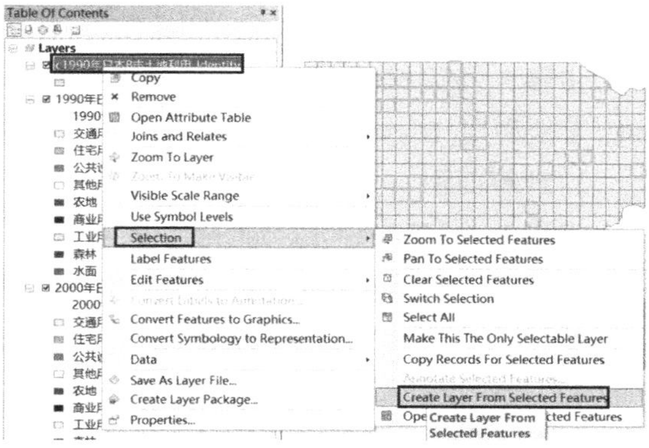

图 5-16　提取土地利用变化区域为新图层

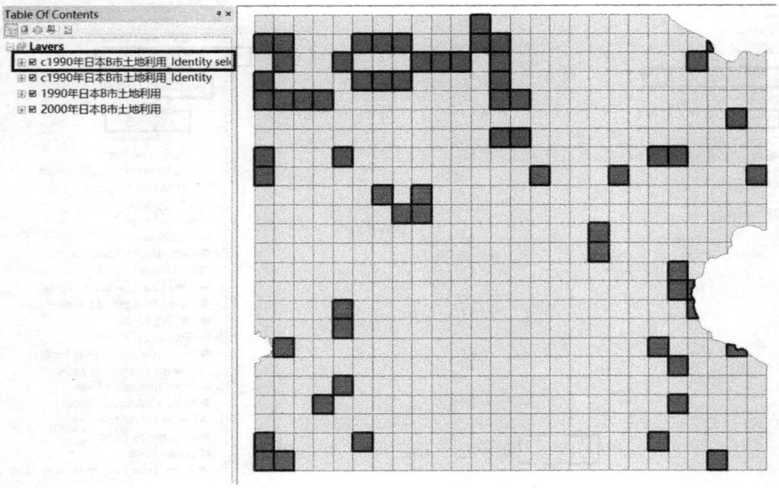

图 5-17　土地利用变化区域

5.1.3　日本 B 市不同土地利用面积变化对比制图

目的:将日本 B 市 1990 和 2000 年的土地利用数据合并到一个图层,制作土地利用面积变化对比图(柱状图)。

1)加载数据

单击工具栏的图标(或按 Ctrl+N)新建地图文档,单击工具栏的图标,在弹出的【Add Data】窗口中,选择随书文件“Ex_05”文件夹中的“1990 年日本 B 市土地利用.shp”和“2000 年日本 B 市土地利用.shp”。

2)融合土地利用数据

步骤 1:单击【ArcToolbox】→【Data Management Tools】→【Generalization】→【Dissolve】。

步骤 2:在弹出的【Dissolve】窗口中进行相关设置。在【Input Features】下拉列表中选择“1990 年日本 B 市土地利用”,在【Output Feature Class】栏将输出文件位置设为“Ex_05”文件夹,并文件名设为“c1990 年日本 B 市土地利用_Dissolve.shp”,在【Dissolve_Field(s)(optional)】勾选“1990type”字段,单击【OK】,如图 5-18 所示。

步骤 3:按同样的步骤,对“2000 年日本 B 市土地利用.shp”进行融合,得到“c2000 年日本 B 市土地利用_Dissolve.shp”。土地利用数据融合结果如图 5-19 所示。

3)计算面积

步骤 1:在【Table Of Contents】中,右键单击“c1990 年日本 B 市土地利用_Dissolve”图层,在右键菜单中选择【Open Attribute Table】,打开属性表,如图 5-20 所示。

步骤 2:在弹出的【Table】窗口中,单击左上方的图标→【Add Field】,在弹出的【Add Field】窗口中设置相关参数。在【Name】栏中输入“area”,在【Type】下拉列表中选择【Float】,在【Precision】栏中输入“12”,在【Scale】栏中输入“20”,单击【OK】,如图 5-21 所示。

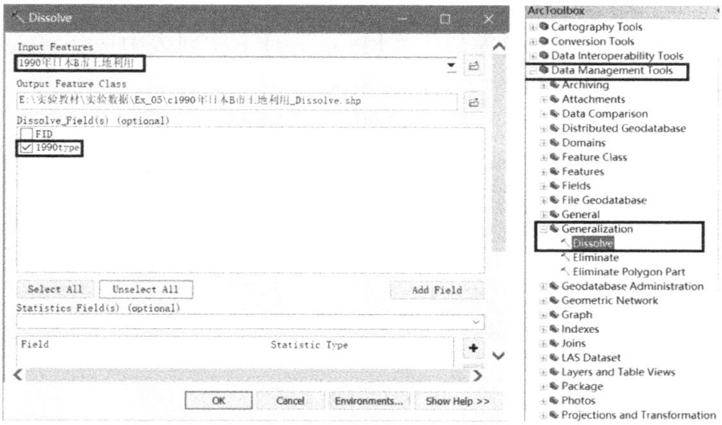

图 5-18　土地利用数据融合

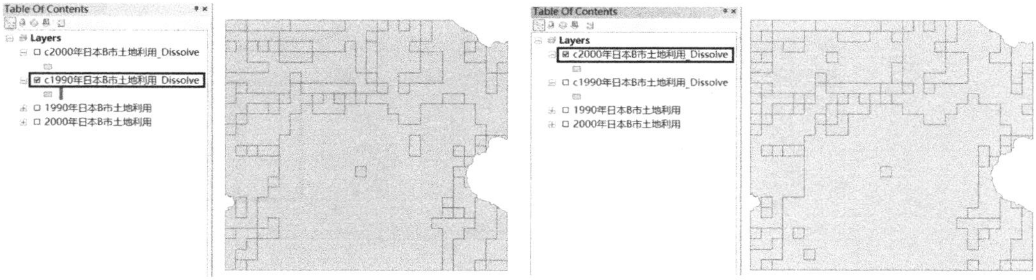

图 5-19　1990 年与 2000 年日本 B 市土地利用数据融合结果

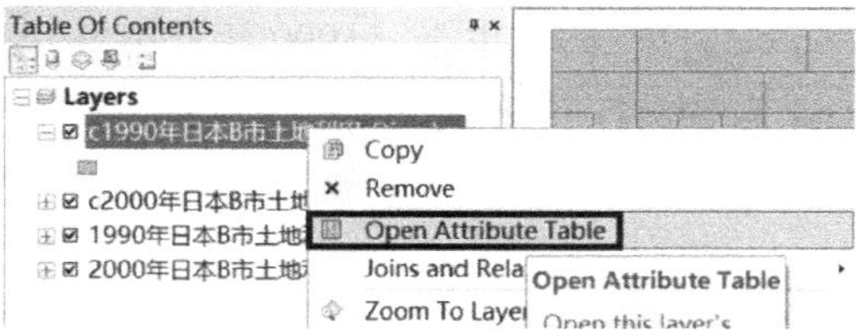

图 5-20　打开属性表

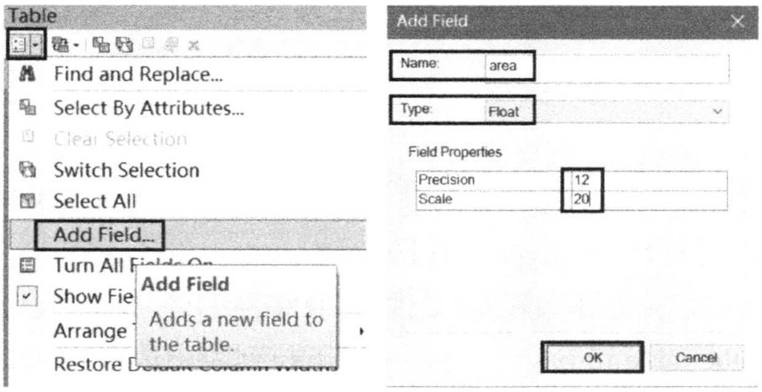

图 5-21　设置字段名和类型

步骤 3:在【Table】窗口中,右键单击字段"area"字段,在右键菜单中选择【Calculate Geometry】,弹出【Calculate Geometry】窗口。在【Property】下拉列表中选择"Area",在【Units】下拉列表中选择【Hectares[ha]】,单击【OK】,如图 5-22 所示。

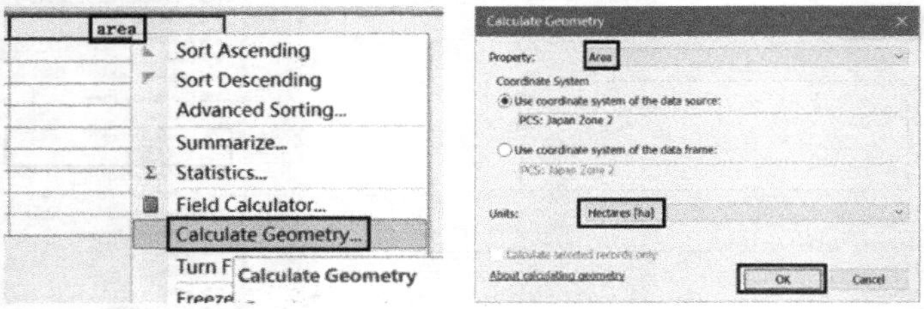

图 5-22 计算面积

步骤 4:按同样的步骤,对"c2000 年日本 B 市土地利用_Dissolve.shp"进行土地利用类型面积计算,计算结果如图 5-23 所示。

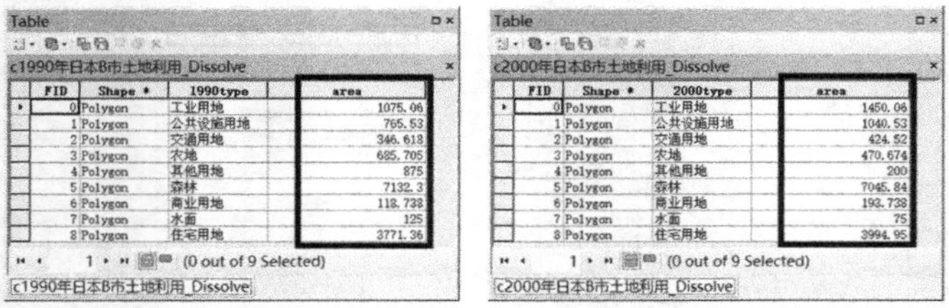

图 5-23 1990 年和 2000 年日本 B 市土地利用面积

4)土地利用数据的合并与导出

步骤 1:在【Table Of Contents】中,右键单击"c1990 年日本 B 市土地利用_Dissolve"图层,在右键菜单中选择【Joins and Relates】→【Join】,如图 5-24 所示。

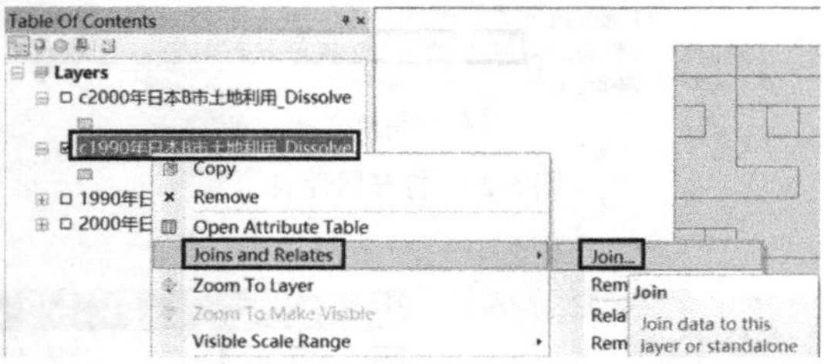

图 5-24 字段连接

步骤 2:在弹出的【Join Data】窗口中,在【1.Choose the field in this layer that the join will be based on】下拉列表中选择"1990type",在【2.Choose the table to join to this layer,or load the table from disk】下拉列表中选择关联的文件"c2000 年日本 B 市土地利用_Dissolve",在【3.Choose the field in the table to base the join on】下拉列表中选择"2000type",单击【OK】,如图 5-25所示。连接前后的属性表对比如图 5-26 所示。

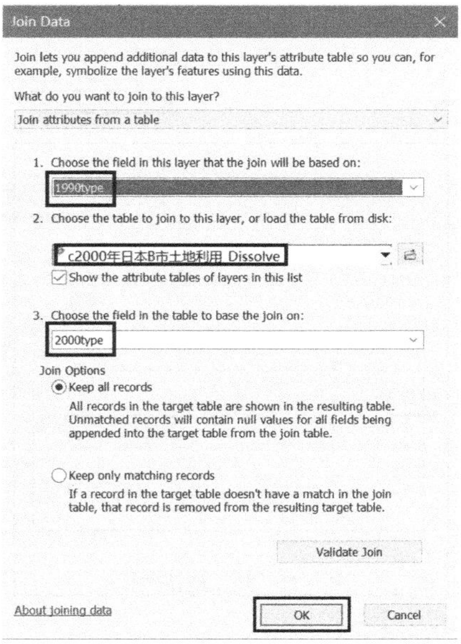
Join Data
Join lets you append additional data to this layer's attribute table so you can, for example, symbolize the layer's features using this data.
What do you want to join to this layer?
Join attributes from a table
1. Choose the field in this layer that the join will be based on:
1990type
2. Choose the table to join to this layer, or load the table from disk:
c2000年日本B市土地利用_Dissolve
Show the attribute tables of layers in this list
3. Choose the field in the table to base the join on:
2000type
Join Options
Keep all records
All records in the target table are shown in the resulting table. Unmatched records will contain null values for all fields being appended into the target table from the join table.
Keep only matching records
If a record in the target table doesn't have a match in the join table, that record is removed from the resulting target table.
Validate Join
About joining data
OK
Cancel

图 5-25　连接表设置

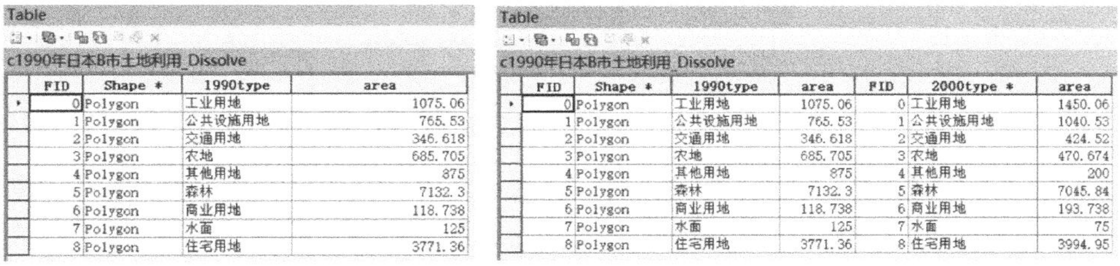

Table

c1990年日本B市土地利用_Dissolve

FID	Shape *	1990type	area
0	Polygon	工业用地	1075.06
1	Polygon	公共设施用地	765.53
2	Polygon	交通用地	346.618
3	Polygon	农地	685.705
4	Polygon	其他用地	875
5	Polygon	森林	7132.3
6	Polygon	商业用地	118.738
7	Polygon	水面	125
8	Polygon	住宅用地	3771.36

Table

c1990年日本B市土地利用_Dissolve

FID	Shape *	1990type	area	FID	2000type *	area
0	Polygon	工业用地	1075.06	0	工业用地	1450.06
1	Polygon	公共设施用地	765.53	1	公共设施用地	1040.53
2	Polygon	交通用地	346.618	2	交通用地	424.52
3	Polygon	农地	685.705	3	农地	470.674
4	Polygon	其他用地	875	4	其他用地	200
5	Polygon	森林	7132.3	5	森林	7045.84
6	Polygon	商业用地	118.738	6	商业用地	193.738
7	Polygon	水面	125	7	水面	75
8	Polygon	住宅用地	3771.36	8	住宅用地	3994.95

图 5-26　连接属性表前(左)、后(右)对比

步骤 3:将连接数据导出为新的数据。在【Table Of Contents】中,右键单击“c1990 年日本 B 市土地利用_Dissolve”图层,在右键菜单中选择【Data】→【Export Data】,在弹出的【Export Data】窗口中,将文件命名为“日本 B 市 1990_2000area 对比.shp”,存储在“Ex_05”文件夹中,如图 5-27 所示。

5)导出属性表

属性表可以导出为多种格式进行存储。这里以导出.dbf 和.xls 格式为例进行说明。

● 方法 1:导出.dbf 格式属性表

步骤 1:在【Table Of Contents】中,右键单击“日本 B 市 1990_2000area 对比”图层,在右键菜单中选择【Open Attribute Table】,如图 5-28 所示。

步骤 2:在弹出的【Table】窗口中,单击图标,在右键菜单中选择【Export】,弹出【Export Data】窗口。在【Export】下拉列表中选择“All records”,将数据表命名为“1990_2000area 对比.dbf”,存储在“Ex_05”文件夹中,文件类型选择【dBASE Table】,单击【OK】,如图 5-29 所示。

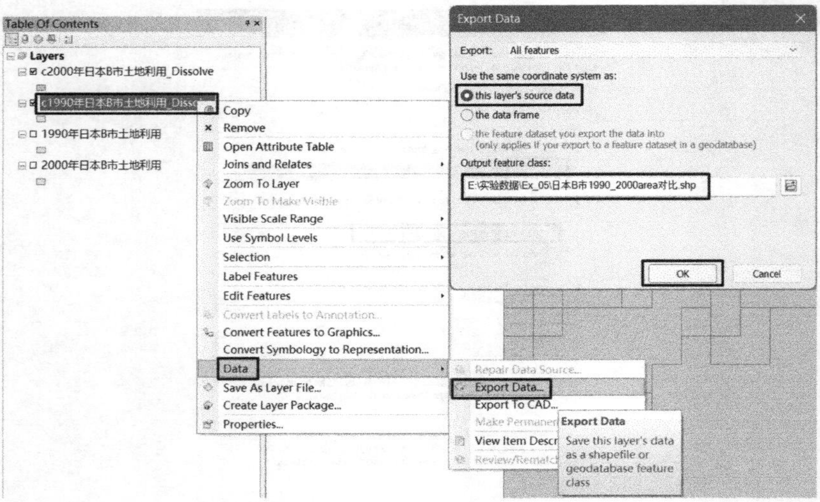

图 5-27　导出连接数据

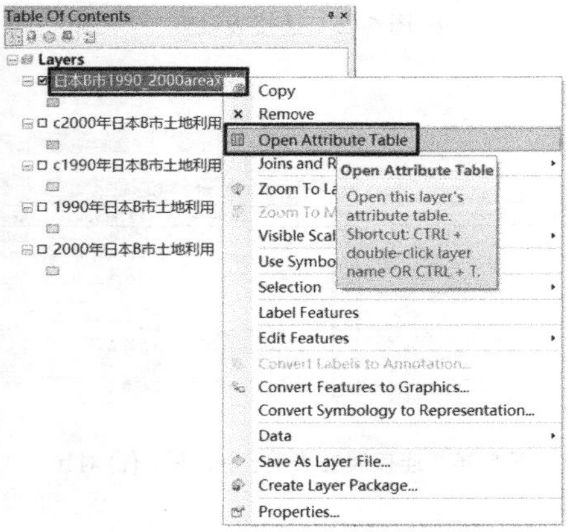

图 5-28　打开属性表

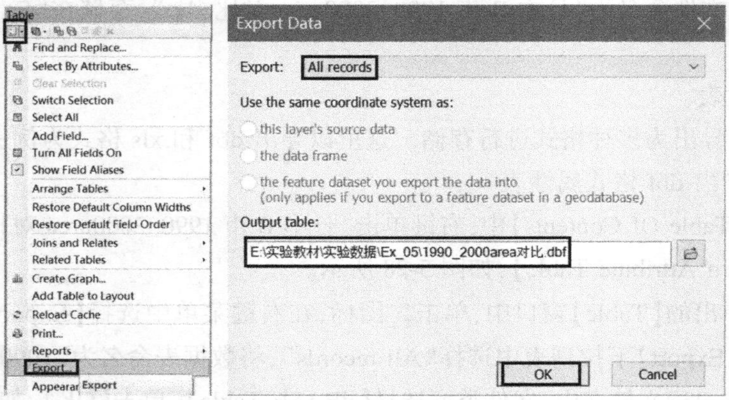

图 5-29　【Export Data】设置(.dbf 格式)

- 方法 2:导出.xls 格式属性表

打开【ArcToolbox】,单击【Conversion Tools】→【Table To Excel】,弹出【Table To Excel】窗口。在【Input Table】下拉列表中选择“日本 B 市 1990_2000area 对比”,在【Output Excel File】栏将数据表命名为“1990_2000area 对比.xls”,存储在“Ex_05”文件夹中,最后单击【OK】,如图 5-30 所示。

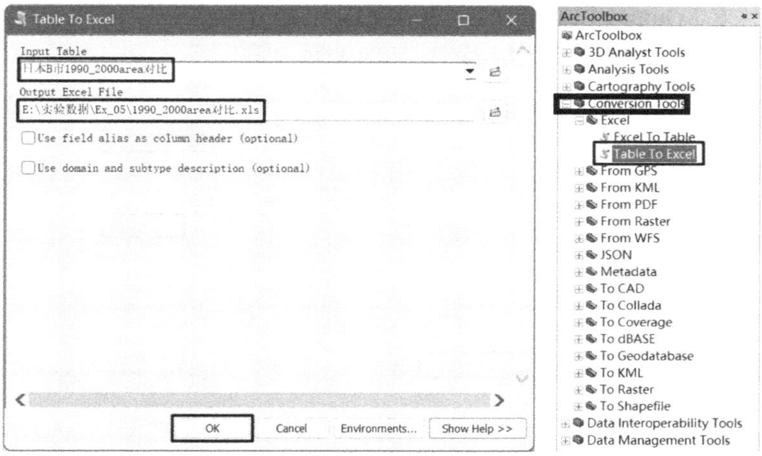

图 5-30　【Table To Excel】设置(.xls 格式)

6)两期土地利用数据对比

使用 Excel 打开上一步导出的“1990_2000area 对比.dbf”(方法一),制作柱状图,比较两期土地利用数据变化,如图 5-31 所示。如果 Excel 打开.dbf 格式文件出现乱码,请参照第 6.1.3节第 3)部分的步骤 2～步骤 4 进行处理。

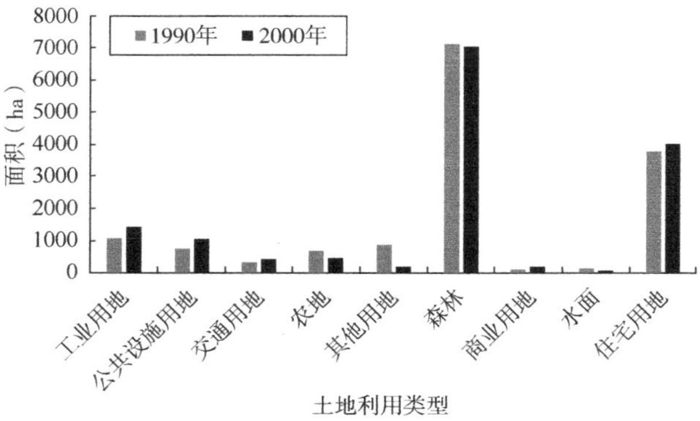

图 5-31　1990 年、2000 年日本 B 市土地利用数据对比

5.1.4　日本 B 市土地利用转移矩阵的计算

目的:对 1990—2000 年的数据进行空间叠加,求出转移矩阵并分析结果。

1)加载数据

单击工具栏的图标,新建地图文档。单击工具栏的图标,在弹出的【Add Data】窗口中，选择随书文件“Ex_05”中的“1990 年日本 B 市土地利用.shp”和“2000 年日本 B 市土地利用.shp”。

2）对土地利用数据进行相交运算

打开【ArcToolbox】，单击【Analysis Tools】→【Overlay】→【Intersect】，弹出【Intersect】窗口。在【Input Features】下拉列表选择“1990 年日本 B 市土地利用”和“2000 年日本 B 市土地利用”两个图层，在【Output Feature Class】栏将文件命名为“日本 B 市土地利用_Intersect.shp”，存储在“Ex_05”文件夹中，单击【OK】，如图 5-32 所示。

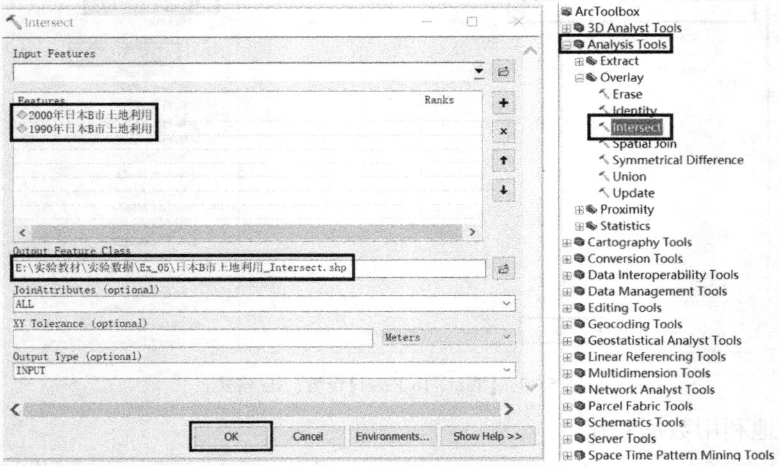

图 5-32 对土地利用数据进行相交运算

3）计算面积

步骤 1：在【Table Of Contents】中，右键单击“日本 B 市土地利用_Intersect”图层，在右键菜单中选择【Open Attribute Table】，如图 5-33 所示。

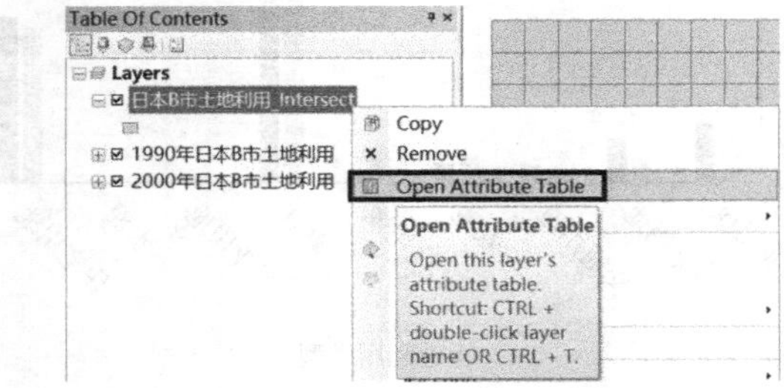

图 5-33 打开属性表

步骤 2：在弹出的【Table】中，新建“area”字段，并对其进行面积计算，操作步骤可参考第 5.1.3 节。

4）导出属性表

在【Table】窗口中，单击图标→【Export】，弹出【Export Data】窗口。在【Export】下拉列

表中选择“All records”，将数据表命名为“1990_2000area.dbf”，存储在“Ex_05”文件夹中，文件类型选择【dBASE Table】，单击【OK】，如图 5-34 所示。

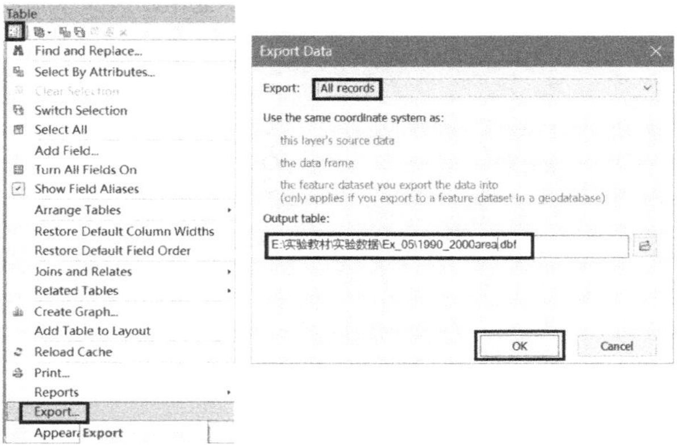

图 5-34　导出属性表

5）导入数据透视表

步骤 1：使用 Excel 2016 打开上步导出的“1990_2000area.dbf”。单击【插入】选项卡→【数据透视表】→【表格和区域】，在弹出的【来自表格或区域的数据透视表】窗口中，在【选择表格或区域】栏选择数据所在区域，在【选择放置数据透视表的位置】中勾选【新工作表】，单击【确定】，完成透视表创建，如图 5-35 所示。

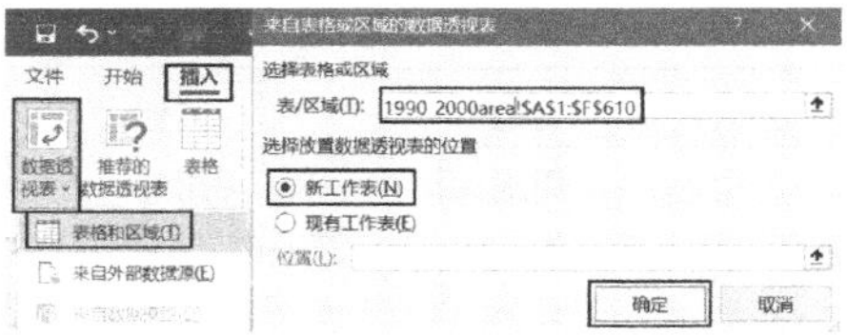

图 5-35　创建数据透视表

步骤 2：创建好数据透视表后，在【数据透视表字段】窗格下方，将“1990type”字段拖放到【行】区域，将“2000type”字段拖放到【列】区域，在【值】区域选择【求和项：area】，如图 5-36 所示。

注：每行的土地面积和代表 1990 年 B 市某类土地利用的面积；每列的土地面积和代表 2000 年 B 市某类土地利用的面积。

步骤 3：将数据透视表中的结果复制到新建的 Excel 表中，以数值的形式存储，将该 Excel 表格另存为“1990—2000 年日本 B 市土地利用面积转移表.xls”。

6）土地利用转移概率矩阵计算原理

土地利用转移概率矩阵计算公式为：

$$P_{ij}=\frac{s_{ij}}{\sum s_i} \tag{5-1}$$

式中：P_{ij}——转移矩阵中第 i 种土地利用转换为另一种土地利用 j 的概率；

s_{ij}——第 i 种土地利用转换为另一种土地利用 j 的面积；

$\sum s_i$——某种土地的面积总和，即第 i 种土地的面积总和。

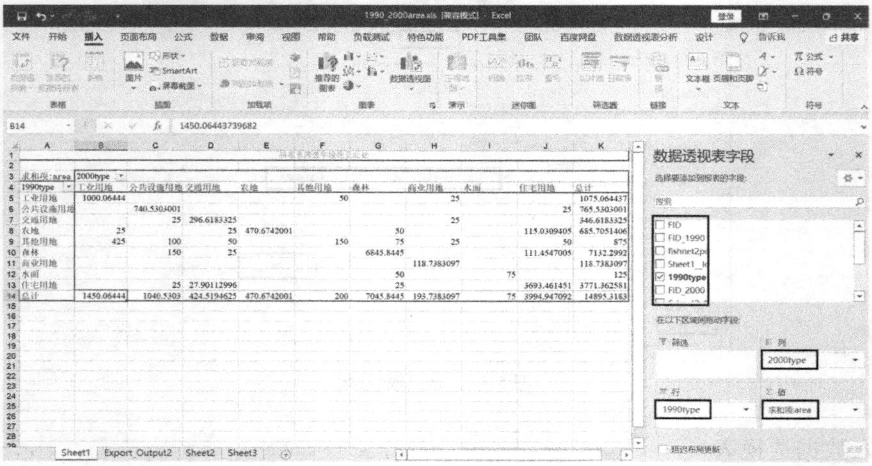

图 5-36　数据透视表

在 Excel 中构建公式计算转移概率矩阵，并保留 3 位小数，结果见表 5-2。

1990—2000 年日本 B 市土地利用转移概率矩阵　　表 5-2

—		2000 年								
		工业用地	公共设施用地	交通用地	农地	其他用地	森林	商业用地	水面	住宅用地
1990 年	工业用地	0.930	0	0	0	0.046	0	0.023	0	0
	公共设施用地	0	0.967	0	0	0	0	0	0	0.033
	交通用地	0	0.072	0.856	0	0	0	0.072	0	0
	农地	0.036	0	0.036	0.686	0	0.073	0	0	0.168
	其他用地	0.486	0.114	0.057	0	0.171	0.086	0.029	0	0.057
	森林	0	0.021	0.004	0	0	0.960	0	0	0.016
	商业用地	0	0	0	0	0	0	1	0	0
	水面	0	0	0	0	0	0.4	0	0.600	0
	住宅用地	0	0.007	0.007	0	0	0.007	0	0	0.979

5.1.5　基于马尔可夫模型的日本 B 市土地利用数量预测

目的：利用 1990—2000 年日本 B 市土地利用转移矩阵，预测日本 B 市 2010 年、2020 年和 2030 年土地利用类型的数量变化。

1)马尔可夫原理

马尔可夫预测是一种基于马尔可夫链的预测方法,其原理为:

$$\begin{cases} \pi(1)=\pi(0)P \\ \pi(2)=\pi(1)P=\pi(0)P^2 \\ \vdots \\ \pi(i)=\pi(i-1)P=\cdots=\pi(0)P^i \\ \vdots \end{cases} \tag{5-2}$$

式中:$\pi(i)$——i 时期的各土地利用的面积,$i=0$ 表示初始的土地利用矩阵;

P——土地利用转移概率矩阵。

2)数量预测

基于"1990—2000 年日本 B 市土地利用面积转移表.xls"和 1990—2000 年日本 B 市土地利用转移概率矩阵(表 5-2),本节以使用 MATLAB 2018 软件为例,构建马尔可夫模型,预测日本 B 市在 2010 年、2020 年、2030 年的土地利用面积。

步骤 1:打开 MATLAB,单击【新建】按钮,弹出【编辑器 - Untitled】脚本框窗口。在脚本框中输入 1990—2000 年日本 B 市土地利用转移概率矩阵"p"、2000 年土地利用面积"pi2000",输入计算公式"pi2010 = vpa(pi2000 * p,8)","pi2020 = vpa(pi2000 * p^2,8)","pi2030 = vpa(pi2000 * p^3,8)",如图 5-37 所示。

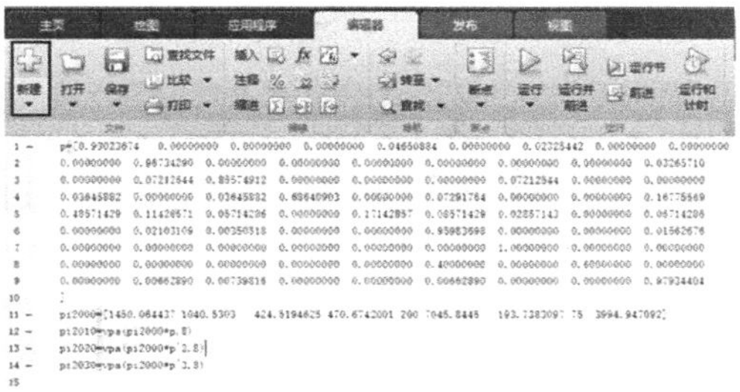

图 5-37　使用 MATLAB 对日本 B 市进行马尔可夫土地利用预测

步骤 2:单击【运行】按钮,计算结果如图 5-38 所示。

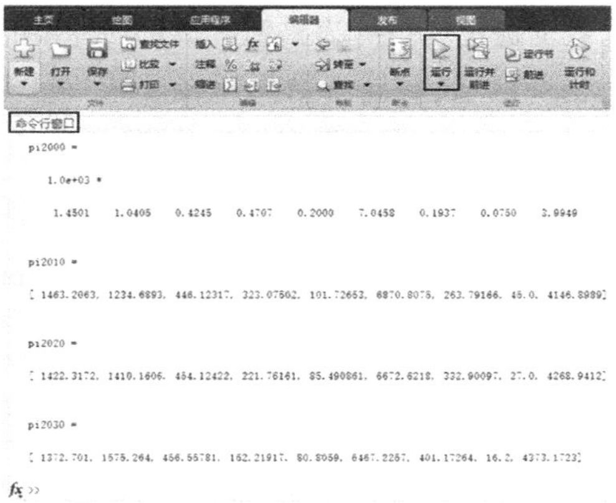

图 5-38　计算结果

3)4 期预测数据对比

将 2010 年、2020 年、2030 年的预测结果整理到 Excel 中,制作柱状图,3 期预测数据对比如图 5-39 所示。

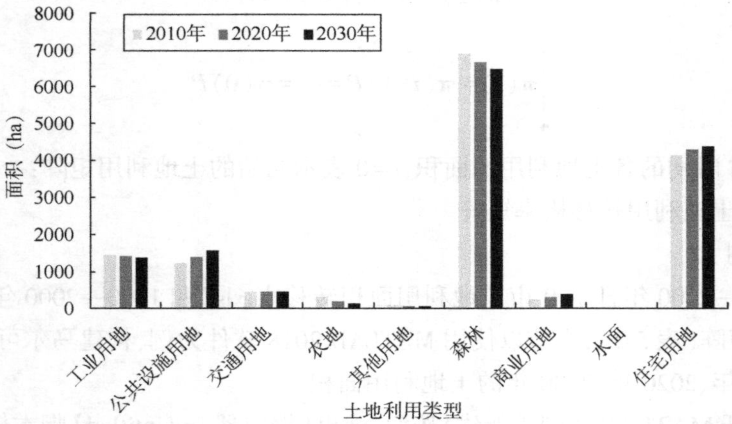

图 5-39　日本 B 市土地利用预测数据对比

5.2　拓展案例

5.2.1　日本 A 市 D 镇土地利用转移概率矩阵的计算

目的:计算日本 A 市 D 镇 1987 年和 1997 年两个时期土地利用类型变化的转移概率矩阵。

1)将数据导入 Excel

步骤 1:以 Excel 2016 为例,打开“1987 年和 1997 年日本 A 市 D 镇土地利用属性表.xls”。单击【插入】选项卡→【数据透视表】→【表格和区域】,在弹出的【来自表格或区域的数据透视表】窗口中,在【选择表格或区域】栏选择数据所在区域,在【选择放置数据透视表的位置】处勾选【新工作表】,单击【确定】,完成透视表创建,如图 5-40 所示。

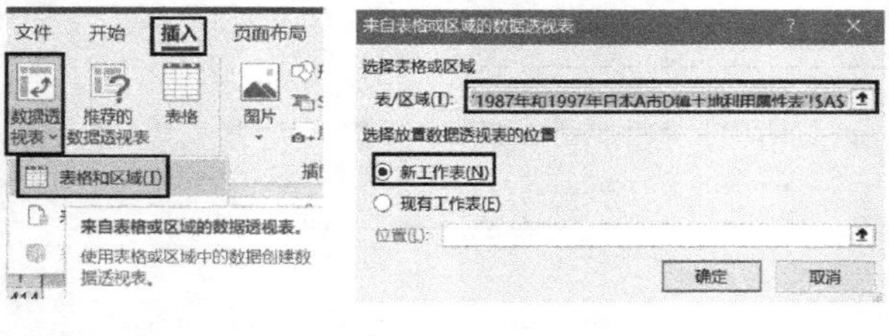

图 5-40　创建数据透视表

步骤 2:创建好数据透视表后,在数据透视表字段下方,将“1987 年类”字段拖放到【行】区域,将“1997 年类”字段拖放到【列】区域,【值】区域选择【求和项:Area】,结果如图 5-41 所示。

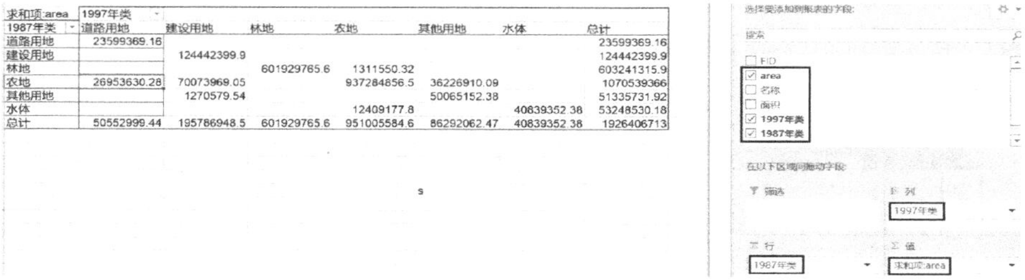

求和项:area	1997年类						
1987年类	道路用地	建设用地	林地	农地	其他用地	水体	总计
道路用地	23599369.16						23599369.16
建设用地		124442399.9					124442399.9
林地			601929765.6	1311550.32			603241315.9
农地	26953630.28	70073969.05		937284856.5	36226910.09		1070539366
其他用地		1270579.54			50065152.38		51335731.92
水体				12409177.8		40839352.38	53248530.18
总计	50552999.44	195786948.5	601929765.6	951005584.6	86292062.47	40839352.38	1926406713

图 5-41 数据透视表

步骤 3:将数据透视表中的结果复制到新建的 Excel 表中,以数值的形式存储,将其保存为“1987—1997 年日本 A 市 D 镇土地利用面积转移表.xls”。

2)计算土地利用转移概率矩阵

土地利用转移概率矩阵的计算步骤参考第 5.1.4 节。日本 A 市 D 镇土地利用转移概率矩阵见表 5-3。

1987—1997 年日本 A 市 D 镇土地利用转移概率矩阵 表 5-3

—		1997 年					
		道路用地	建设用地	林地	农地	其他用地	水体
1987 年	道路用地	1	0	0	0	0	0
	建设用地	0	1	0	0	0	0
	林地	0	0	0.998	0.002	0	0
	农地	0.025	0.065	0	0.876	0.034	0
	其他用地	0	0.025	0	0	0.975	0
	水体	0	0	0	0.233	0	0.767

5.2.2 基于马尔可夫模型的日本 A 市 D 镇土地利用数量变化预测

目的:基于 A 市 D 镇 1987 年和 1997 年的土地利用转移概率矩阵,预测 2007 年、2017 年和 2027 年土地利用类型变化,并将结果做成柱状图。

1)处理数据

根据“1987 年—1997 年日本 A 市 D 镇土地利用面积转移表.xls”,汇总并整理 1987 年日本 A 市 D 镇的各类土地利用面积。

2)预测日本 A 市 D 镇未来 30 年土地利用变化

基于 1987 年日本 A 市 D 镇的各类土地利用面积和 1987—1997 年日本 A 市 D 镇土地利

用转移概率矩阵(表5-3),使用MATLAB软件构建马尔可夫模型,预测日本A市D镇2007年、2017年、2027年的土地利用面积。这里以MATLAB 2018为例。

步骤1:打开MATLAB,单击【新建】,在脚本框窗口中输入1987—1997年日本A市D镇土地利用转移概率矩阵“P”和1997年土地利用面积“pi1997”,然后输入计算公式pi2007=vpa(pi1997 * P,8),pi2017=vpa(pi1997 * P^2,8),pi2027=vpa(pi1997 * P^3,8),如图5-42所示。

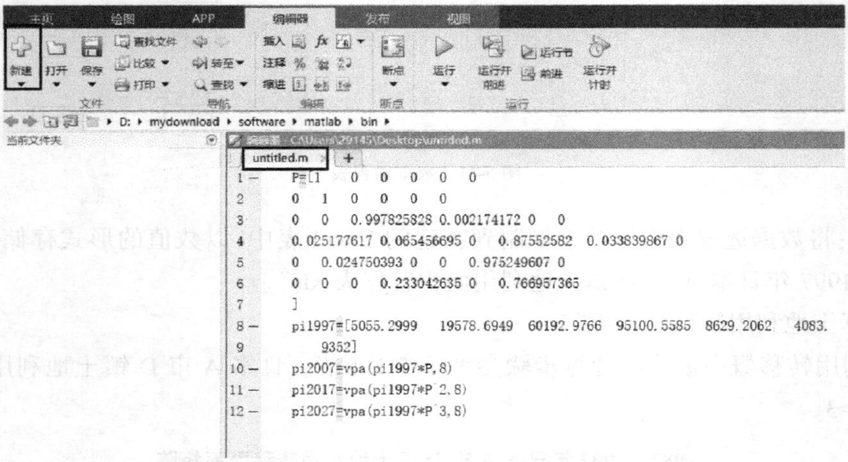

主页
绘图
APP
编辑器
发布
视图
新建
打开
保存
文件
运行
断点
D: ▸ mydownload ▸ software ▸ matlab ▸ bin ▸
当前文件夹
untitled.m
P=[1 0 0 0 0 0
0 1 0 0 0 0
0 0 0.997825828 0.002174172 0 0
0.025177617 0.065456695 0 0.87552582 0.033839867 0
0 0.024750393 0 0 0.975249607 0
0 0 0 0.233042635 0 0.766957365
]
pi1997=[5055.2999 19578.6949 60192.9766 95100.5585 8629.2062 4083.9352]
pi2007=vpa(pi1997*P,8)
pi2017=vpa(pi1997*P^2,8)
pi2027=vpa(pi1997*P^3,8)

图5-42 使用MATLAB对日本A市进行土地利用数量变化预测

步骤2:单击【运行】,结果如图5-43所示。

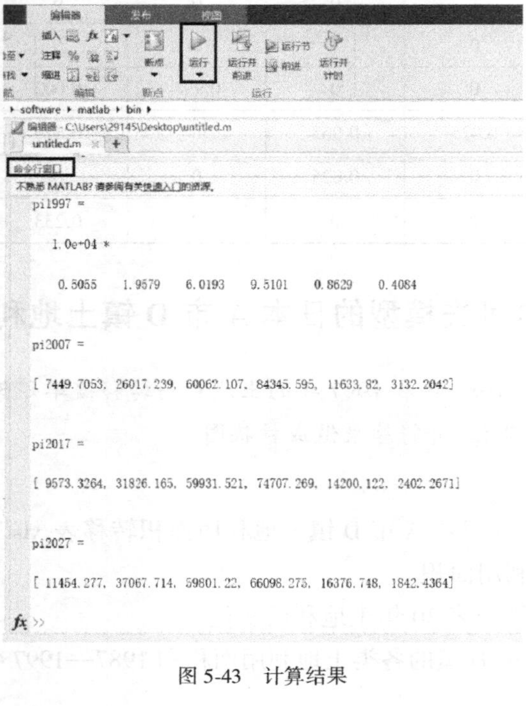

编辑器
发布
视图
运行
untitled.m
命令行窗口
pi1997 =
1.0e+04 *
0.5055 1.9579 6.0193 9.5101 0.8629 0.4084
pi2007 =
[7449.7053, 26017.239, 60062.107, 84345.595, 11633.82, 3132.2042]
pi2017 =
[9573.3264, 31826.165, 59931.521, 74707.269, 14200.122, 2402.2671]
pi2027 =
[11454.277, 37067.714, 59801.22, 66098.275, 16376.748, 1842.4364]

图5-43 计算结果

3)绘制预测结果对比图

将预测结果与原始数据进行对比,制作土地利用面积对比柱状图,如图5-44所示。

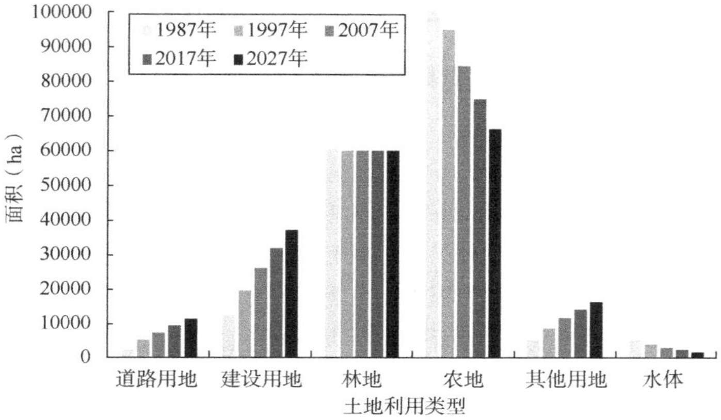

图5-44　日本A市土地利用面积对比

第6章　轨道交通缓冲区分析在城市规划中的应用

轨道交通是公共交通重要的组成部分。轨道交通具有快捷、高效、安全、容量较大等特点,建成后引起沿线区域的土地利用的变化,如耕地变成住宅用地或商业用地等,从而影响区域人口的分布。分析该类型(范围影响程度)问题常用的空间分析工具为缓冲区分析。缓冲区分析是指以地理实体中的点、线或者面数据为基础,通过参数设定,建立一定宽度范围的缓冲区多边形图层,然后将该图层和目标图层叠加,进行分析而得到结果。

本章以日本F市为例,比较地铁线建成后10年内土地利用与人口分布的变化情况。

本章所用到的数据位于随书文件的"Ex_06"文件夹,见表6-1。

实验数据　　表6-1

编　号	文　件　名	文件类型
1	日本F市地铁站点	.shp
2	日本F市地铁线	.shp
3	日本F市1976年土地利用	.shp
4	日本F市1986年土地利用	.shp
5	日本F市人口密度	.shp
6	中国C市地铁3号线站点	.shp
7	中国C市地铁3号线	.shp
8	中国C市中心城区2000年土地利用	.shp
9	中国C市中心城区2015年土地利用	.shp
10	中国C市中心城区2000年餐饮服务POI	.shp
11	中国C市中心城区2015年餐饮服务POI	.shp

6.1　基本案例

6.1.1　日本F市地铁沿线1km缓冲区创建

1)加载数据

步骤1:单击菜单栏的【File】→【Add Data】→【Add Data】,或者直接单击工具栏的 图标,如图6-1所示。

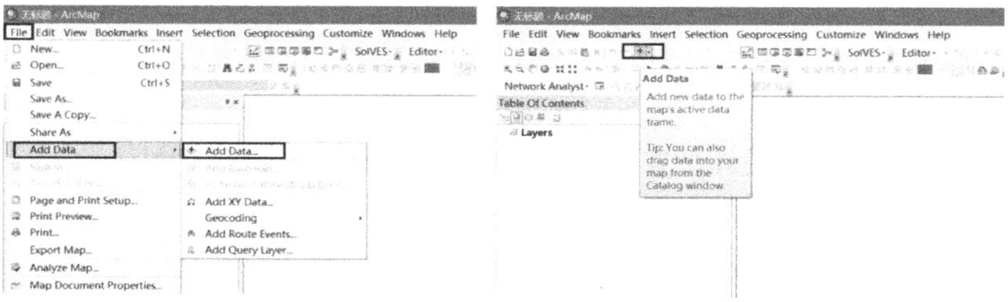

图 6-1　加载数据

步骤 2:在弹出的【Add Data】窗口中,选择随书文件“Ex_06”文件夹中的“日本 F 市地铁站点.shp”,单击【Add】按钮,如图 6-2 所示。

2)建立缓冲区

建立缓冲区的方法主要有 3 种,分别是 Buffer(缓冲区)工具、Buffer Wizard(缓冲区向导)和 Multiple Ring Buffer(多环缓冲区)工具,本小节使用 Buffer 工具和 Buffer Wizard 两种方法建立缓冲区。

• 方法 1:使用 Buffer 工具建缓冲区

步骤 1:单击【ArcToolbox】→【Analysis Tools】→【Proximity】→【Buffer】。

步骤 2:在弹出的【Buffer】窗口中,在【Input Features】下拉列表中选择“日本 F 市地铁站点”,在【Output Feature Class】栏将输出文件设为“日本 F 市地铁站点_Buffer_1km.shp”,在【Distance[value or field]】的【Linear unit】栏中输入“1”,并将缓冲距离的单位设为【Kilometers】,在【Dissolve Type(optional)】下拉列表中选择【ALL】,最后单击【OK】,如图 6-3 所示。

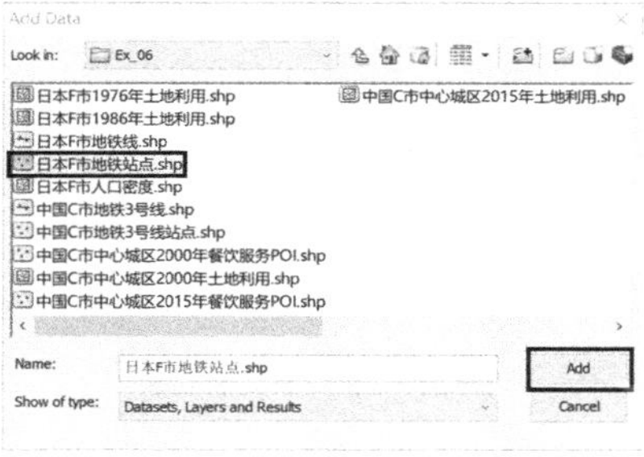

图 6-2　添加数据

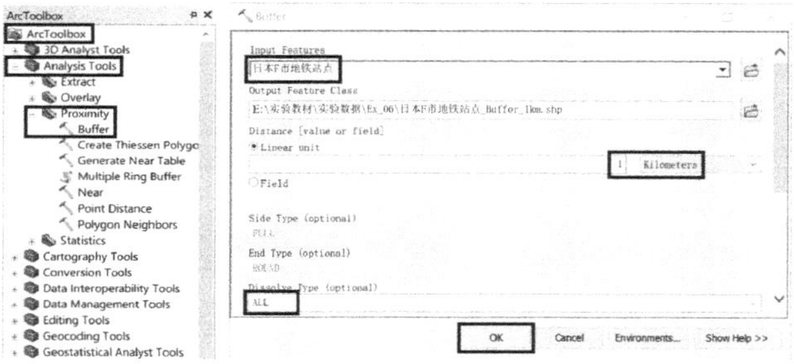

图 6-3　使用 Buffer 工具建立缓冲区

• 方法 2:使用【Buffer Wizard】建立缓冲区

步骤 1:单击菜单栏的【Customize】→【Customize Mode】,在弹出的【Customize】窗口中,单击【Commands】标签,在【Categories】列表中选择【Tools】,在【Commands】列表中选择【Buffer Wizard】,如图 6-4 所示。用鼠标左键按住该工具并拖放到【Tools】工具栏中,如图 6-5 所示。

步骤 2:单击【Tools】工具栏的 图标,在弹出的【Bufferr Wizard】窗口中,在【The features of a layer】下拉列表中选择“日本 F 市地铁站点”，单击【下一步】；在【At a specified distance】栏输入“1”，在【Buffer distance】处的【Distance units are】下拉列表中选择【Kilometers】，单击【下一步】；在【Buffer output type】中勾选【Yes】，在【In a new layer. Specify output shapefile or feature class】栏中，选择输出文件位置并将文件命名为“日本 F 市地铁站点_Buffer_1km.shp”，单击【完成】，如图 6-6所示。

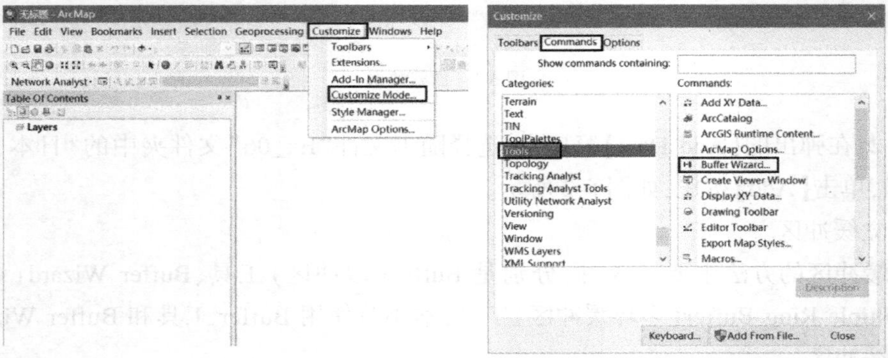

图 6-4　加载 Buffer Wizard

图 6-5　加载【Buffer Wizard】后的工具栏

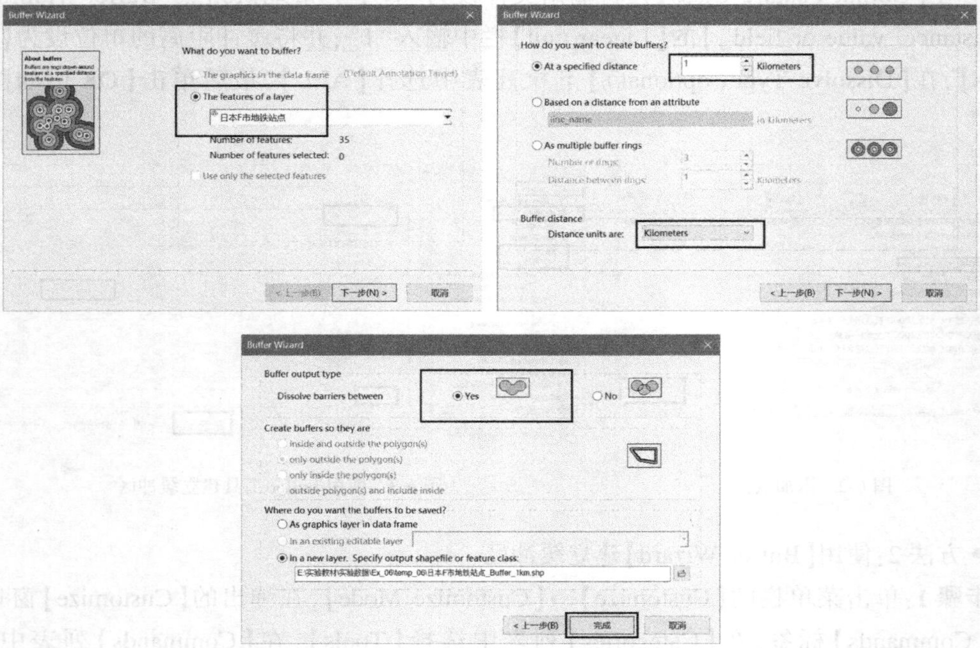

图 6-6　使用【Buffer Wizard】建立缓冲区

步骤 3：成功创建的缓冲区将自动加载到 ArcMap 中，如图 6-7 所示。注：使用不同方法建立的缓冲区精度有差异。后续案例使用方法 2。

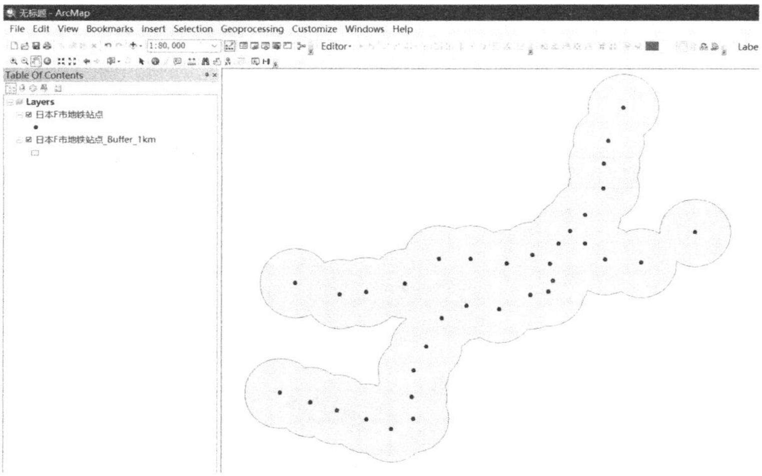

图 6-7　日本 F 市地铁沿线 1km 缓冲区

6.1.2　日本 F 市地铁沿线 1km 缓冲区范围内不同时期土地利用数据提取及制图

1）加载数据

单击工具栏的 ✚ 图标，在弹出的【Add Data】窗口中，选择随书文件“Ex_06”文件夹中的“日本 F 市地铁线.shp”“日本 F 市 1976 年土地利用.shp”“日本 F 市 1986 年土地利用.shp”和“日本 F 市地铁站点_Buffer_1km.shp”。

2）提取日本 F 市地铁沿线 1km 范围内的土地利用数据

Clip 工具和 Intersect 工具都可以用于提取日本 F 市地铁沿线 1km 缓冲区范围内的土地利用数据。本小节使用 Clip 工具。

步骤 1：单击【ArcToolbox】→【Analysis Tools】→【Extract】→【Clip】。

步骤 2：在弹出的【Clip】窗口中，在【Input Features】下拉列表中选择“日本 F 市 1976 年土地利用”，在【Clip Features】下拉列表中选择“日本 F 市地铁站点_Buffer_1km”，在【Output Feature Class】栏中选择输出文件位置并命名为“日本 F 市 1976 年土地利用_Clip_1km.shp”，单击【OK】，如图 6-8 所示。裁剪结果见图 6-9。

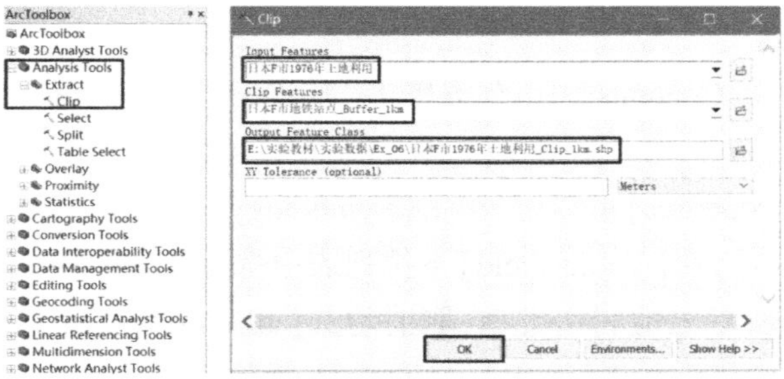

图 6-8　土地利用数据提取

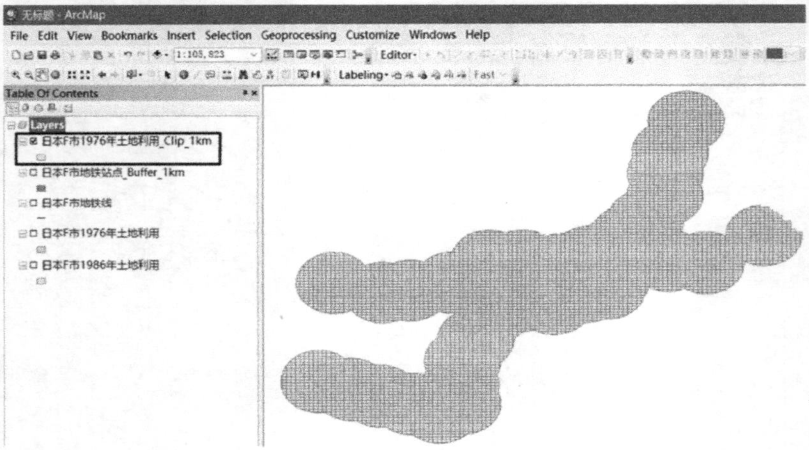

图 6-9　日本 F 市 1976 年土地利用数据裁剪结果

步骤 3:使用同样的方法提取日本 F 市地铁沿线 1km 缓冲区范围内 1986 年的土地利用数据。“日本 F 市 1986 年土地利用_Clip_1km.shp”裁剪结果如图 6-10 所示。

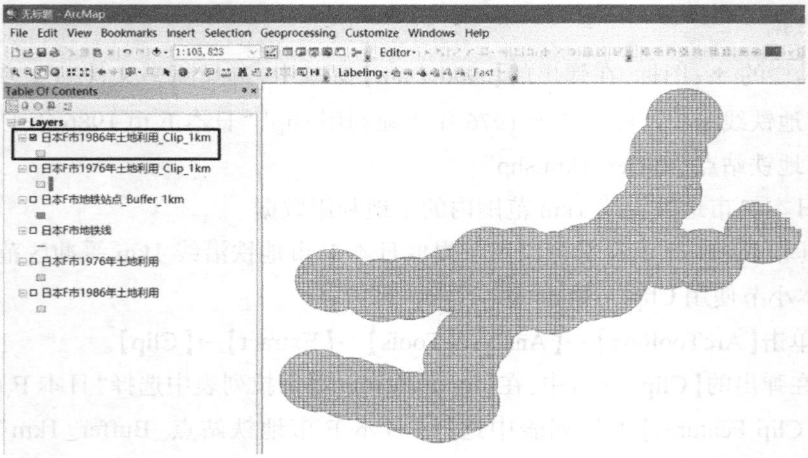

图 6-10　日本 F 市 1986 年土地利用数据裁剪结果

3)土地利用专题图

步骤 1:在【Table Of Contents】中,右键单击“日本 F 市 1976 年土地利用_Clip_1km”图层,在右键菜单中单击【Properties】,弹出【Layer Properties】窗口。

在弹出的【Layer Properties】窗口中,单击【Symbology】标签,在【Show】列表中选择【Categories】→【Unique values】,在【Value Field】下拉列表中选择土地利用类型字段“76type”,单击【Add All Values】显示所有土地利用类型,取消勾选【all other values】,在【Color Ramp】下拉列表中选择合适的色带,最后单击【确定】,如图 6-11 所示。

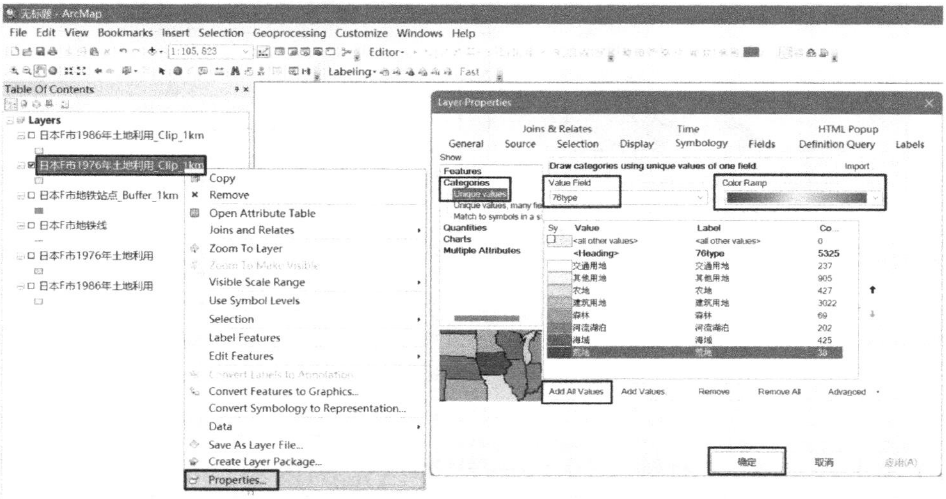

图 6-11　土地利用数据符号化

步骤 2：单击界面左下角的 (Layout View)图标，右键单击页面空白处，在右键菜单中单击【Page and Print Setup】，在弹出的【Page and Print Setup】窗口中取消勾选【Use Printer Paper Settings】，在【Page】→【Width】栏中输入“10”，在【Height】栏中输入“8”，单位全部选择【Centimeters】，在【Orientation】处勾选【Landscape】，最后单击【OK】，完成制图页面宽度、高度和纸张方向的设置，如图 6-12 所示。

步骤 3：单击菜单栏【Insert】，依次单击【Title】(标题)、【North Arrow】(指北针)、【Scale Bar】(比例尺)和【Legend】(图例)等插入各地图要素，如图 6-13 所示。1976 年日本 F 市地铁沿线 1km 缓冲区范围内土地利用专题图见图 6-14。用同样的步骤，制作 1986 年日本 F 市地铁沿线 1km 缓冲区范围内土地利用专题图，生成的结果如图 6-15 所示。

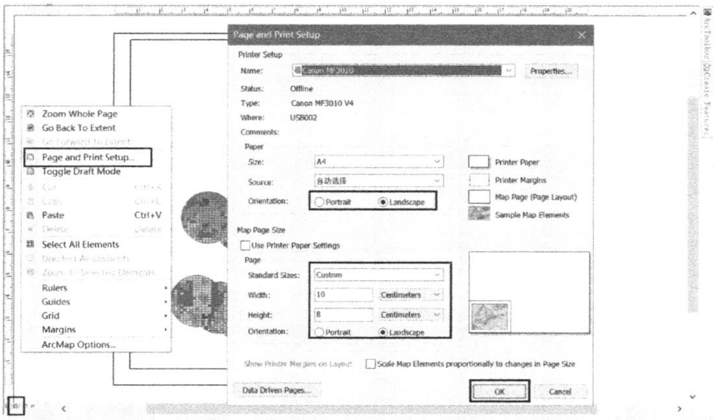

图 6-12　页面设置

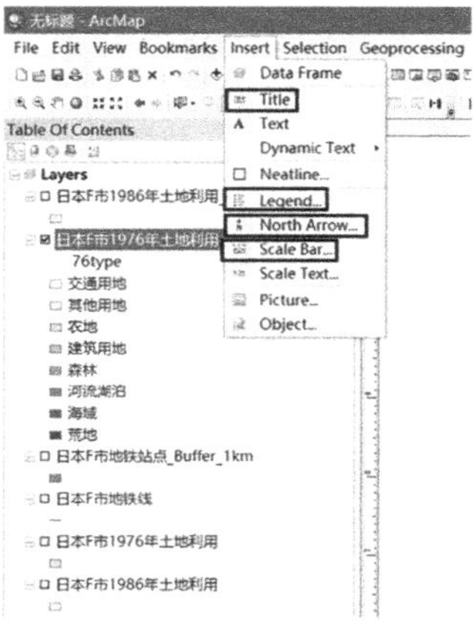

图 6-13　插入地图要素

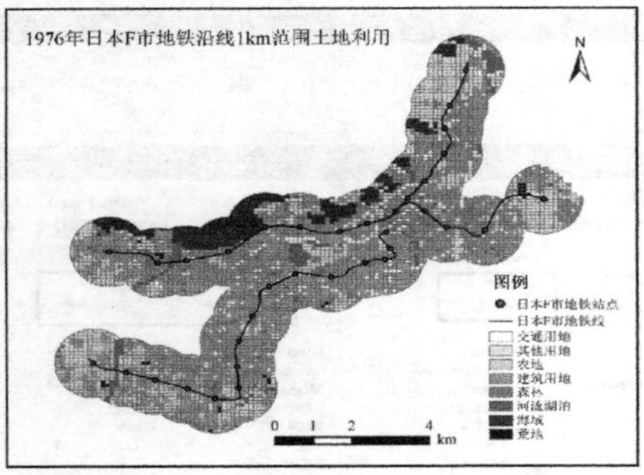

图 6-14　1976 年日本 F 市地铁沿线 1km 缓冲区范围内土地利用

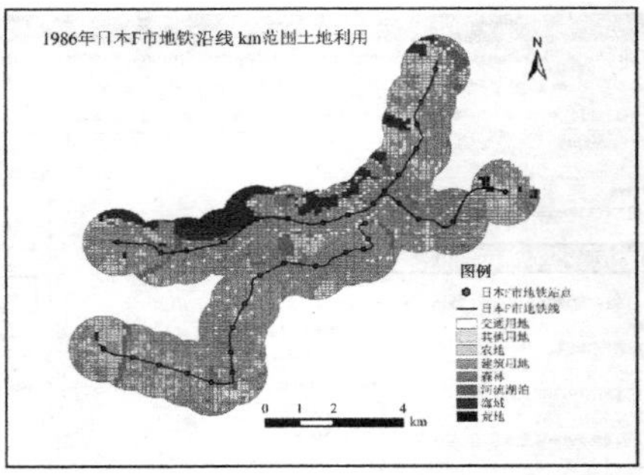

图 6-15　1986 年日本 F 市地铁沿线 1km 缓冲区范围内土地利用

6.1.3　日本 F 市地铁沿线 1km 缓冲区范围内不同时期土地利用变化对比分析

1）加载数据

单击工具栏的 图标，在弹出的【Add Data】窗口中，选择随书文件“Ex_06”文件夹中的“日本 F 市 1976 年土地利用_Clip_1km.shp”“日本 F 市 1986 年土地利用_Clip_1km.shp”。

2）计算不同土地利用类型面积

步骤 1：在【Table Of Contents】中，右键单击“日本 F 市 1976 年土地利用_Clip_1km”，选择【Open Attribute Table】，如图 6-16 所示。

步骤 2：在弹出的【Table】窗口中，单击 （Table options）图标→【Add Field】，弹出【Add Field】窗口，在【Name】栏中输入“area”，在【Type】下拉列表中选择数据类型【Float】，最后单击【OK】，如图 6-17 所示。

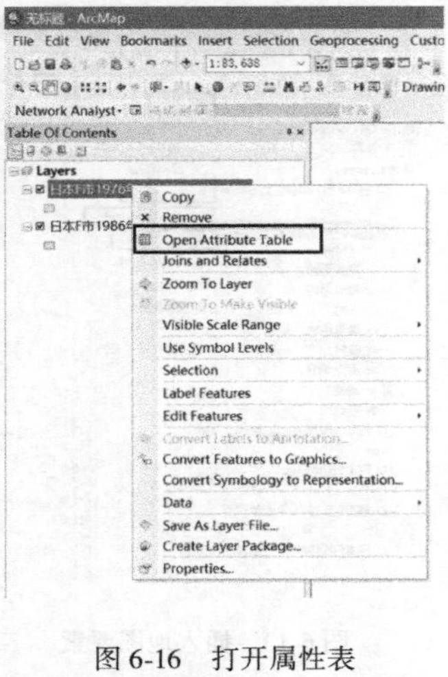

图 6-16　打开属性表

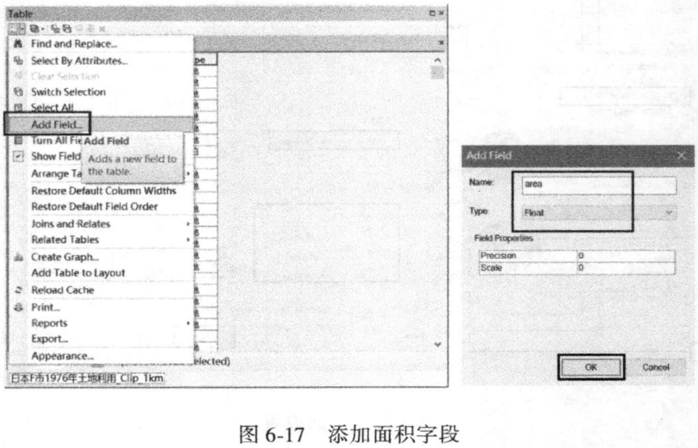

图 6-17　添加面积字段

步骤 3：在【Table】窗口，右键单击“area”字段，在右键菜单中单击【Calculate Geometry】，在弹出的【Calculate Geometry】窗口中设置相关参数。在【Property】下拉列表中选择“Area”，在【Coordinate System】处勾选【Use coordinate system of the data source】，在【Units】下拉列表中选择【Square Meters[sq m]】，最后单击【OK】，如图 6-18 所示。

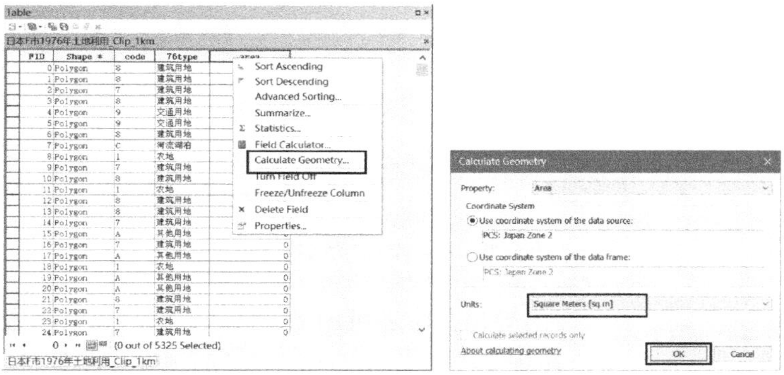

图 6-18　计算土地利用面积

步骤 4：用同样的步骤计算 1986 年日本 F 市不同土地利用类型的面积。

3）将数据导入 Excel

将日本 F 市地铁沿线 1km 缓冲区内的两期土地利用数据分别导入 Excel，使用数据透视表汇总不同土地利用类型的面积，并绘制两期土地利用面积变化的对比图。

步骤 1：在随书文件“Ex_06”文件夹中，右键单击“日本 F 市 1976 年土地利用_Clip_1km.dbf”，在右键菜单中选择【打开方式】→【Excel】。如果打开的文件没有乱码，则跳转到步骤 5；如果打开的文件出现乱码，则按照步骤 2～步骤 4 导入数据。

步骤 2：打开“日本 F 市 1976 年土地利用_Clip_1km”的属性表，单击【Table】窗口左上角的 ▾ 按钮→【Export】，如图 6-19 所示。

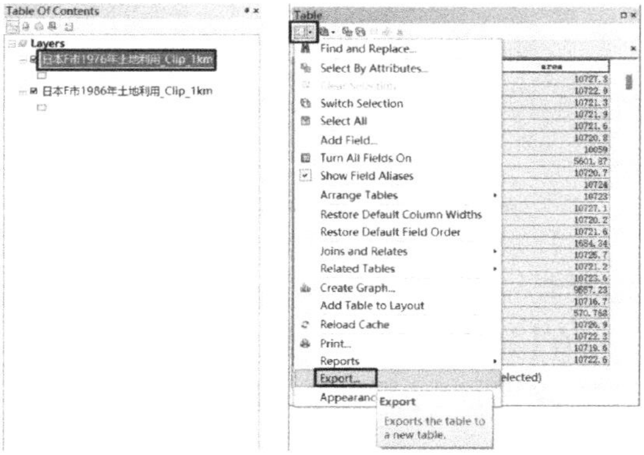

图 6-19　导出属性表为文本文件设置

步骤 3：在弹出的【Export Data】窗口中，单击【Output table】栏右侧的 图标。在弹出的【Saving Data】窗口中，先在【Look in】栏选择存储路径，然后在【Save as type】下拉列表中选择

【Text File】,在【Name】栏中输入文件名“日本F市1976年土地利用_Clip_1km.txt”最后单击【Save】和【OK】,完成数据的导出,如图6-20所示。

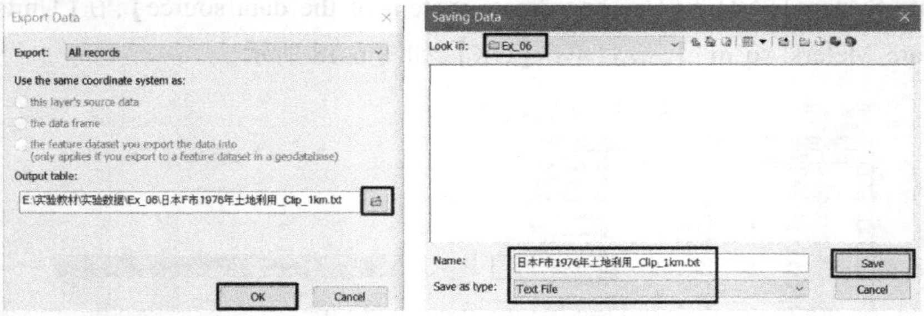

图6-20 导出属性表为文本文件

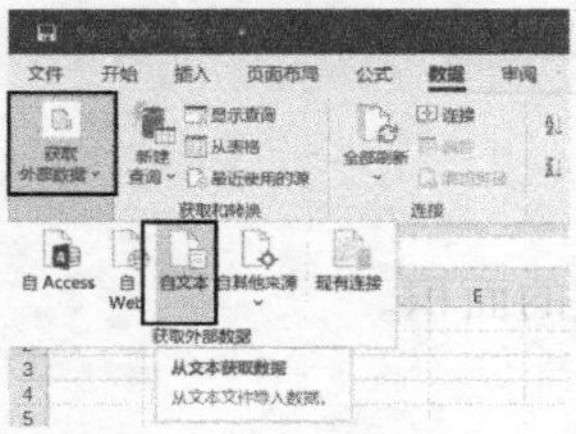

图6-21 导入文本数据

注:导出文本还可用.csv格式,本章仅以.txt格式为例。

步骤4:以Excel 2016为例,打开Excel软件,单击【数据】选项卡→【获取外部数据】→【自文本】,如图6-21所示。在【文本导入向导-第1步,共3步】窗口中,在【文件原始格式】下拉列表中选择【Unicode(UTF-8)】,单击【下一步】;在【文本导入向导-第2步,共3步】窗口中,在【分隔符号】处勾选【逗号】,其他设置保持默认,单击【下一步】,如图6-22所示,完成数据的导入。

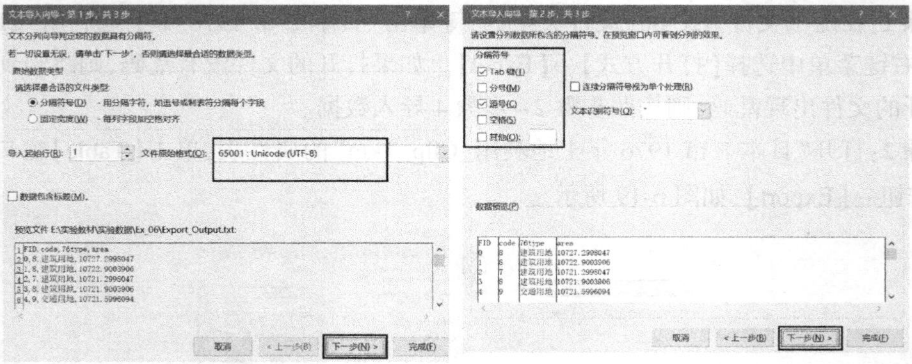

图6-22 正确显示的文本数据设置

步骤5:单击【插入】选项卡→【数据透视表】→【表格和区域】,在弹出的【来自表格或区域的数据透视表】窗口中,在【选择表格或区域】栏选择数据所在区域,单击【确定】,创建透视表。将“76type”字段拖放到【行】区域,在【值】区域选择【求和项:area】,结果如图6-23所示。

步骤6:使用相同的方法,提取1986年日本F市土地利用数据。

步骤7:基于Excel统计的日本F市地铁沿线1km缓冲区范围内两期土地利用数据,制作土地利用面积变化对比图,如图6-24所示。

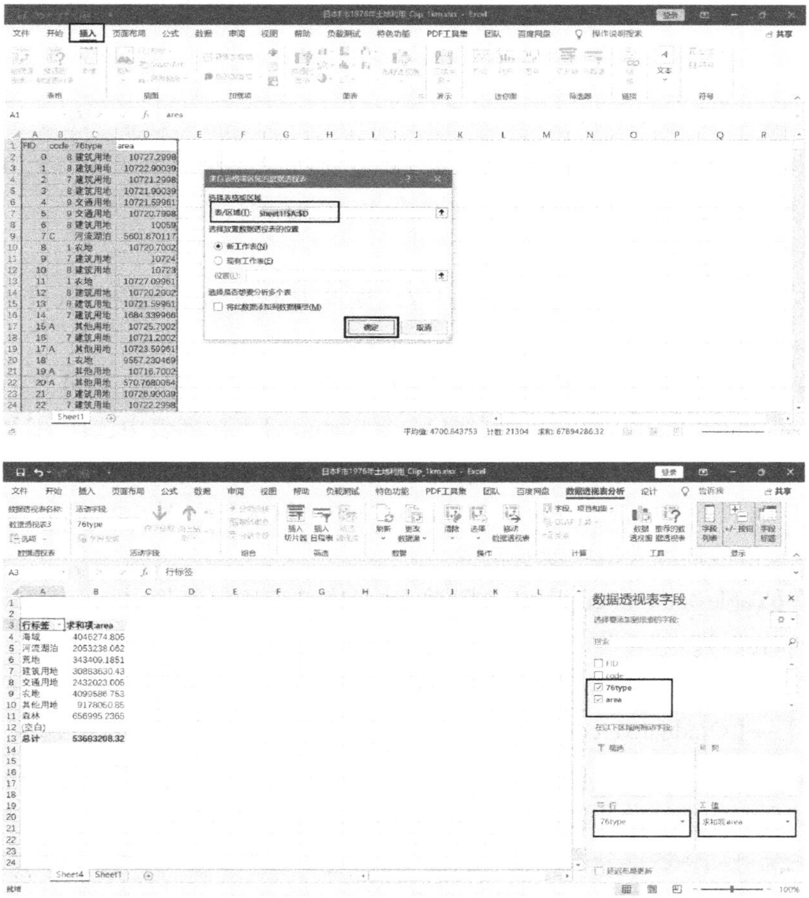

图 6-23　数据透视表字段设置

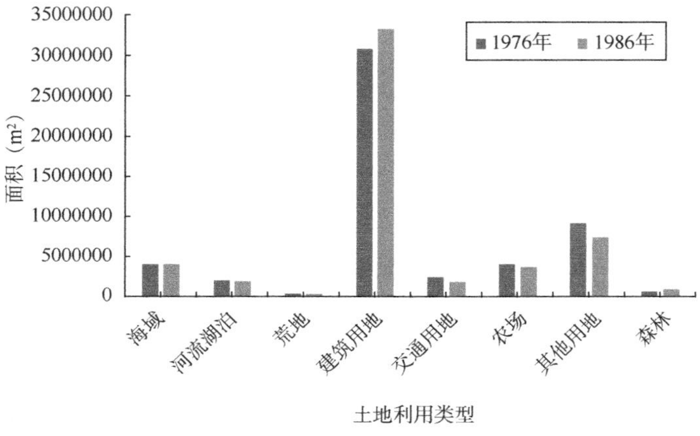

图 6-24　1976—1986 年土地利用面积变化

6.1.4 日本 F 市地铁沿线 1km 缓冲区范围内不同时期人口密度提取及制图

1）加载数据

单击工具栏的 图标，在弹出的【Add Data】窗口中选择随书文件“Ex_06”文件夹中的“日本 F 市人口密度.shp”和“日本 F 市地铁站点_Buffer_1km.shp”。

2）提取人口密度数据

Clip 工具和 Intersect 工具都可以用于提取地铁周围 1km 缓冲区内的人口密度数据。本小节使用 Intersect 工具。

步骤 1：单击【ArcToolbox】→【Analysis Tools】→【Overlay】→【Intersect】。

步骤 2：在弹出的【Intersect】窗口中，在【Input Features】下拉列表中选择“日本 F 市地铁站点_Buffer_1km”和“日本 F 市人口密度”，在【Output Feature Class】栏中选择输出文件位置，将文件命名为“日本 F 市人口密度_Buffer_1km.shp”，单击【OK】，如图 6-25 所示。

3）制作地铁沿线周围人口密度专题图

步骤 1：在【Table Of Contents】中，右键单击“日本 F 市人口密度_Buffer_1km”，在右键菜单中选择【Properties】。

步骤 2：在弹出的【Layer Properties】窗口中，选择【Symbology】标签，在【Show】列表中选择【Quantities】→【Graduated colors】，在【Fields】→【Value】下拉列表中选择人口密度字段“1985_densi”。在【Classification】处单击【Classify】按钮，弹出【Classification】窗口。在【Method】下拉列表中选择分类方法【Natural Breaks(Jenks)】，在【Classes】下拉列表中选择分段数为【5】，系统自动将数据分段；或者先在【Classes】下拉列表中选择分段数，然后在【Break Values】栏手动输入分段阈值，人为将数据分段，单击【OK】完成数据分类的设置。最后单击【确定】，如图 6-26 所示。

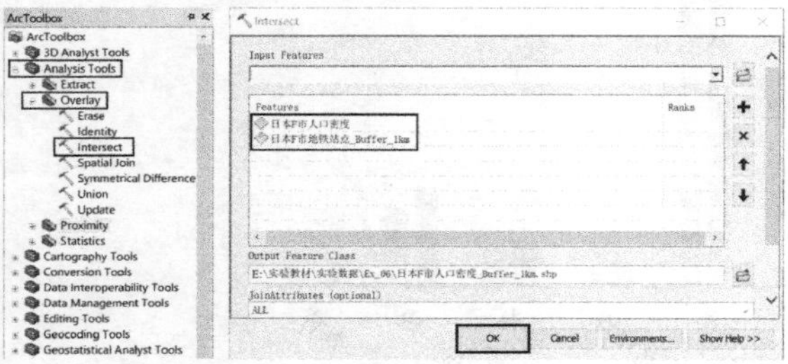

图 6-25 提取人口密度数据

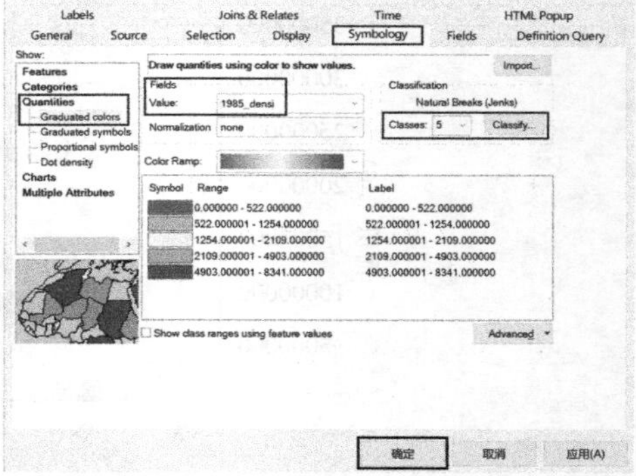

图 6-26 人口密度符号化

步骤 3：单击界面左下角的 图标，右键单击页面空白处，在右键菜单中选择【Page and

Print Setup】,在弹出的【Page and Print Setup】窗口中完成制图页面宽度、高度和纸张方向的设置。

步骤4:单击菜单栏【Insert】,依次单击【Title】(标题)、【North Arrow】(指北针)、【Scale Bar】(比例尺)和【Legend】(图例)等插入各地图要素。1985年日本F市地铁沿线1km缓冲区范围内的人口密度专题图,如图6-27所示。用同样的步骤,制作2005年日本F市地铁沿线1km缓冲区范围内的人口密度专题图,如图6-28所示。

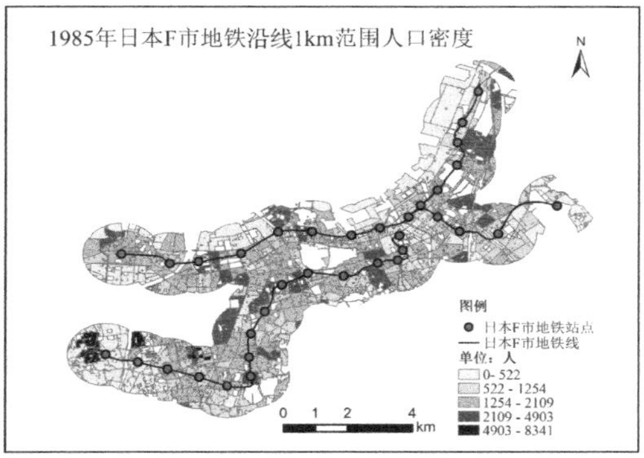

图6-27　1985年日本F市地铁沿线1km缓冲区范围内人口密度

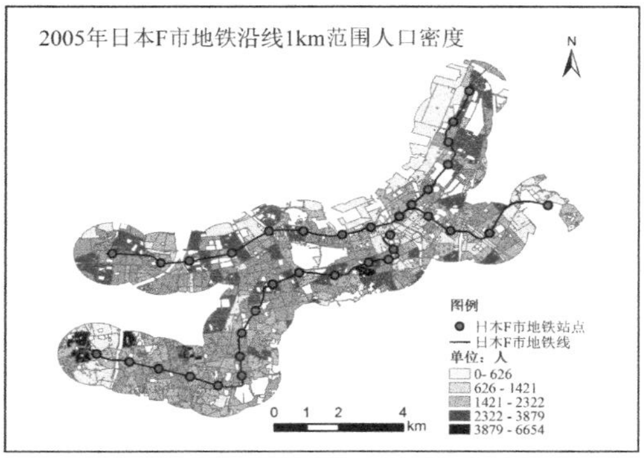

图6-28　2005年日本F市地铁沿线1km缓冲区范围内人口密度

6.2　拓 展 案 例

6.2.1　中国C市地铁3号线沿线3km缓冲区范围内不同时期土地利用变化对比分析

1)加载数据

单击工具栏的 ◆ 图标,在弹出的【Add Data】窗口中,选择随书文件"Ex_06"文件夹中的"中国C市地铁3号线站点.shp""中国C市地铁3号线.shp""中国C市中心城区2000年土地利用.shp""中国C市中心城区2015年土地利用.shp"。

2)建立缓冲区

使用【Buffer Wizard】建立C市地铁3号线沿线3km范围的缓冲区域。

步骤1:单击【Tools】工具栏中的 ▶◀ 图标。在弹出的【Bufferr Wizard】窗口中,在【The features of a layer】下拉列表中选择"中国C市地铁3号线站点",单击【下一步】;在【At a specified distance】栏输入"3",在【Buffer distance】下拉列表中选择【Kilometers】,单击【下一步】;在【Buffer output type】处勾选【Yes】,在【In a new layer.Specify output shapefile or feature class】栏中,选择输出文件位置并将文件命名为"中国C市地铁3号线站点_Buffer_3km.shp",单击【完成】,如图6-29所示。

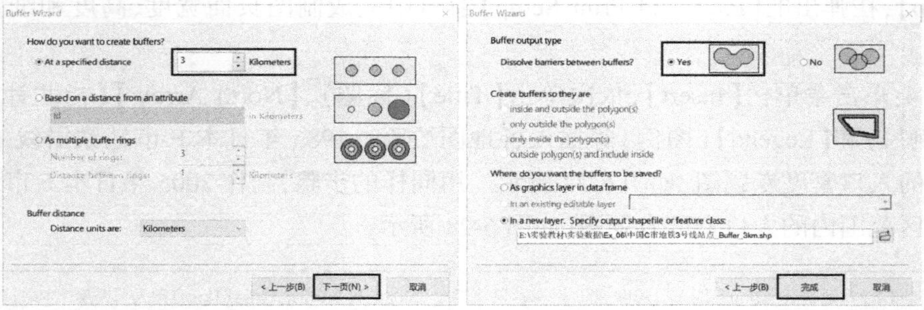

图 6-29　使用【Buffer Wizard】建立缓冲区

步骤 2:成功创建的缓冲区将自动加载到 ArcMap 软件中,如图 6-30 所示。

3)中国 C 市地铁 3 号线沿线 3km 缓冲区范围内的土地利用数据裁剪

本小节使用 Clip 工具提取中国 C 市地铁 3 号线沿线 3km 缓冲区范围内的土地利用数据。

步骤 1:单击【ArcToolbox】→【Analysis Tools】→【Extract】→【Clip】。

步骤 2:在弹出的【Clip】窗口中,在【Input Features】下拉列表中选择“中国 C 市中心城区 2000 年土地利用”,在【Clip Features】下拉列表中选择“中国 C 市地铁 3 号线站点_Buffer_3km”,在【Output Feature Class】栏中选择输出文件位置并将文件命名为“中国 C 市中心城区 2000 年土地利用_Clip_3km.shp”,最后单击【OK】,如图 6-31 所示。用同样的步骤,裁剪得到中国 C 市地铁 3 号线沿线 3km 缓冲区范围内 2015 年的土地利用数据,命名为“中国 C 市中心城区 2015 年土地利用_Clip_3km.shp”。

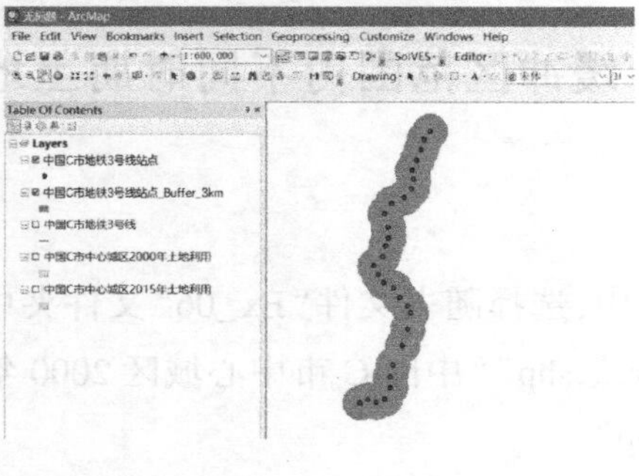

图 6-30　中国 C 市地铁 3 号线沿线 3km 缓冲区

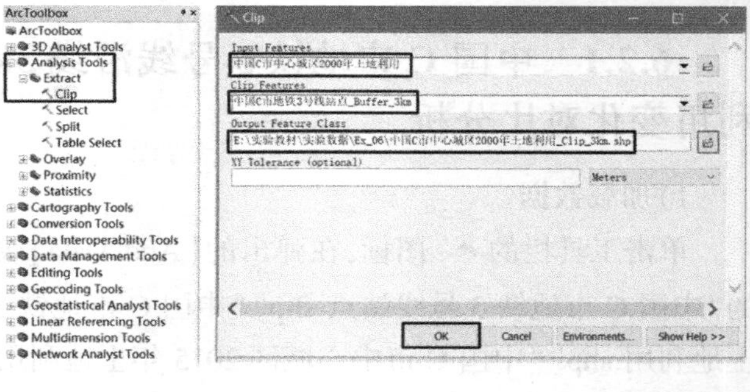

图 6-31　土地利用数据提取

4)中国 C 市地铁 3 号线沿线 3km 缓冲区范围内的土地利用制图

通过添加新的数据框,将中国 C 市地铁 3 号线沿线 3km 缓冲区范围内的 2000 年土地利用数据和 2015 年土地利用数据绘制到同一张专题图上。

步骤 1:单击工具栏的图标,新建空白地图文档。单击工具栏的图标,在弹出的【Add Data】窗口中,选择随书文件“Ex_06”文件夹中的“中国 C 市地铁 3 号线站点.shp”“中国 C 市地铁 3 号线.shp”“中国 C 市中心城区 2000 年土地利用_Clip_3km.shp”。

步骤 2:单击界面左下角的图标,右键单击页面空白处,在右键菜单中选择【Page and Print Setup】,在弹出的【Page and Print Setup】窗口中设置制图页面宽度、高度和纸张方向。

步骤 3:单击菜单栏【Insert】→【Data Frame】,添加新数据框。在【Table Of Contents】中,右键单击【New Data Frame】数据框,在右键菜单中选择【Activate】激活数据框,然后按照步骤1 在新数据框中加载“中国 C 市地铁 3 号线站点.shp”“中国 C 市地铁 3 号线.shp”“中国 C 市中心城区 2015 年土地利用_Clip_3km.shp”,如图 6-32 所示。

步骤 4:将两个数据框左右并排水平布局。在【Table Of Contents】中,右键单击“中国 C 市中心城区 2000 年土地利用_Clip_3km”图层,在右键菜单中选择【Properties】。在弹出的【Layer Properties】窗口中,选择【Symbology】标签,在【Show】列表中选择【Categories】→【Unique values】,在【Value Field】下拉列表中选择土地利用类型字段“type”,单击【Add All Values】显示所有土地利用类型,取消勾选【all other values】,在【Color Ramp】下拉列表中选择合适的色带,最后单击【确定】,如图 6-33 所示。

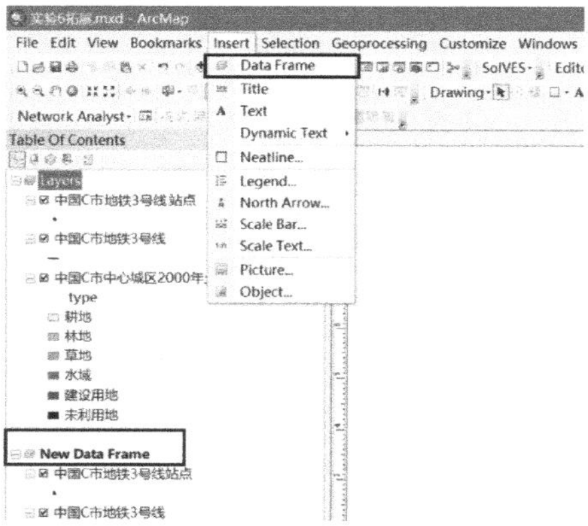

图 6-32 添加数据框并激活

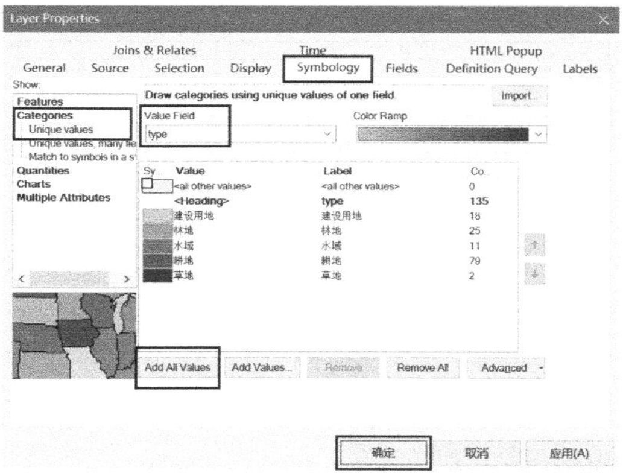

图 6-33 土地利用数据符号化

步骤 5:在【Table Of Contents】中,右键单击“中国 C 市中心城区 2015 年土地利用_Clip_3km”图层,按照步骤 4 完成中国 C 市中心城区 2015 年土地利用数据的符号化设置。

步骤 6:单击菜单栏【Insert】,依次单击【Title】(标题)、【North Arrow】(指北针)、【Scale Bar】(比例尺)和【Legend】(图例)等插入各地图要素。中国 C 市地铁 3 号线沿线 3km 缓冲范围内的 2000 年和 2015 年土地利用专题图见图 6-34。

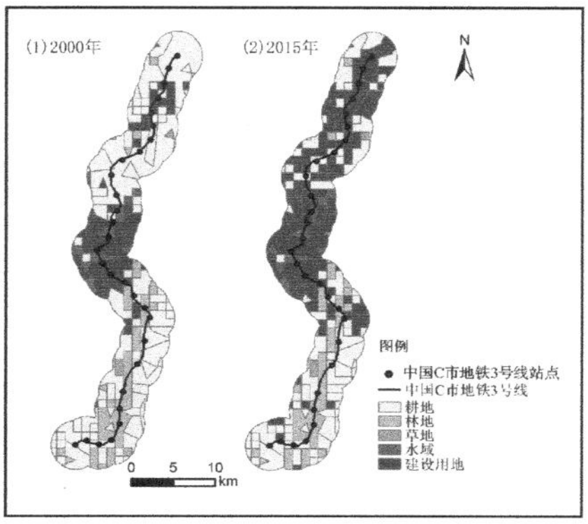

图 6-34 2000 年、2015 年中国 C 市地铁 3 号线沿线 3km 缓冲区范围土地利用

5)中国 C 市地铁 3 号线沿线 3km 缓冲区范

围内不同时期土地利用变化对比分析

步骤 1:单击工具栏的 ✚· 图标,在弹出的【Add Data】窗口中,选择随书文件"Ex_06"文件夹中的"中国 C 市中心城区 2000 年土地利用_Clip_3km.shp"和"中国 C 市中心城区 2015 年土地利用_Clip_3km.shp"。

步骤 2:在【Table Of Contents】中,右键单击"中国 C 市中心城区 2000 年土地利用_Clip_3km",选择【Open Attribute Table】。在弹出的【Table】窗口中,新建"area"字段并计算要素面积,具体操作步骤参考第 6.1.3 节。

步骤 3:在【Table Of Contents】中,右键单击"中国 C 市中心城区 2015 年土地利用_Clip_3km",选择【Open Attribute Table】,在弹出的【Table】窗口中,新建"area"字段并计算要素面积,具体操作步骤参考第 6.1.3 节。结果如图 6-35 所示。

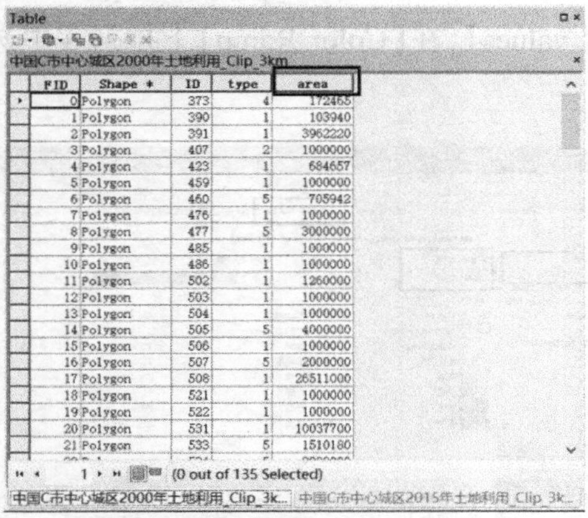

FID	Shape *	ID	type	area
0	Polygon	373	4	172465
1	Polygon	390	1	103940
2	Polygon	391	1	3962220
3	Polygon	407	2	1000000
4	Polygon	423	1	684657
5	Polygon	459	1	1000000
6	Polygon	460	5	705942
7	Polygon	476	1	1000000
8	Polygon	477	5	3000000
9	Polygon	485	1	1000000
10	Polygon	486	1	1000000
11	Polygon	502	1	1260000
12	Polygon	503	1	1000000
13	Polygon	504	1	1000000
14	Polygon	505	5	4000000
15	Polygon	506	1	1000000
16	Polygon	507	5	2000000
17	Polygon	508	1	26511000
18	Polygon	521	1	1000000
19	Polygon	522	1	1000000
20	Polygon	531	1	10037700
21	Polygon	533	5	1510180

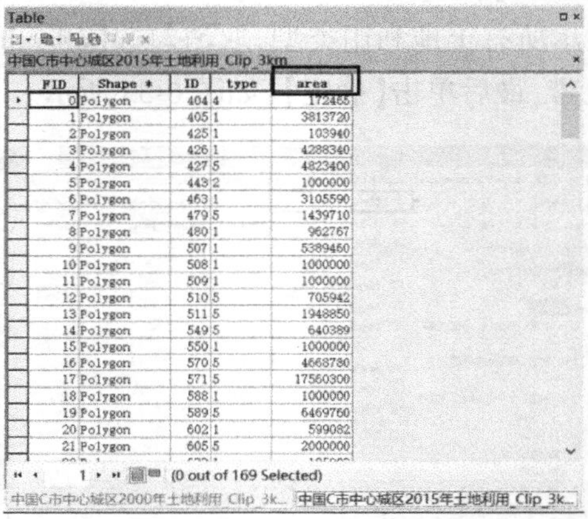

FID	Shape *	ID	type	area
0	Polygon	404	4	172465
1	Polygon	405	1	3813720
2	Polygon	425	1	103940
3	Polygon	426	1	4288340
4	Polygon	427	5	4823400
5	Polygon	443	2	1000000
6	Polygon	463	1	3105590
7	Polygon	479	5	1439710
8	Polygon	480	1	962767
9	Polygon	507	1	5389460
10	Polygon	508	1	1000000
11	Polygon	509	1	1000000
12	Polygon	510	5	705942
13	Polygon	511	5	1948850
14	Polygon	549	5	640389
15	Polygon	550	1	1000000
16	Polygon	570	5	4668780
17	Polygon	571	5	17560300
18	Polygon	588	1	1000000
19	Polygon	589	5	6469760
20	Polygon	602	1	599082
21	Polygon	605	5	2000000

图 6-35　添加"area"字段后计算不同土地利用类型的面积

步骤 4:将中国 C 市地铁 3 号线沿线 3km 缓冲区范围内两个时间点的土地利用数据分别导入 Excel,使用数据透视表,汇总不同土地利用类型的面积,并进行数量变化的对比,制作土地利用数量变化图。具体操作步骤参考第 6.1.3 节。结果如图 6-36 所示。

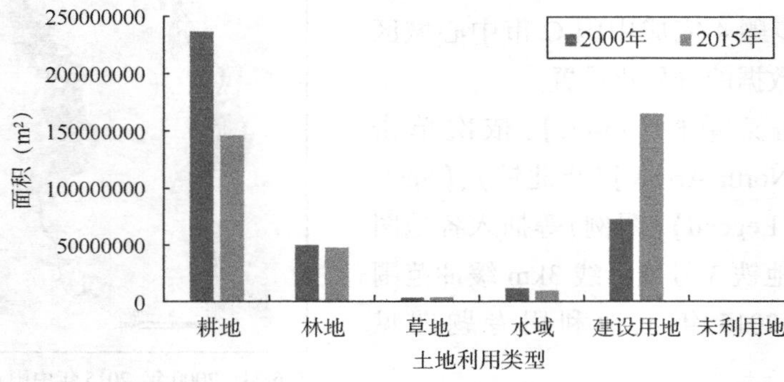

图 6-36　2000 年、2015 年中国 C 市地铁 3 号线沿线 3km 缓冲区范围内土地利用变化

6.2.2　中国 C 市地铁 3 号线沿线 3km 缓冲区范围内不同时期餐饮服务核密度提取及制图

1）加载数据

单击工具栏的 ✚ 图标，在弹出的【Add Data】窗口中，选择随书“Ex_06”文件夹中的“中国 C 市地铁 3 号线站点_Buffer_3km.shp”“中国 C 市中心城区 2000 年餐饮服务 POI.shp”“中国 C 市中心城区 2015 年餐饮服务 POI.shp”。

2）中国 C 市中心城区 2000 年和 2015 年餐饮服务 POI（Point of Interest，兴趣点）核密度分析

步骤 1：单击【ArcToolbox】→【Spatial Analysis Tools】→【Density】→【Kernel Density】。

步骤 2：在【Kernel Density】窗口中，在【Input point or polyline features】下拉列表中选择“中国 C 市中心城区 2000 年餐饮服务 POI”，在【Output raster】栏中选择输出文件位置并命名为“Kernel Density_2000.tif”，最后单击【OK】，如图 6-37 所示。中国 C 市中心城区 2000 年餐饮服务 POI 核密度分析图如图 6-38 所示。

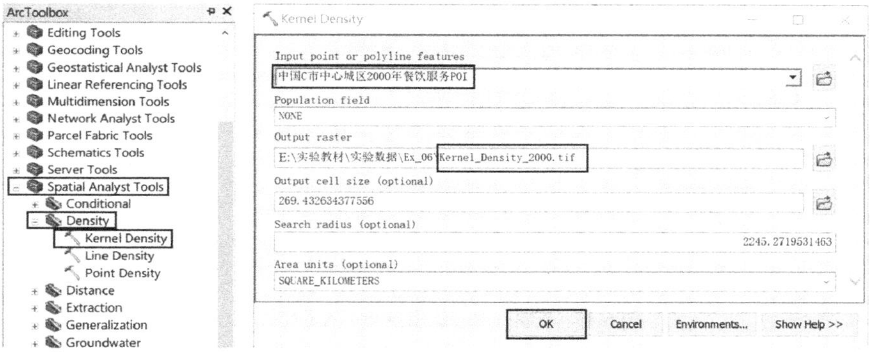

图 6-37　核密度分析

步骤 3：用同样的步骤，计算中国 C 市中心城区 2015 年餐饮服务 POI 核密度，输出“Kernel Density_2015.tif”，结果如图 6-39 所示。

3）中国 C 市地铁 3 号线沿线 3km 缓冲区范围内餐饮服务 POI 核密度掩膜裁剪制图

步骤 1：单击【ArcToolbox】→【Spatial Analysis Tools】→【Extraction】→【Extraction by Mask】。

步骤 2：在【Extraction by Mask】窗口中，在【Input Raster】下拉列表中选择“Kernel Density_2000.tif”，在【Input raster or feature mask data】下拉列表中选择“中国 C 市地铁 3 号线站点_Buffer_3km”，在【Output raster】栏选择输出文件位置并命名为“Kernel Density_2000_mask.tif”，最后单击【OK】，如图 6-40 所示。

步骤 3：用同样的步骤，掩膜提取中国 C 市地铁 3 号线沿线 3km 缓冲区范围内 2015 年餐饮服务 POI 核密度文件“Kernel Density_2015_mask.tif”。

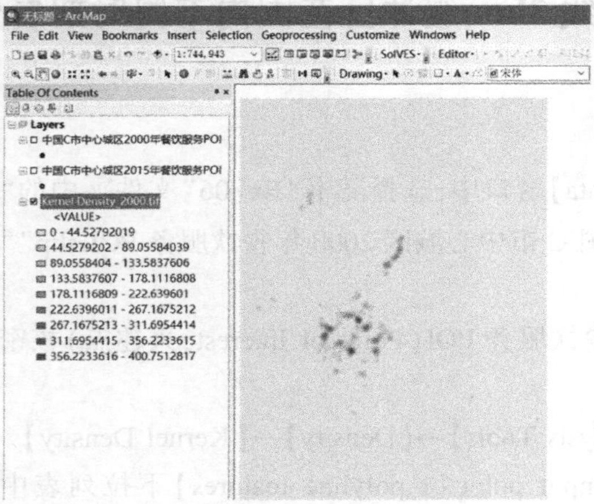

图 6-38　中国 C 市中心城区 2000 年餐饮服务 POI 核密度分析图

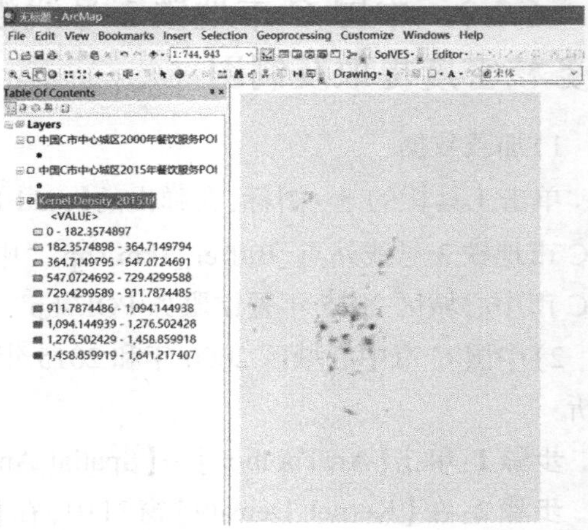

图 6-39　中国 C 市中心城区 2015 年餐饮服务 POI 核密度分析图

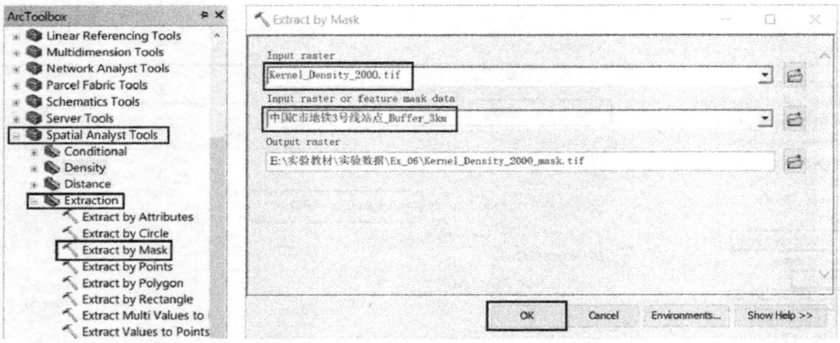

图 6-40　掩膜提取餐饮服务 POI 核密度数据

4)中国 C 市地铁 3 号线沿线 3km 缓冲区范围内餐饮服务 POI 核密度制图

步骤 1:单击工具栏的 图标,在弹出的【Add Data】窗口中,选择随书文件"Ex_06"文件夹中的"Kernel Density_2000_mask.tif"。

步骤 2:单击界面左下角的 图标,右键单击页面空白处,在右键菜单中选择【Page and Print Setup】,在弹出的【Page and Print Setup】窗口中完成制图页面宽度、高度和纸张方向的设置。

步骤 3:在菜单栏单击【Insert】→【Data Frame】,添加新数据框。在新数据框中加载【Kernel Density_2015_mask.tif】数据,具体操作步骤参考第 6.2.1 节。

步骤 4:将两个数据框左右并排水平布局。在【Table Of Contents】中,右键单击"Kernel Density_2000_mask.tif"图层,在右键菜单中选择【Properties】。在弹出的【Layer Properties】窗口中,选择【Symbology】标签,在【Show】列表中选择【Classified】,在【Classification】处单击【Classes】下拉列表,选择分段数【5】,系统自动将数据分段,最后单击【确定】,如图 6-41 所示。

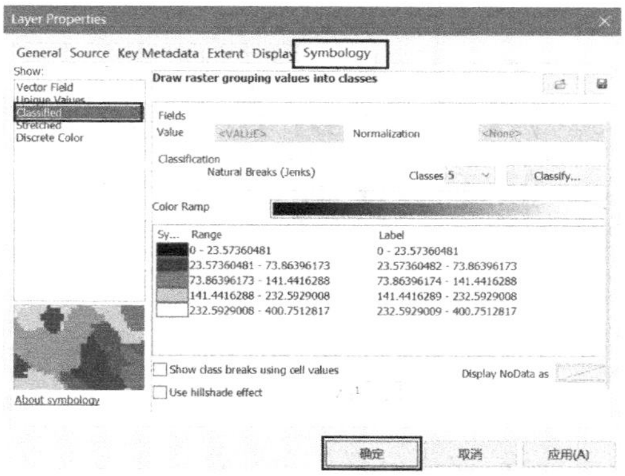

图 6-41　餐饮服务 POI 核密度数据符号化

注:系统默认的数据分类方法是【Natural Breaks(Jenks)】,其他分类方法可以通过单击【Classify】,在弹出的【Classification】窗口中进行设置。

步骤 5:在【Table Of Contents】中,右键单击"Kernel Density_2015_mask.tif"图层,按照步骤 4 完成中国 C 市地铁 3 号线沿线 3km 缓冲区范围内 2015 年餐饮服务 POI 核密度的符号化设置。

步骤 6:单击菜单栏【Insert】,依次单击【Title】、【North Arrow】、【Scale Bar】和【Legend】等插入各地图要素。中国 C 市地铁 3 号线沿线 3km 缓冲区范围内 2000 年和 2015 年餐饮服务 POI 核密度专题图如图 6-42 所示。

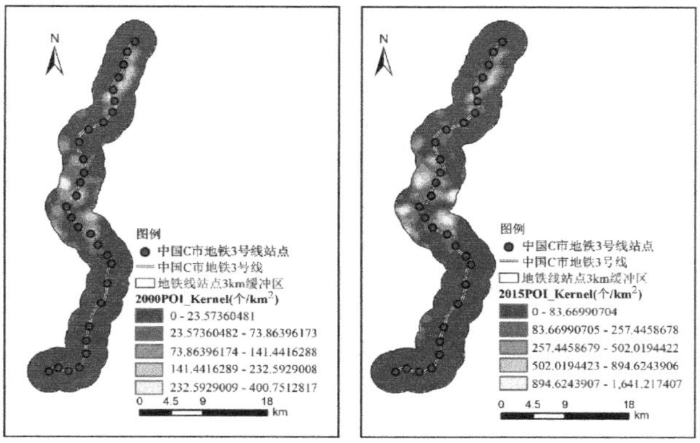

图 6-42　2000 年、2015 年中国 C 市地铁 3 号线沿线 3km 缓冲区范围内餐饮服务 POI 核密度变化

第 7 章　网络分析在城市基础设施管理中的应用

在地理信息系统领域，网络分析是指基于网络拓扑关系，通过考察网络元素的空间及属性数据，以数学理论模型为基础，对网络的性能特征进行多方面分析研究。网络分析的主要内容包括最短路径分析、资源分析、连通分析等。本章主要内容包括基本服务设施最短距离计算、基于 GIS 的消防站服务人口计算。读者通过本章的学习，可掌握网络分析的基本实现、网络分析在城市基础设施服务范围中的应用。

本章所用到的示例数据位于随书文件的“Ex_07”文件夹，见表 7-1。

示例数据　　表 7-1

编号	文件名	文件格式
1	日本 A 市道路网网络数据集	.nd
2	日本 A 市消防站	.shp
3	日本 A 市住宿型福利设施	.shp
4	日本 A 市庇护所(小学校)	.shp
5	日本 A 市分年龄段人口数据	.shp
6	日本 A 市火灾发生场所	.shp
7	日本 A 市医院	.shp

7.1　基本案例

7.1.1　计算消防站到住宿型福利设施的距离

1) 加载数据

步骤 1：单击菜单栏的【File】→【Add Data】→【Add Data】，或者直接单击工具栏的 +· 图标，如图 7-1 所示。

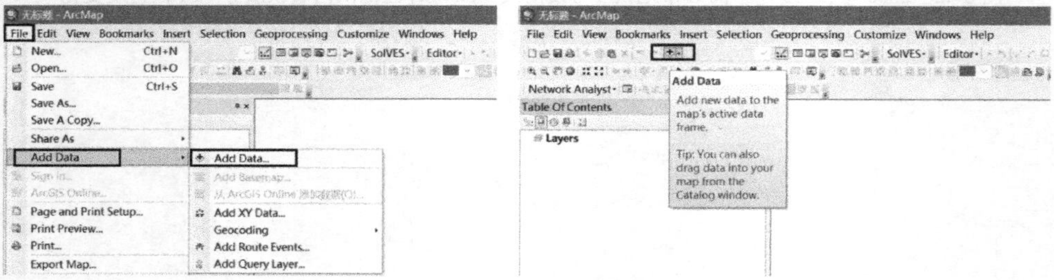

图 7-1　加载数据

步骤 2:在弹出的【Add Data】窗口中,选择随书文件“Ex_07”文件夹中的“日本 A 市消防站.shp”和“日本 A 市住宿型福利设施.shp”,单击【Add】按钮,如图 7-2 所示。

步骤 3:重复步骤 1,在弹出的【Add Data】窗口中,选择随书文件“Ex_07/日本 A 市道路网”文件夹中的“日本 A 市道路网网络数据集.nd”,单击【Add】按钮,如图 7-3 所示。

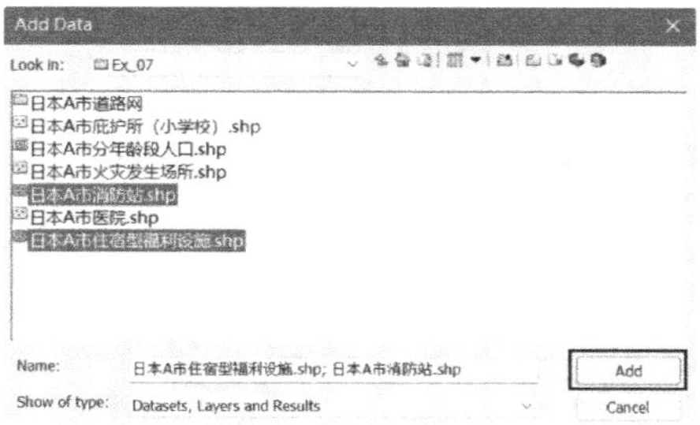

图 7-2　选择数据文件

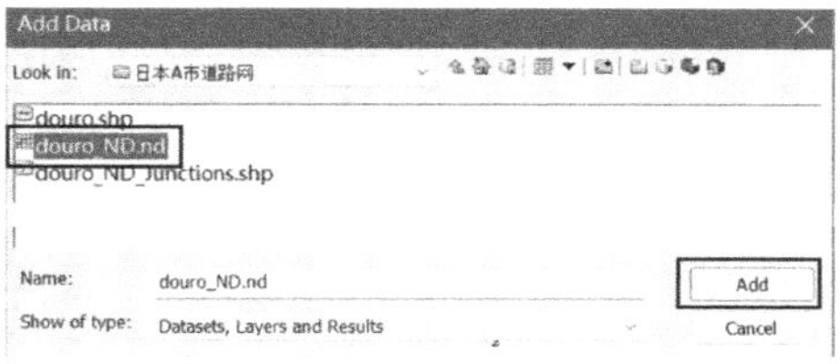

图 7-3　加载数据窗口(.nd 数据)

弹出【Adding Network Layer】窗口,提示“Do you also want to add all feature classes that participate in ‘douro_ND’ to the map?”,选择【Yes】,表示将所有参与“douro_ND”的要素类添加到地图,如图 7-4 所示。

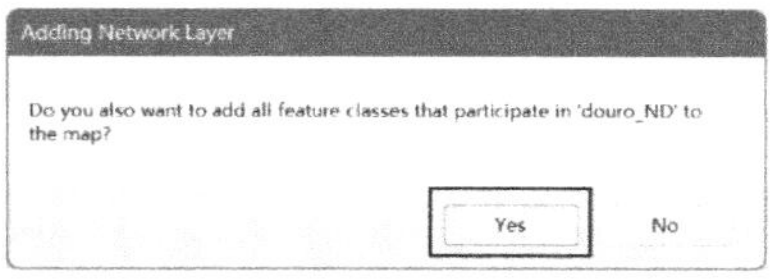

图 7-4　弹出【Adding Network Layer】

2)加载网络分析工具

步骤 1:在 ArcGIS 中,网络分析工具属于扩展模块,需要另行加载。单击菜单栏的【Customize】→【Extensions】。在弹出【Extensions】窗口中,勾选【Network Analyst】,单击【Close】,如图 7-5 所示。

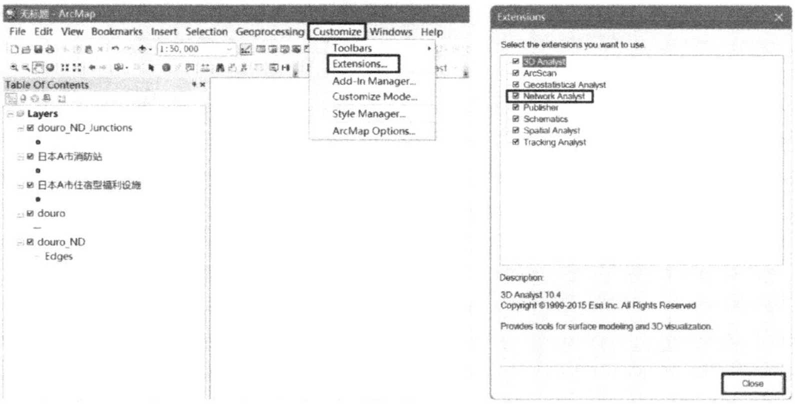

图 7-5　加载网络分析工具

步骤 2:在勾选【Network Analyst】扩展模块之后,需要将【Network Analyst】加载到主界面。单击菜单栏的【Customize】→【Toolbars】→【Network Analyst】,显示【Network Analyst】工具,如图 7-6 所示。

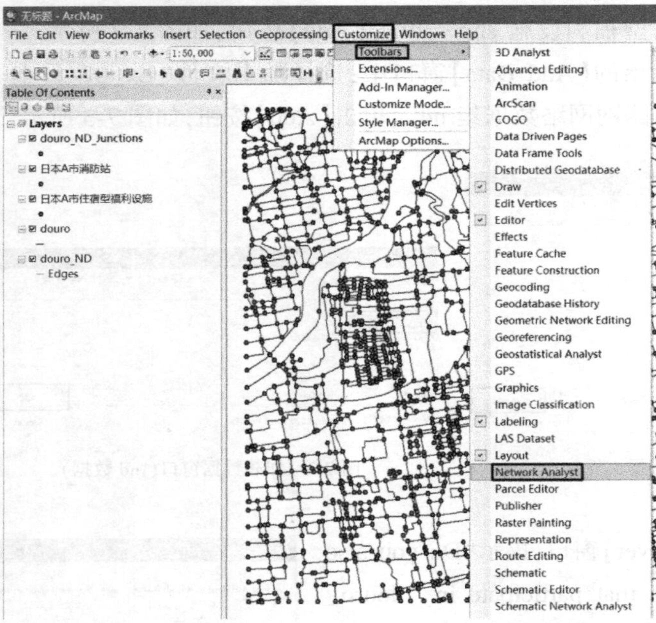

图 7-6　加载网络分析工具至主页面

3）打开网络分析工具

步骤 1：单击【Network Analyst】工具栏，选择【New Closest Facility】，如图 7-7 所示。

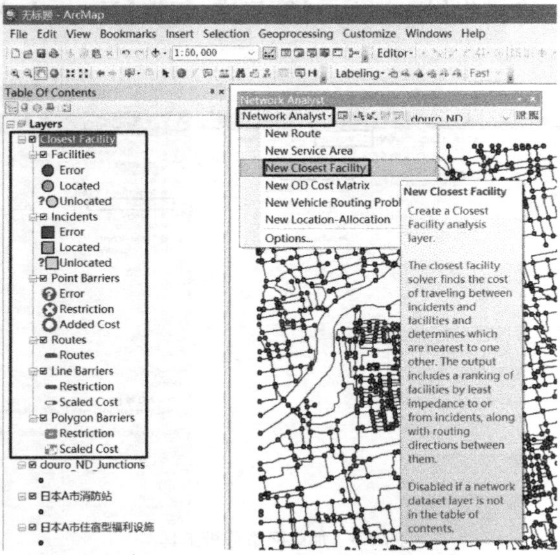

图 7-7　新建最近设施

步骤 2：单击【Network Analyst】工具栏的（Network Analyst Window）图标，打开【Network Analyst】面板，如图 7-8 所示。

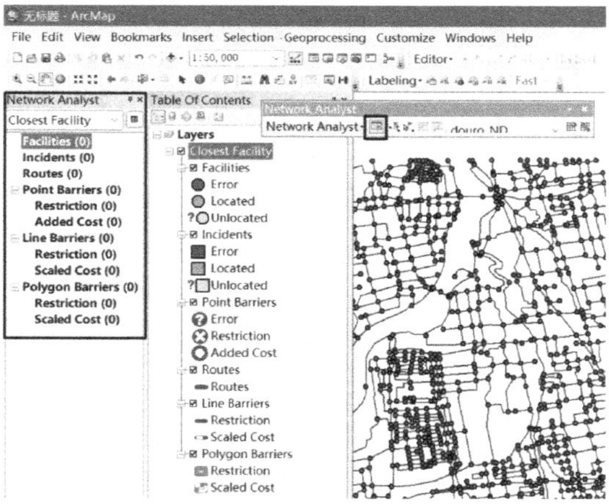

图 7-8　打开【Network Analyst】面板

4)加载网络要素

步骤 1:在【Network Analyst】面板中,右键单击【Facilities】,在右键菜单中选择【Load Locations】,弹出【Load Locations】窗口。在【Load From】下拉列表中选择“日本 A 市消防站”,在【Sort Field】下拉列表中选择“NAMAE”,最后单击【OK】,如图 7-9 所示。

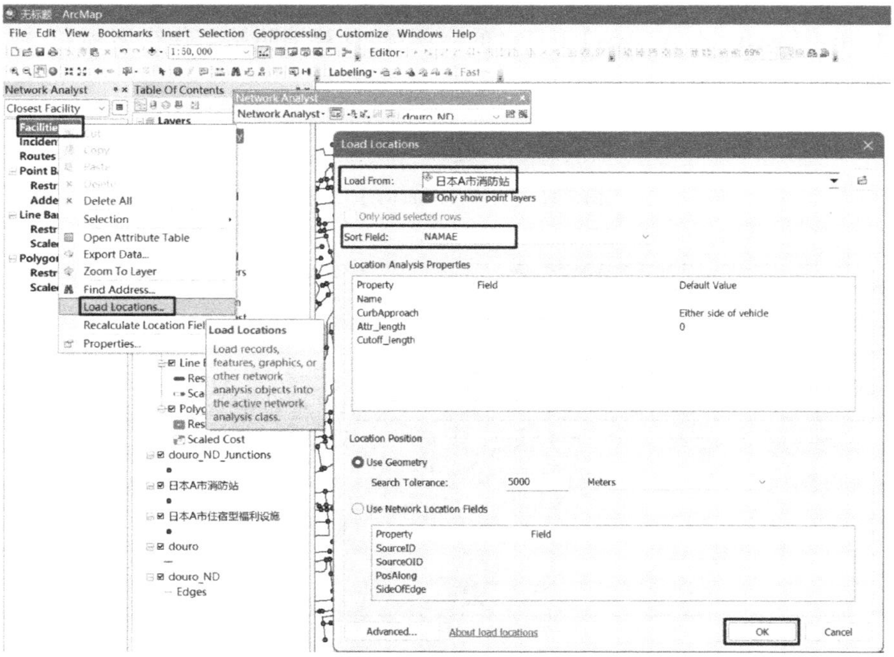

图 7-9　加载网络要素

步骤 2:使用同样的方法为【Incidents】添加要素。右键单击【Incidents】,在右键菜单中选择【Load Locations】,弹出【Load Locations】窗口。在【Load From】下拉列表中选择“日本 A 市住宿型福利设施”,在【Sort Field】下拉列表中选择“name”,最后单击【OK】。结果如图 7-10 所示。

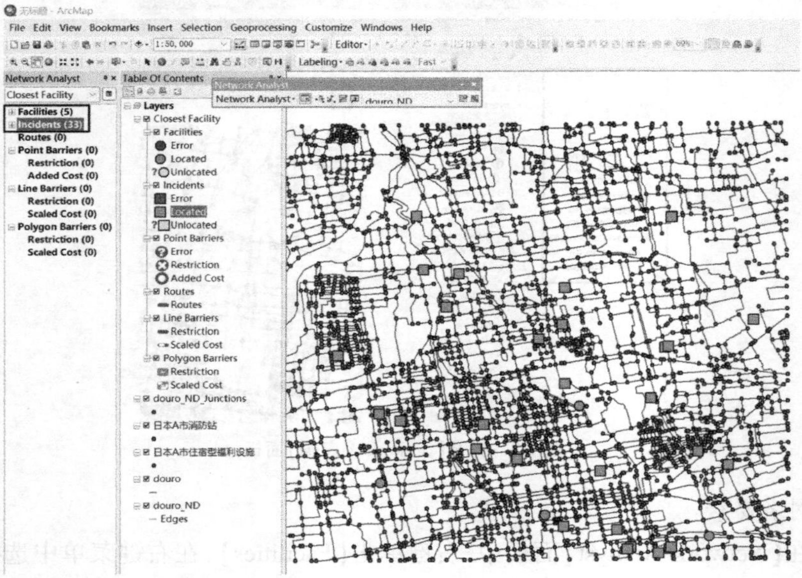

图 7-10　加载网络要素后的结果

5) 计算离消防站最远的住宿型福利设施到消防站的距离

步骤 1:单击【Network Analyst】工具栏的图标,计算消防站与住宿型福利设施的距离,如图 7-11 所示。结果如图 7-12 所示。

图 7-11　【Network Analyst】工具栏

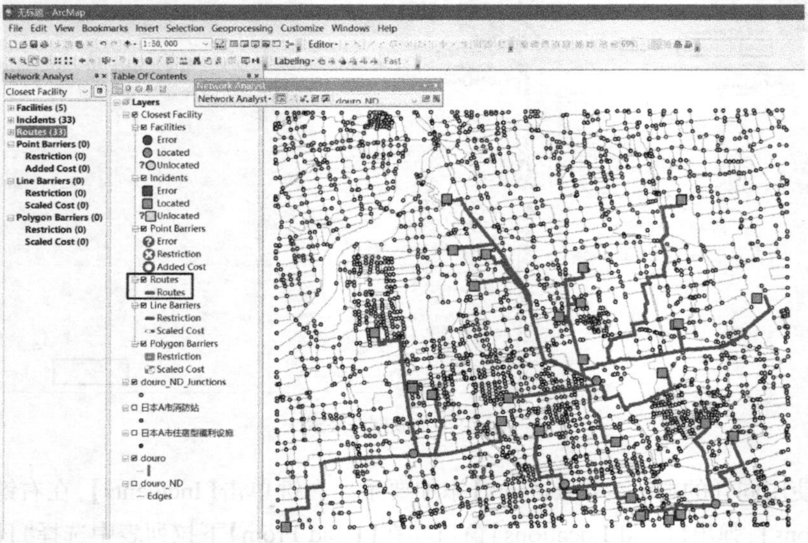

图 7-12　消防站与住宿型福利设施的距离

步骤2：找出离消防站最远的住宿型福利设施。在【Table Of Contents】中右键单击【Routes】，在右键菜单中选择【Open Attribute Table】。在弹出的【Table】窗口中，右键单击"Total_length"字段，在右键菜单中选择【Sort Descending】，如图7-13所示。则按照从大到小排序结果可知，离消防站最远的住宿型福利设施到消防站的距离为5023.228897m。

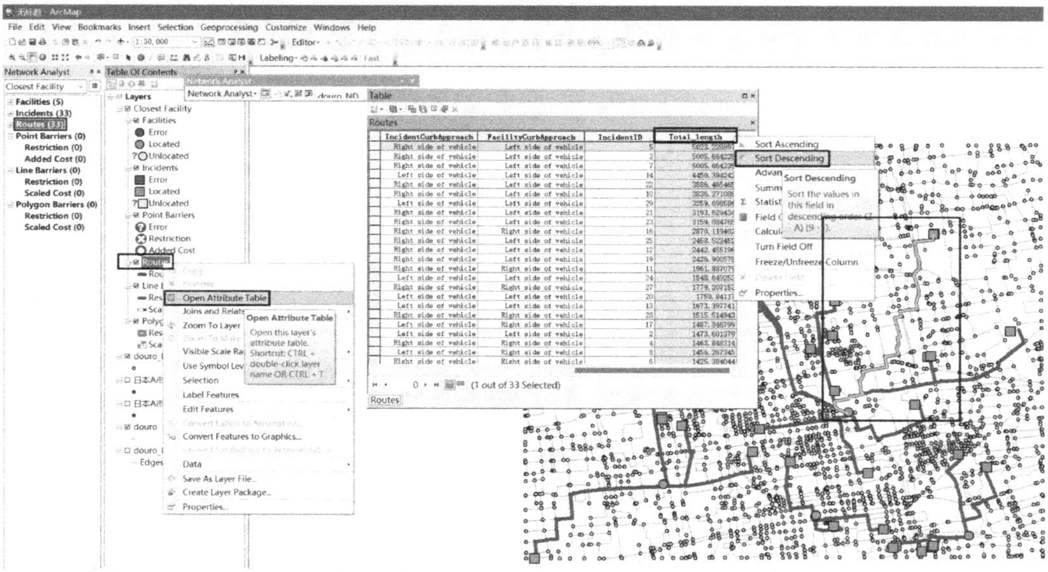

图7-13　离消防站最远的住宿型福利设施距离

7.1.2　统计距离庇护所800m以上的住宿型福利设施的数量

1）加载数据

单击工具栏的✦·图标，在弹出的【Add Data】窗口中，选择随书文件"Ex_07"文件夹中的"日本A市道路网网络数据集.nd""日本A市住宿型福利设施.shp""日本A市庇护所（小学校）.shp"。

2）打开网络分析工具

单击【Network Analyst】工具栏，选择【New Closest Facility】，然后单击图标，打开【Network Analyst】面板。

若网络分析窗口中含有要素，则需要清除已加载的要素。

在打开的【Network Analyst】面板中，右键单击【Facilities】，在右键菜单中选择【Delete All】。使用同样步骤，清除其他图层要素，如图7-14所示。

3）加载网络要素

步骤1：在【Network Analyst】面板中，右键单击【Facilities】，在右键菜单中选择【Load Locations】。弹出【Load Locations】窗口。在【Load From】下拉列表中选择"日本A市庇护所（小学校）"，在【Sort Field】下拉列表中选择"NAMAE"，最后单击【OK】。

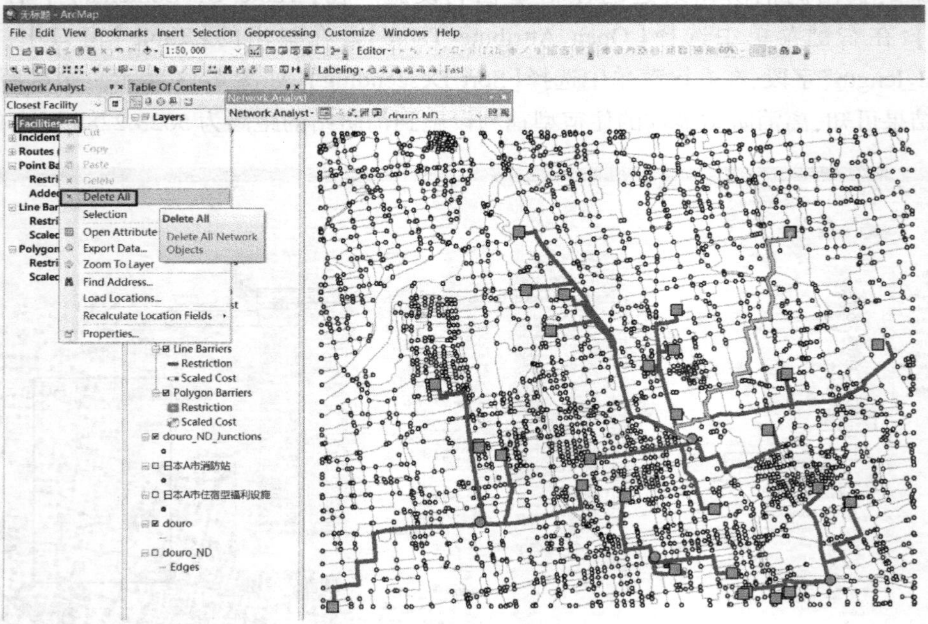

图 7-14　删除已有要素(以【Facilities】图层为例)

步骤 2:在【Network Analyst】面板中,右键单击【Incidents】,在右键菜单中选择【Load Locations】,弹出【Load Locations】窗口。在【Load From】下拉列表中选择“日本 A 市住宿型福利设施”,在【Sort Field】下拉列表中选择“name”,最后单击【OK】。结果如图 7-15 所示。

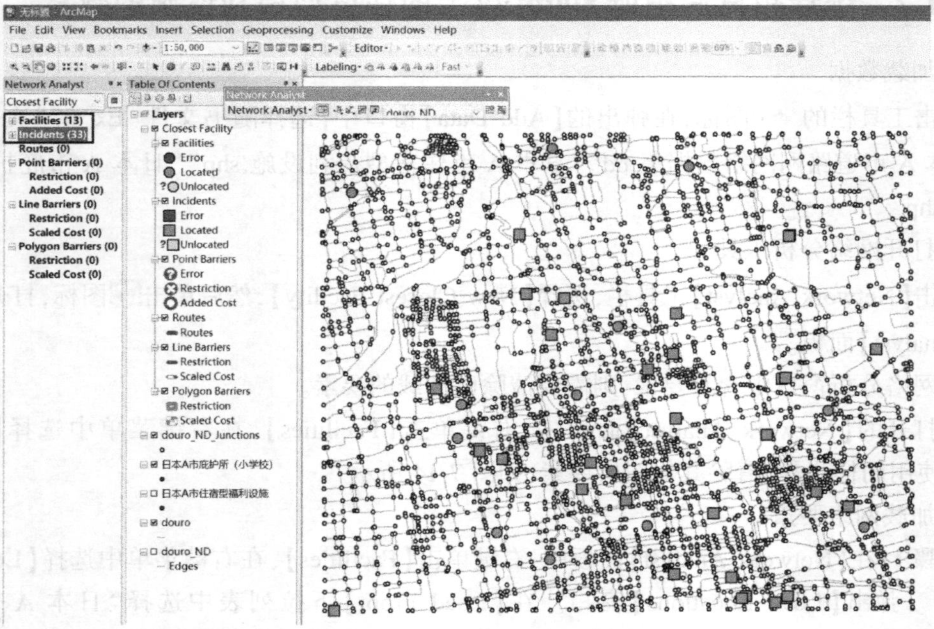

图 7-15　网络要素加载后的结果

4)统计距离庇护所(小学校)800m 以上(徒步 10min 以上)的福利设施的个数

步骤 1:单击【Network Analyst】工具栏的图标。

步骤 2:在【Table Of Contents】中,右键单击【Routes】,在右键菜单中选择【Open Attribute Table】。在弹出的【Table】窗口中,单击 (Select By Attributes)图标,弹出【Select By Attributes】窗口,在【SELECT * FROM CFRoutes WHERE】输入框中构造计算式“"Total_length" >= 800”,最后单击【Apply】,如图 7-16 所示。

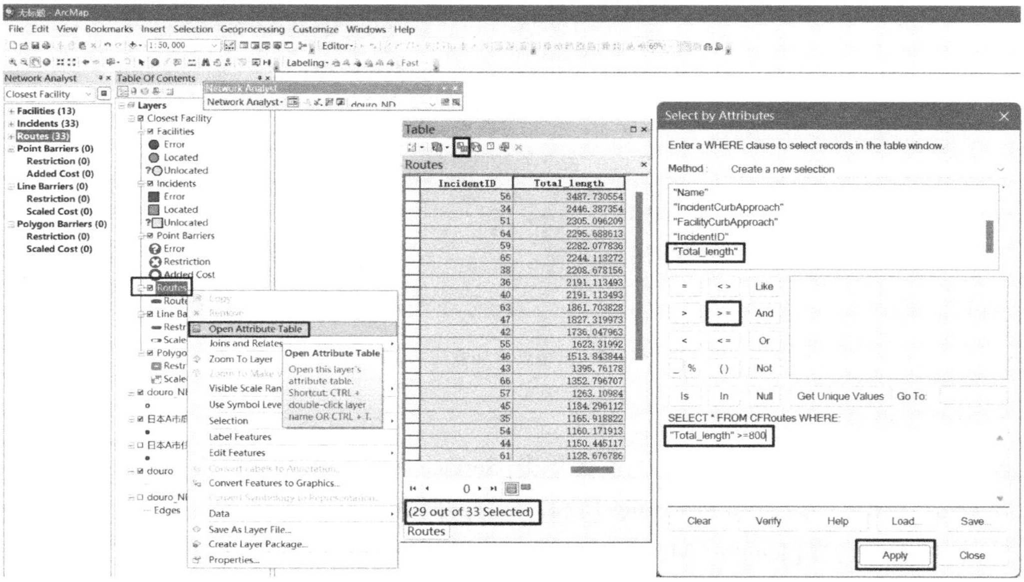

图 7-16 距离庇护所(小学校)800m 以上(徒步 10min 以上)福利设施的个数

从筛选结果可知,距离庇护所(小学校)800m 以上(徒步 10min 以上)福利设施的数量为 29。

7.1.3 消防局服务区域(2000m 范围)的识别及服务人口的划分

1)加载数据

单击工具栏的 图标,在弹出的【Add Data】窗口中,选择随书文件“Ex_07”文件夹中的“日本 A 市消防站.shp”“日本 A 市道路网网络数据集.nd”“日本 A 市分年龄段人口数据.shp”。

2)打开网络分析工具并加入要素

步骤 1:单击【Network Analyst】工具栏,选择【New Service Area】。然后单击图标打开【Network Analyst】面板。

步骤 2:在打开的【Network Analyst】面板中,右键单击【Facilities】,在右键菜单中选择【Load Location】,弹出【Load Locations】窗口。在【Load From】下拉列表中选择“日本 A 市消防站”,在【Sort Field】下拉列表中选择“NAMAE”,最后单击【OK】。结果如图 7-17 所示。

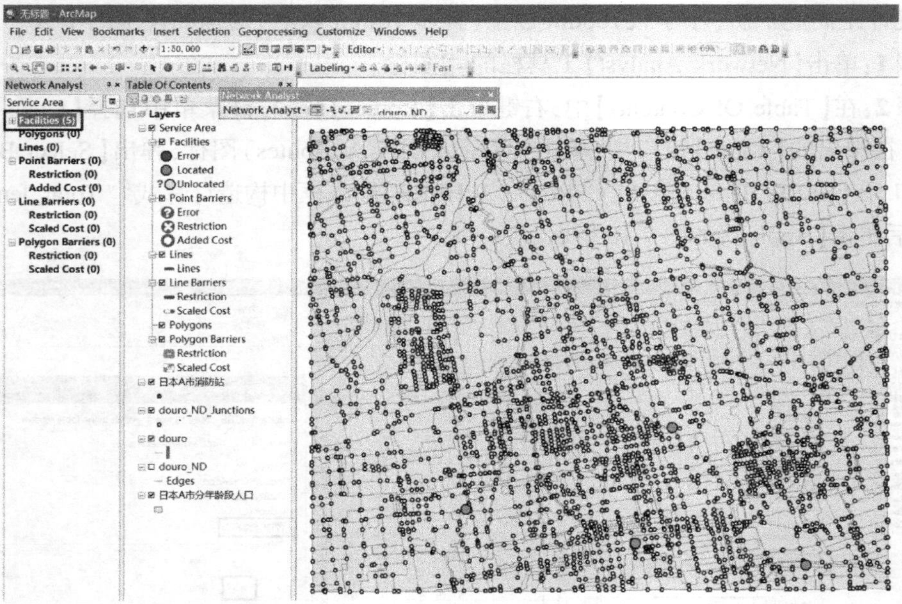

图 7-17　网络要素加载后的结果

3）服务区设置

步骤 1：在【Table Of Contents】中，右键单击【Service Area】，在右键菜单中选择【Properties】。

步骤 2：在弹出的【Layer Properties】窗口中，打开【Analysis Settings】标签页。在【Impedance】下拉列表中选择【length（Meters）】，在【Default Breaks】栏中输入“2000”，在【Direction】处勾选【Away From Facility】，在【U-Turns at Junctions】下拉列表中选择【Allowed】，单击【应用】，完成【Analyst Settings】标签页的参数设置，如图 7-18 所示。

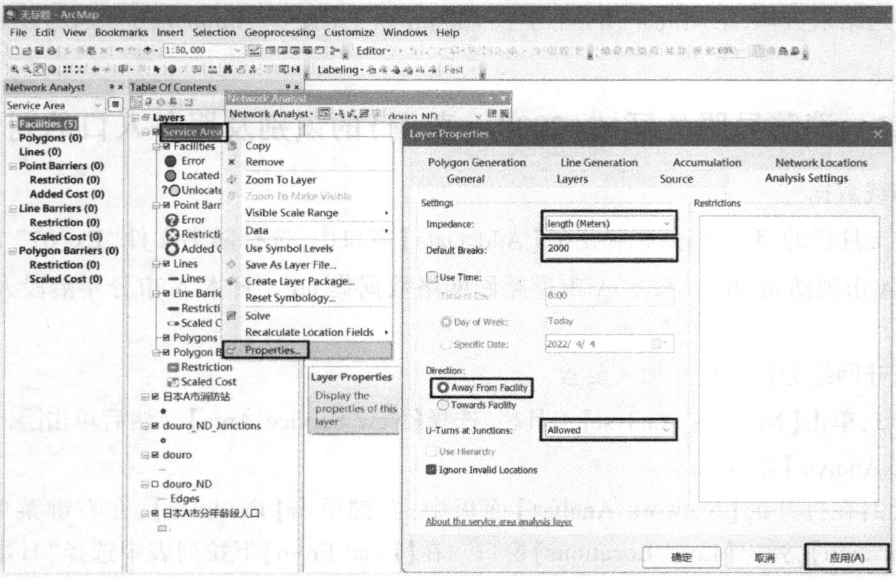

图 7-18　【Analyst Settings】标签页设置

步骤3:在【Layer Properties】窗口单击【Polygon Generation】标签,勾选【Generate Polygons】,在【Polygon Type】处勾选【Generalized】,然后勾选【Trim Polygons】并在下方输入"100",单位选择【Meters】,在【Multiple Facilities Options】处勾选【Not Overlapping】。在【Overlap Type】处勾选【Rings】,单击【应用】,完成【Polygon Generation】标签页的参数设置,如图7-19所示。

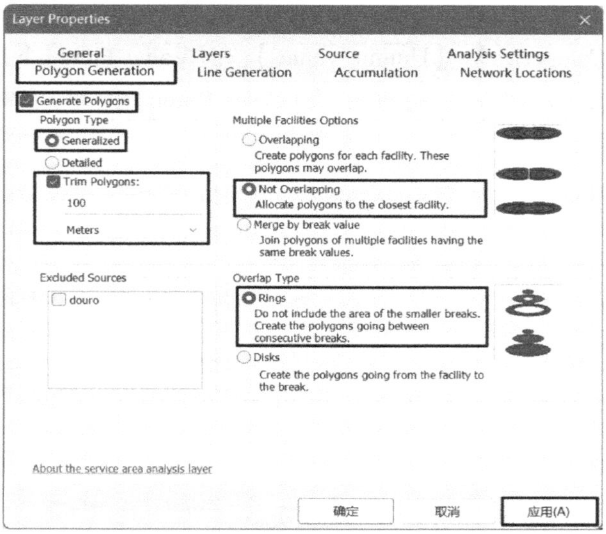

图7-19 【Polygon Generation】标签页设置

步骤4:在【Layer Properties】窗口单击【Line Generation】标签页,勾选【Generate Lines】,在【Overlap Options】处勾选【Not Overlapping】,完成【Line Generation】标签页的参数设置,如图7-20所示。

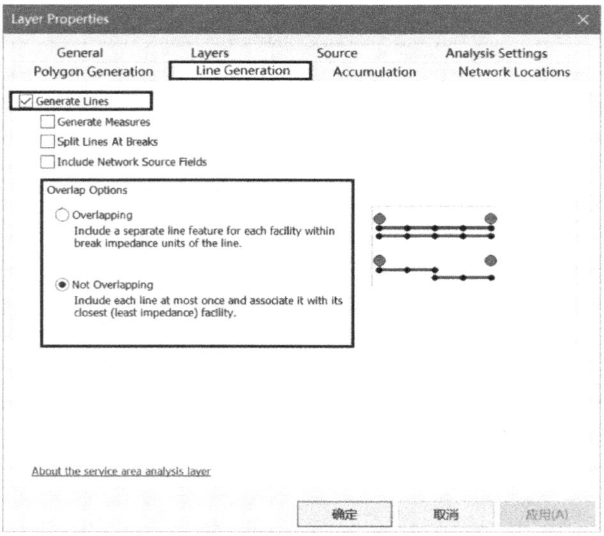

图7-20 【Line Generation】标签页设置

步骤 5:单击【确定】,完成参数设置。

4)计算服务区域

步骤 1:单击【Network Analyst】工具栏的图标,计算得到消防站 2000m 范围内的服务区域。

步骤 2:将各消防站的服务区域符号化。在【Table Of Contents】中,右键单击【Lines】,在右键菜单中选择【Properties】,弹出【Layer Properties】窗口。单击【Symbology】标签页,在【Show】列表中选择【Categories】→【Unique values】,在【Value Field】下拉列表中选择“FacilityID”,单击左下角的【Add All Values】按钮,在【Color Ramp】下拉列表中选择合适的颜色,最后单击【确定】,如图 7-21 所示。符号化结果如图 7-22 所示。

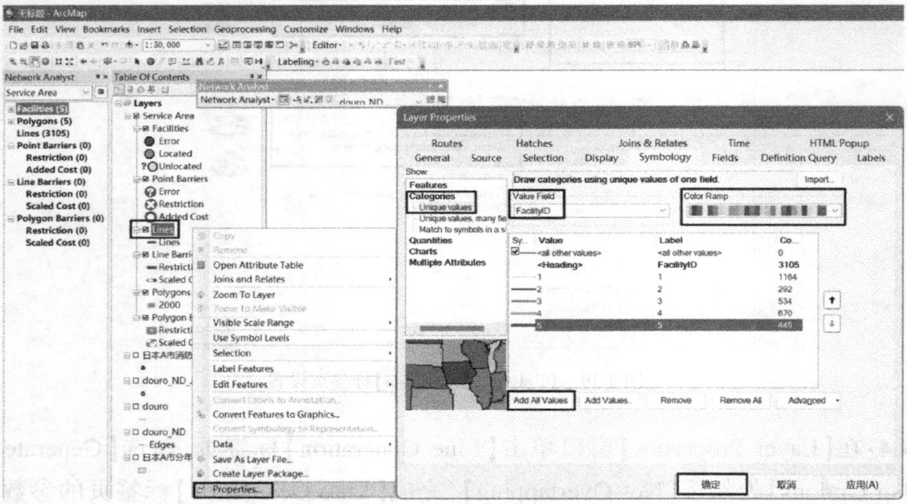

图 7-21 符号化设置

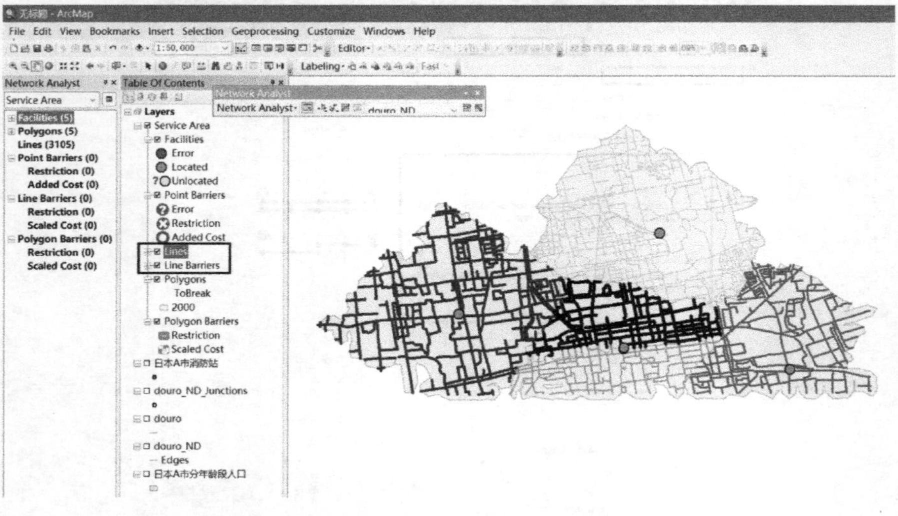

图 7-22 各消防站 2000m 服务区域的符号化结果

5）计算服务区域内按面积划分的人口数量

步骤 1：将前述计算得到的服务区域另存为新图层。在【Table Of Contents】中，右键单击【Polygons】，在右键菜单中选择【Data】→【Export Data】。在弹出的【Export Data】窗口中，选择存储路径，将输出文件命名为“Area.shp”，最后单击【OK】，如图 7-23 所示。

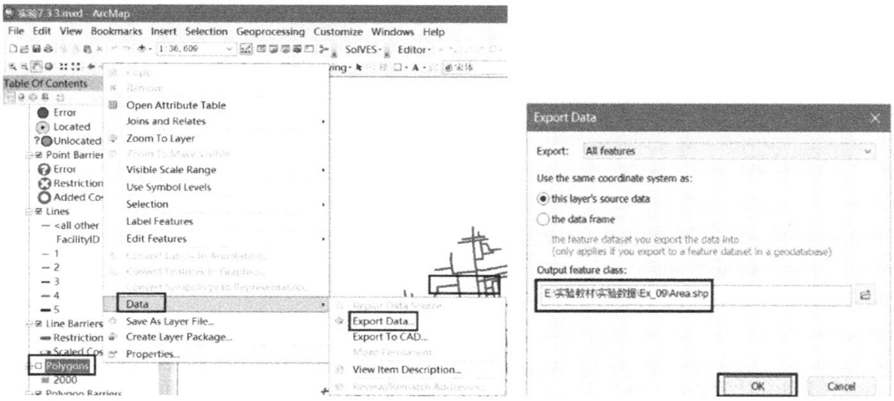

图 7-23　导出服务区域范围

步骤 2：使用 Intersect 工具，将导出的“Area.shp”与“日本 A 市分年龄段人口.shp”相交。在【ArcToolbox】中，选择【Analysis Tools】→【Overlay】→【Intersect】，弹出【Intersect】窗口。在【Input Features】下拉列表中选择“Area”和“日本 A 市分年龄段人口”，在【Output Feature Class】栏将输出文件位置设为“Ex_07”文件夹，并将文件名设为“Area_人口.shp”，最后单击【OK】，如图 7-24 所示。

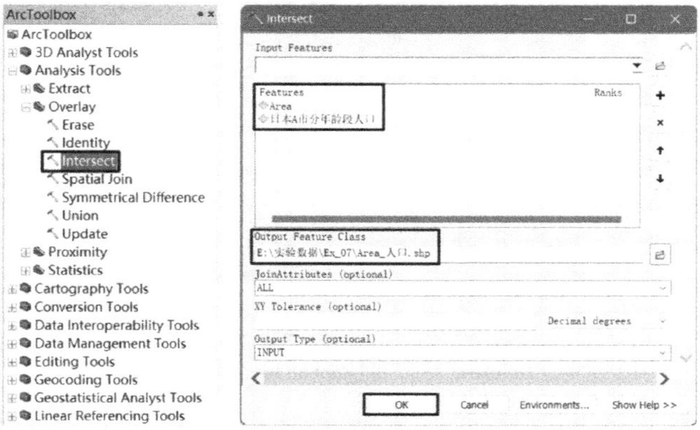

图 7-24　相交设置

步骤 3：在【Table Of Contents】中，右键单击“Area_人口”，在右键菜单中选择【Open Attribute Table】。在弹出的【Table】窗口中，单击图标→【Add Field】，弹出【Add Field】窗口。在【Name】栏中输入“SubArea”，在【Type】下拉列表中选择【Float】，最后单击【OK】，如图 7-25 所示。按同样的步骤，新建“PopSubArea”字段。

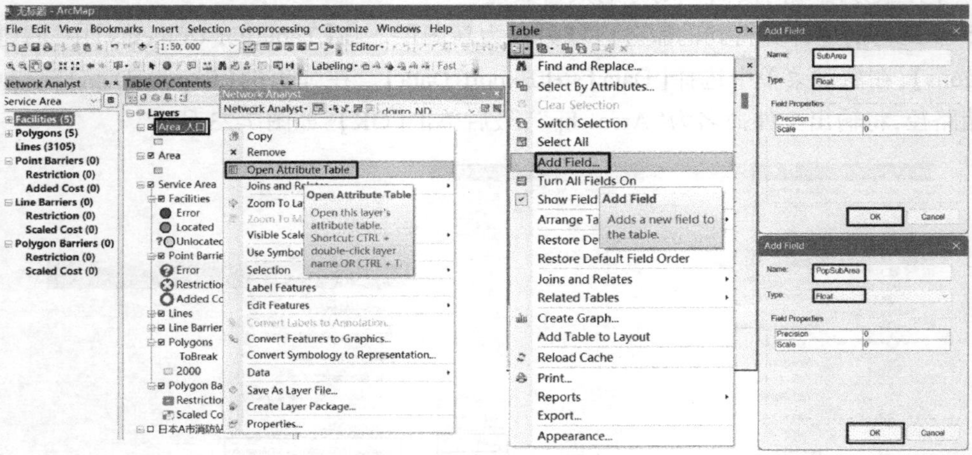

图 7-25　添加分面积字段

步骤 4:在打开的【Table】窗口中,右键单击“SubArea”字段,在右键菜单中选择【Calculate Geometry】。在【Units】下拉列表中选择【Square Meters[sq m]】。

步骤 5:在打开的【Table】窗口中,右键单击“PopSubArea”字段,在右键菜单中选择【Field Calculator】。在弹出的【Field Calculator】窗口中,通过双击【Fields】中的字段名和右方的运算符号,在【PopSubArea】输入框中输入“[total_popu] * [SubArea]/[AREA]”,最后单击【OK】。“SubArea”字段和“PopSubArea”字段的计算结果如图 7-26 所示。

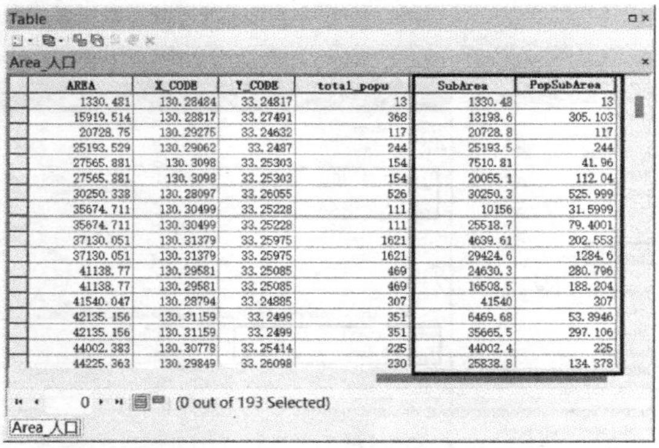

Table

Area_人口

AREA	X_CODE	Y_CODE	total_popu	SubArea	PopSubArea
1330. 481	130. 28484	33. 24817	13	1330. 48	13
15919. 514	130. 28817	33. 27491	368	13198. 6	305. 103
20728. 75	130. 29275	33. 24632	117	20728. 8	117
25193. 529	130. 29062	33. 2487	244	25193. 5	244
27565. 881	130. 3098	33. 25303	154	7510. 81	41. 96
27565. 881	130. 3098	33. 25303	154	20055. 1	112. 04
30250. 338	130. 28097	33. 26055	526	30250. 3	525. 999
35674. 711	130. 30499	33. 25228	111	10156	31. 5999
35674. 711	130. 30499	33. 25228	111	25518. 7	79. 4001
37130. 051	130. 31379	33. 25975	1621	4639. 61	202. 553
37130. 051	130. 31379	33. 25975	1621	29424. 6	1284. 6
41138. 77	130. 29581	33. 25085	469	24630. 3	280. 796
41138. 77	130. 29581	33. 25085	469	16508. 5	188. 204
41540. 047	130. 28794	33. 24885	307	41540	307
42135. 156	130. 31159	33. 2499	351	6469. 68	53. 8946
42135. 156	130. 31159	33. 2499	351	35665. 5	297. 106
44002. 383	130. 30778	33. 25414	225	44002. 4	225
44225. 363	130. 29849	33. 26098	230	25838. 8	134. 378

(0 out of 193 Selected)

Area_人口

图 7-26　“SubArea”字段和“PopSubArea”字段的计算结果

步骤 6:在打开的【Table】窗口中,右键单击“Facility ID”字段,在右键菜单中选择【Summarize】。在弹出的【Summarize】窗口中,在【1.Select a field to summarize】下拉列表中选择“FacilityID”,在【2.Choose one or more summary statistics to be included in the output table】列表中选择【PopSubArea】→【Sum】,在【3.Specify output tables】中选择输出文件夹,并将输出文件命名为“Sum.dbf”,数据类型选择【dBASE Table】,最后单击【OK】,如图 7-27 所示。

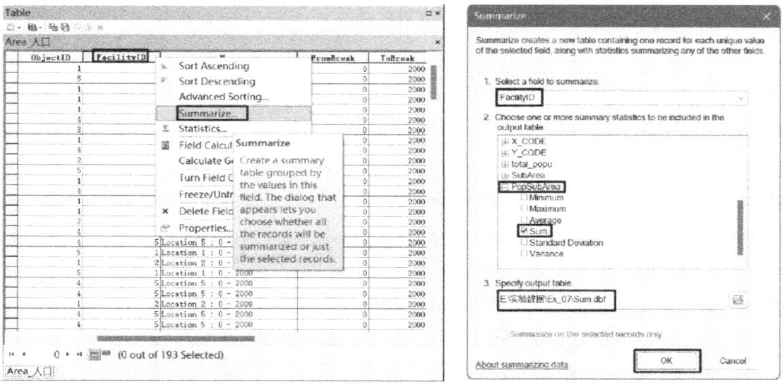

图 7-27 【Summarize】设置

步骤 7:弹出【Summarize Completed】窗口,选择【Yes】,表示将计算结果添加到图层,如图 7-28所示。

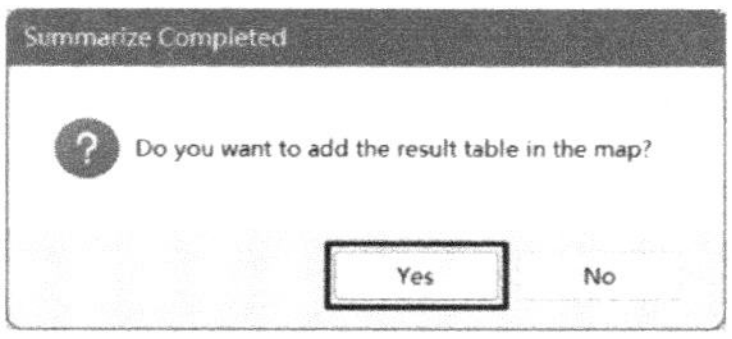

图 7-28 【Summarize Completed】窗口

步骤 8:在【Table Of Contents】中,右键单击【Sum】,在右键菜单中选择【Open】,打开【Table】,即各消防站服务区域按面积划分的人口数量,结果如图 7-29 所示。

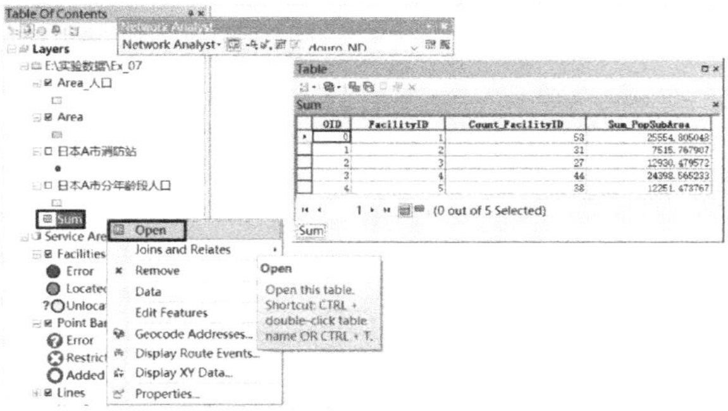

图 7-29 服务区域按面积分人口数量

6)按面积划分的人口数量符号化

步骤 1:将“Sum.dbf”连接到“Area.shp”,以“FacilityID”为共同的连接字段。在【Table Of Contents】中,右键单击“Area”,在右键菜单中选择【Joins and Relates】→【Join】。在弹出的【Join Data】窗口中,在【1.Choose the field in this layer that the join will be based on】下拉列表中选择“FacilityID”,在【2.Choose the table to join to this layer, or load the table from disk】下拉列表中选择“Sum”,在【3.Choose the field in the table to base the join on】下拉列表中选

择“FacilityID”,最后单击【OK】,如图 7-30 所示。

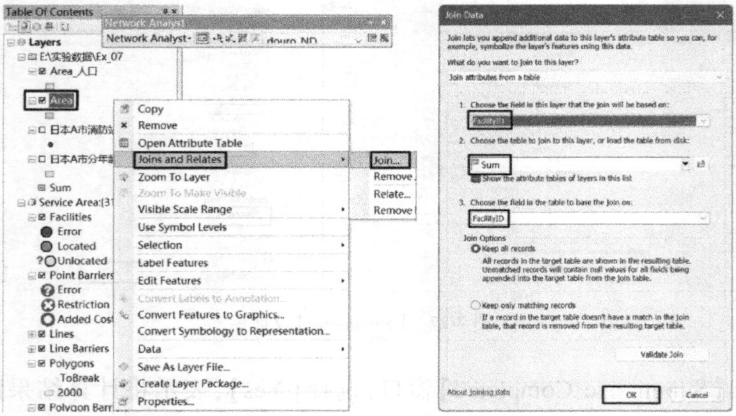

图 7-30　连接“Sum”表到“Area”图层

步骤 2:在【Table Of Contents】中,右键单击“Area.shp”,在右键菜单中选择【Data】→【Export Data】,在弹出的【Export Data】窗口中,将文件命名为“服务区面积分人口.shp”,存储在“Ex_07”文件夹中,如图 7-31 所示。

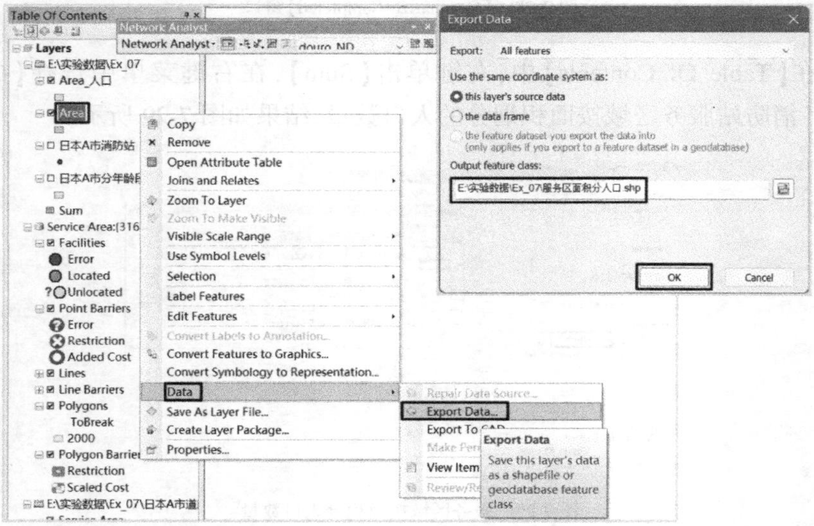

图 7-31　导出【服务区按面积划分人口数量】的图层

步骤 3:在【Table Of Contents】中,右键单击“服务区面积分人口”图层,在右键菜单中选择【Properties】,弹出【Layer Properties】窗口。打开【Symbology】标签页,在【Show】列表中选择【Categories】→【Unique values】,在【Value Field】下拉列表中选择“Sum_PopSub”字段,并单击左下角的【Add All Values】按钮,在【Color Ramp】下拉列表中选择合适的色带,最后单击【应用】,如图 7-32 所示。

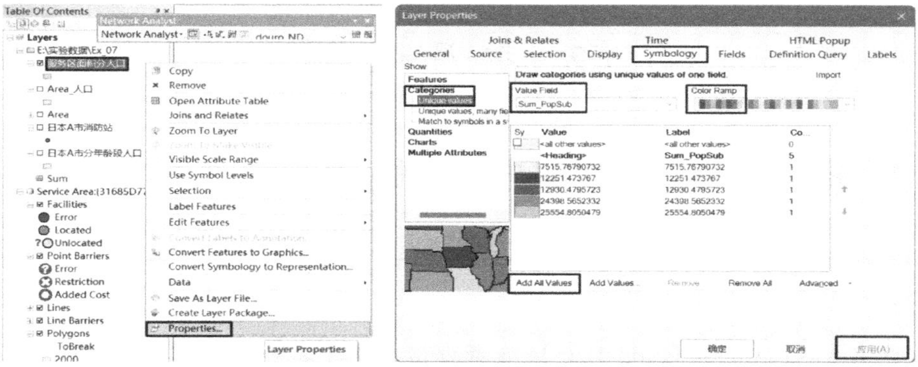

图 7-32 【Symbology】标签页设置

步骤 4:打开【Labels】标签页,勾选【Label features in this layer】,在【Text String】的【Label Field】下拉列表中选择"Sum_PopSub",在【Text Symbol】处设置字体、字号等,最后单击【确定】,如图 7-33 所示。结果如图 7-34 所示。

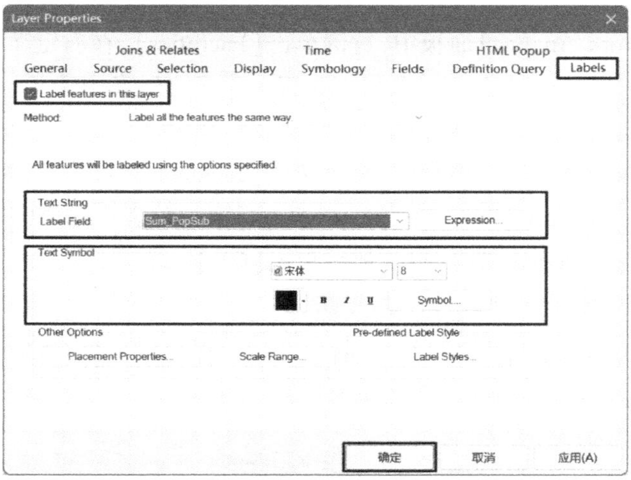

图 7-33 【Labels】标签页设置

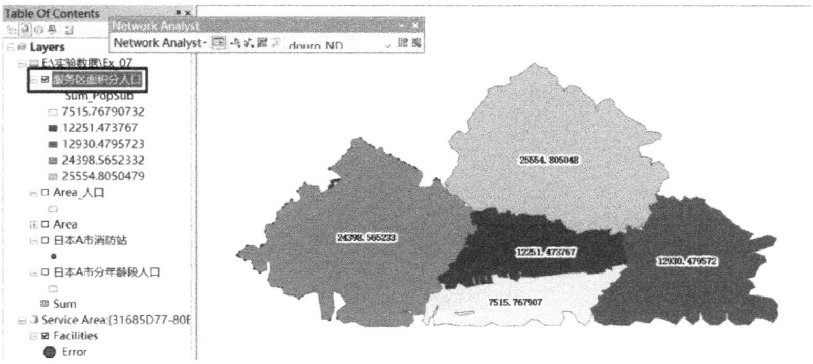

图 7-34 服务区域内的人口数量

7.2 拓展案例

7.2.1 路径分析在火灾救援中的应用

目的：搜索火灾发生时，距离火灾发生地点最近的消防站到火灾发生地点的最短路线。

1）加载数据

单击菜单栏的【File】→【Add Data】，或者直接单击工具栏的 ✚▾ 图标，在弹出的【Add Data】窗口中选择随书文件“Ex_07”文件夹中的“日本A市道路网网络数据集.nd”“日本A市消防站.shp”“日本A市火灾发生场所.shp”，单击右下角的【Add】按钮将数据添加至ArcMap。

2）打开网络分析工具并将要素加入网络

步骤1：单击【Network Analyst】工具栏，选择【New Closest Facility】。然后单击图标打开【Network Analyst】面板。

步骤2：在【Network Analyst】面板中，右键单击【Facilities】，在右键菜单中选择【Load Locations】，弹出【Load Locations】窗口。在【Load From】下拉列表中选择“日本A市消防站”，在【Sort Field】下拉列表中选择“NAMAE”，最后单击【OK】。

步骤3：在【Network Analyst】面板中，右键单击【Incidents】，在右键菜单中选择【Load Locations】，弹出【Load Locations】窗口。在【Load From】下拉列表中选择“日本A市火灾发生场所”，在【Sort Field】下拉列表中选择“id”，最后单击【OK】。

3）找出从火灾发生地点到消防站的最短路线

单击【Network Analyst】工具栏的（Solve）图标。单击【Table Of Contents】中的【Closest Facility】→【Routes】，查看最短路径，结果如图7-35所示。

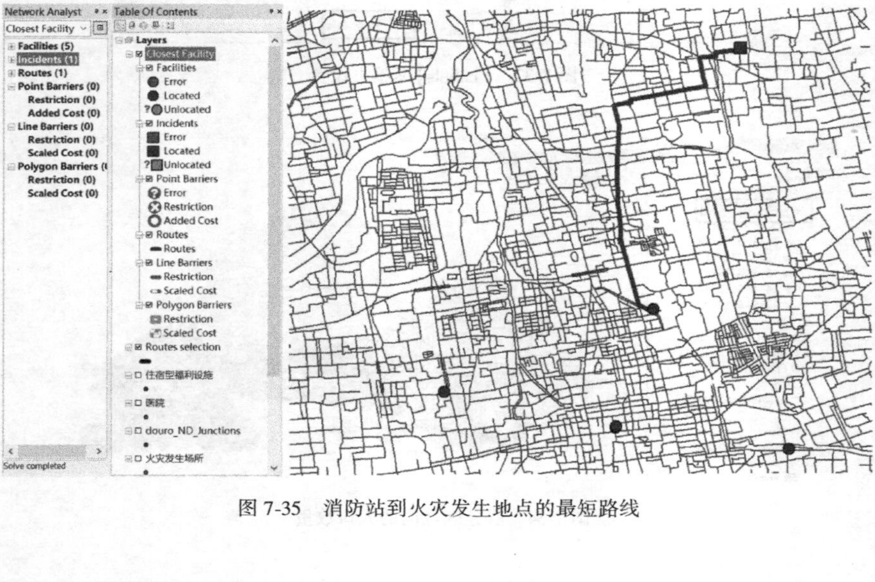

图7-35　消防站到火灾发生地点的最短路线

7.2.2 路径分析在医院抢救中的应用

目的:搜索从医院出发到最远的福利设施的5条路径。

1)加载数据

单击菜单栏的【File】→【Add Data】,或者直接单击工具栏的 ✚· 图标,在弹出的【Add Data】窗口中选择随书文件“Ex_07”文件夹中的“日本A市道路网网络数据集.nd”“日本A市医院.shp”“日本A市住宿型福利设施.shp”,单击右下角的【Add】按钮将数据添加至ArcMap。

2)打开网络分析工具并将要素加入网络

步骤1:单击【Network Analyst】工具栏,选择【New Closest Facility】。然后单击图标打开【Network Analyst】面板。

步骤2:在【Network Analyst】面板中,右键单击【Facilities】,在右键菜单中选择【Load Locations】,弹出【Load Locations】窗口。在【Load From】下拉列表中选择“日本A市医院”,在【Sort Field】下拉列表中选择“NAMAE”,最后单击【OK】。

步骤3:在【Network Analyst】面板中,右键单击【Incidents】,在右键菜单中选择【Load Locations】,弹出【Load Locations】窗口。在【Load From】下拉列表中选择“日本A市住宿型福利设施”,在【Sort Field】下拉列表中选择“name”,最后单击【OK】。

3)搜索从医院出发到福利设施的路径

单击【Network Analyst】工具栏中的(Solve)图标计算距离。得到的路径存储在【Table Of Contents】中的【Routes】图层中。

4)筛选从医院出发到最远的福利设施的5条路径

步骤1:在【Table Of Contents】中,右键单击【Closest Facility】下的【Routes】,在右键菜单中选择【Open Attribute Table】,弹出【Table】窗口。右键单击“Total_length”字段,在右键菜单中选择【Sort Descending】,选中最长的5条路径。

步骤2:右键单击【Closest Facility】下的【Routes】图层,在右键菜单中选择【Data】→【Export Data】。结果如图7-36所示。

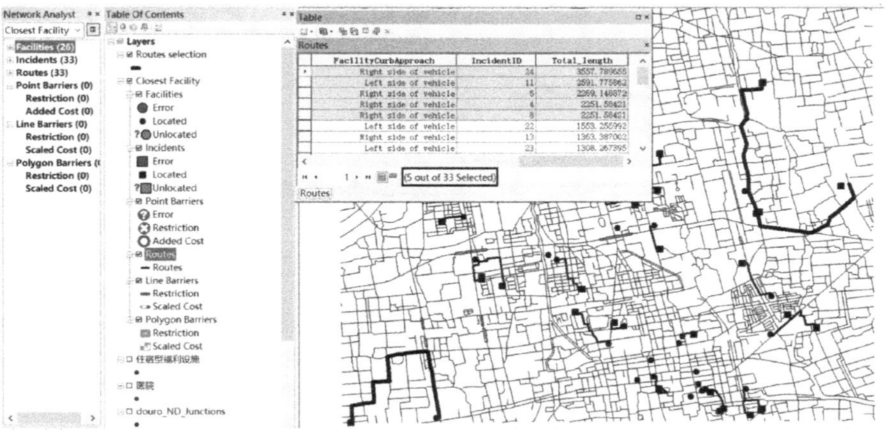

图7-36 从医院出发到最远的福利设施的5条路径

第 8 章　空间句法在城市路网规划中的应用

空间句法认为空间是按照某种规则自行排列的，可对其进行尺度划分和空间分割，是一种人居空间结构的量化描述。空间句法主要用于研究空间组织与人类社会之间的关系。本章主要运用空间句法插件（Axwoman），以中国 A 市中心城区已建成的主要道路为对象，分析道路的通达能力，将空间句法模块应用到路网规划中。

本章所用到的示例数据位于随书文件的“Ex_08”文件夹，见表 8-1。

示例数据　　表 8-1

编　号	文 件 名	文件格式
1	A 市 Road	.shp
2	A 市 RoadCopy	.shp

8.1　基 本 案 例

8.1.1　空间句法插件的安装及主要形态变量值的计算

1）安装 Axwoman 插件

Axwoman 插件由江斌等开发，支持基于轴线和自然街道的空间句法分析，可从官网（http://giscience.hig.se/binjiang/Axwoman.htm）下载。本教材使用的是基于 ArcGIS 10.4 开发的 6.3 版本。

步骤 1：双击下载的插件安装包，保持默认设置不变，完成空间句法插件 Axwoman 6.3 的安装，如图 8-1 所示。

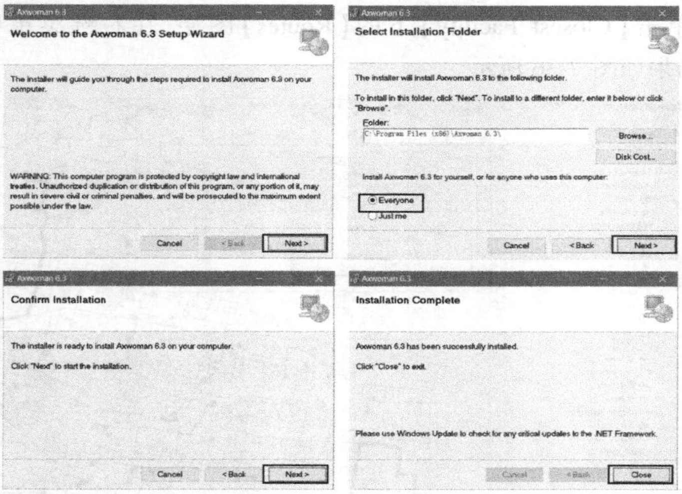

图 8-1　Axwoman 6.3 安装

步骤2:安装完成后可在扩展模块中查找Axwoman,方法为单击菜单栏的【Customize】→【Extensions】,如图8-2所示。

注:如果插件安装在C盘以外的其他位置,会导致ArcGIS扩展模块加载Axwoman插件失败。

2)调用Axwoman插件

步骤1:单击菜单栏的【Customize】→【Extensions】,在【Extensions】窗口中勾选【AxialGen 2.0】和【Axwoman 6.3】,如图8-3所示。

步骤2:在工具栏空白处右键单击,在右键菜单中勾选【Axwoman 6.3】,加载【Axwoman 6.3】工具栏,如图8-4所示。

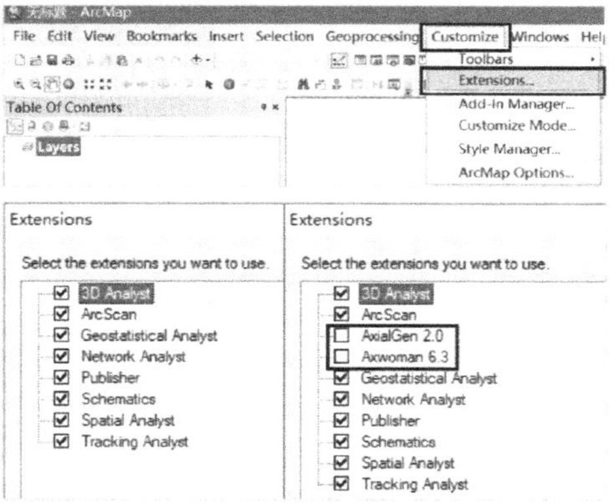

图8-2　Axwoman 6.3安装前(左)后(右)对比

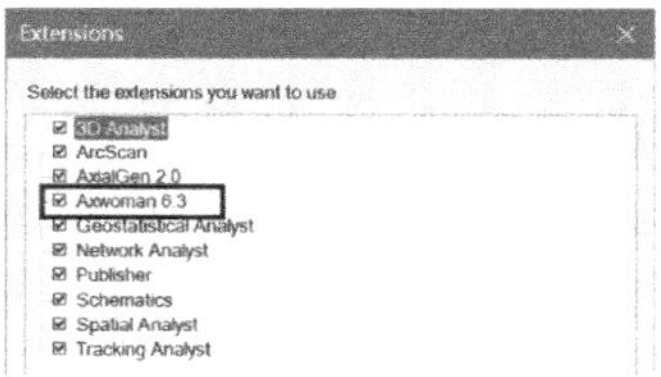

图8-3　启用Axwoman 6.3插件

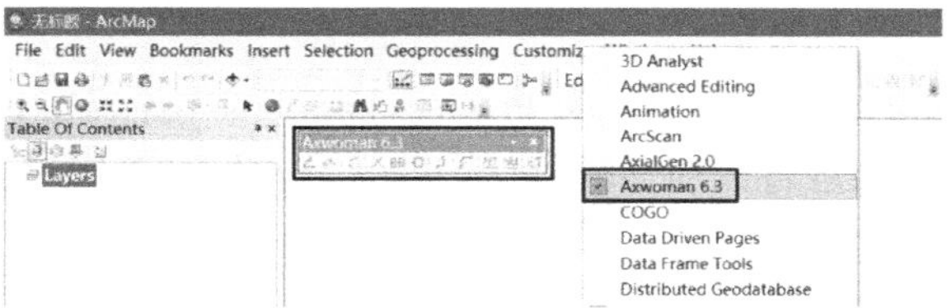

图8-4　调用Axwoman 6.3插件

3)计算主要形态变量值

步骤1:单击菜单栏的【File】→【Add Data】→【Add Data】,或者直接单击工具栏的 ✦· 图标,如图8-5所示。

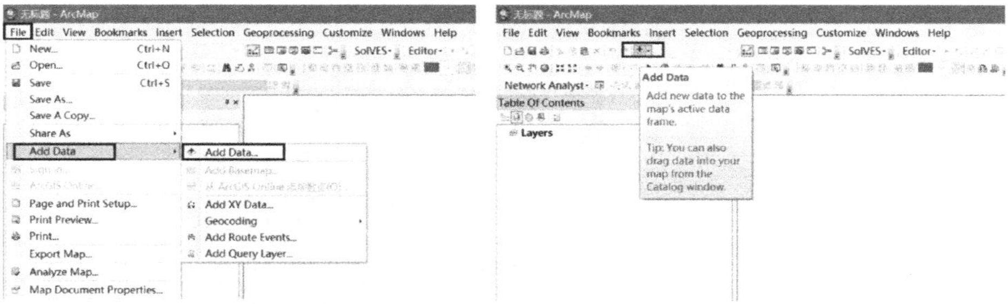

图8-5　加载数据

步骤2:在弹出的【Add Data】窗口中,选择随书文件"Ex_08"文件夹中的"A市Road.shp",单击【Add】按钮,如图8-6所示。

步骤3:在【Table Of Contents】中,单击"A市Road"图层,在【Axwoman 6.3】工具栏中,单击 ✕ (Calculate parameters in case of lines with lines)图标进行道路形态变量指标的计算,如图8-7所示。

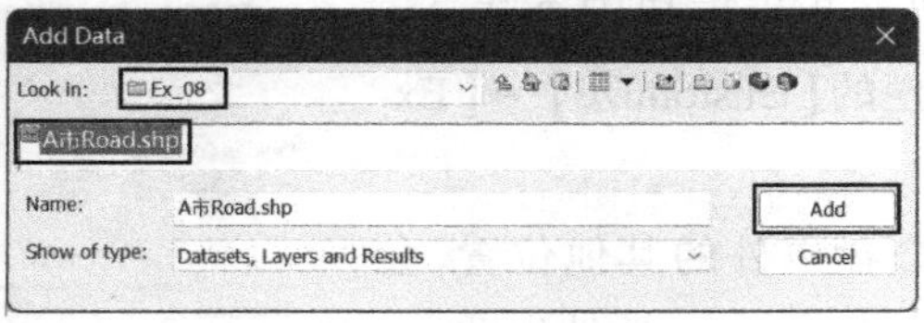

图 8-6　添加数据

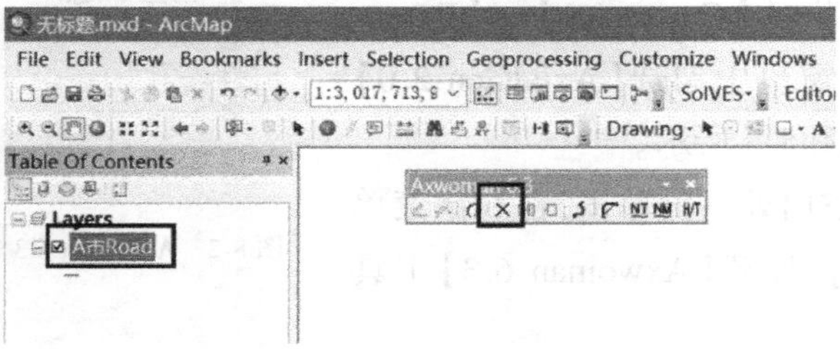

图 8-7　使用 Axwoman 插件计算道路形态变量指标

步骤 4:弹出【Axwoman Pro.Yes】窗口,单击【确定】,如图 8-8 所示。运算完成后,弹出窗口,提示已经运行成功,并且显示开始运行时间、总用时,单击【确定】,如图 8-9 所示。计算结果如图 8-10 所示。

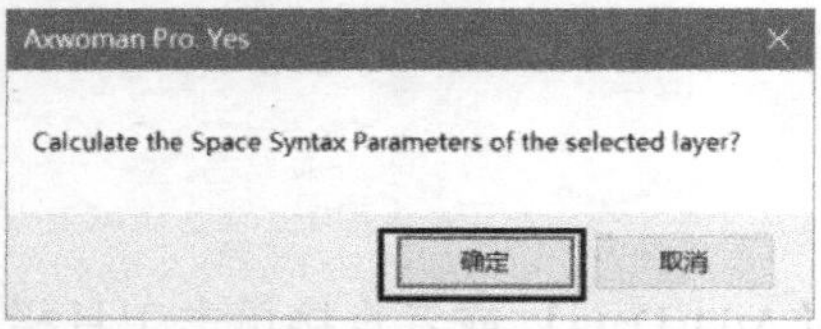

图 8-8　【Axwoman Pro.Yes】窗口

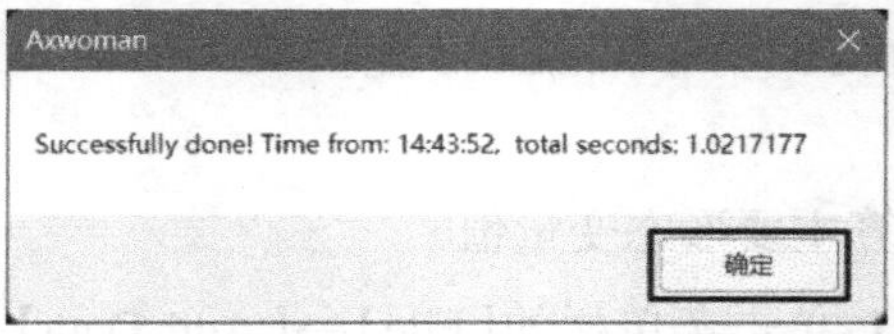

图 8-9　提示窗口

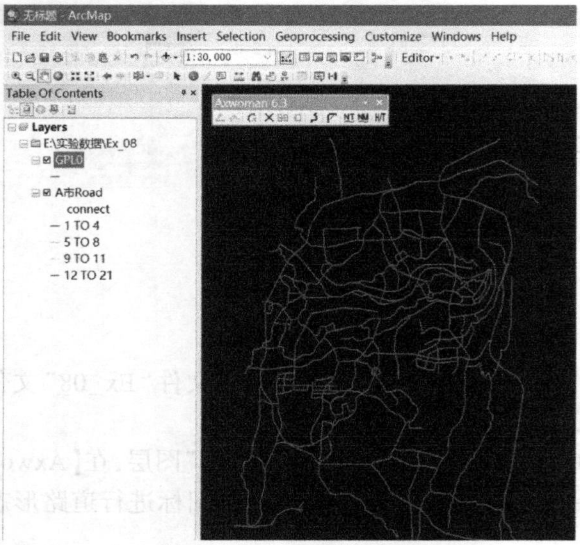

图 8-10　Axwoman 计算结果

步骤5：右键单击“A市Road.shp”图层，在右键菜单中选择【Open Attribute Table】，打开属性表查看空间句法的计算结果，包括连接度（Connect）、控制值（Control）、平均深度（MeanDepth）、全局深度（GInteg）和局部深度（LInteg）等指标，如图8-11所示。

步骤6：在【Table Of Contents】中，右键单击“GPL0”图层，在右键菜单中选择【Remove】，移除“GPL0”图层，如图8-12所示。

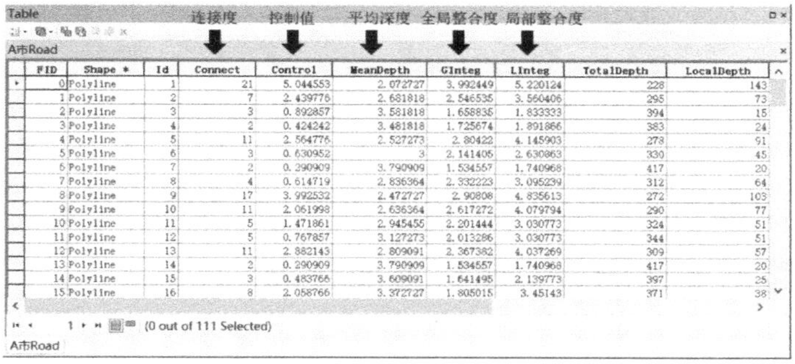

Table
A市Road

连接度 → Connect；控制值 → Control；平均深度 → MeanDepth；全局整合度 → GInteg；局部整合度 → LInteg

FID	Shape *	Id	Connect	Control	MeanDepth	GInteg	LInteg	TotalDepth	LocalDepth
0	Polyline	1	21	5.044553	2.072727	3.992449	5.220124	228	143
1	Polyline	2	7	2.439776	2.681818	2.546535	3.560406	295	73
2	Polyline	3	3	0.892857	3.581818	1.658835	1.833333	394	15
3	Polyline	4	2	0.424242	3.481818	1.725674	1.891866	383	24
4	Polyline	5	11	2.564776	2.527273	2.80422	4.145903	278	91
5	Polyline	6	3	0.630952	3	2.141405	2.630863	330	45
6	Polyline	7	2	0.290909	3.790909	1.534557	1.740968	417	20
7	Polyline	8	4	0.614719	2.836364	2.332223	3.095239	312	64
8	Polyline	9	17	3.992532	2.472727	2.90808	4.835613	272	103
9	Polyline	10	11	2.061998	2.636364	2.617272	4.079794	290	77
10	Polyline	11	5	1.471861	2.945455	2.201444	3.030773	324	51
11	Polyline	12	5	0.767857	3.127273	2.013286	3.030773	344	51
12	Polyline	13	11	2.882143	2.809091	2.367382	4.037269	309	57
13	Polyline	14	2	0.290909	3.790909	1.534557	1.740968	417	20
14	Polyline	15	3	0.483766	3.609091	1.641495	2.139773	397	25
15	Polyline	16	8	2.058766	3.372727	1.805015	3.45143	371	38

(0 out of 111 Selected)
A市Road

图8-11 空间句法计算结果

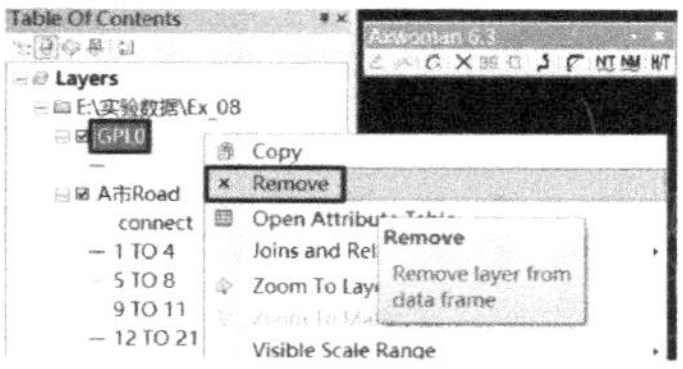

图8-12 移除【GPL0】图层

步骤7：在【Table Of Contents】中，双击【Layers】，弹出【Data Frame Properties】窗口。打开【Frame】标签页，在【Background】下拉列表中选择【<None>】，单击【确定】，将背景色恢复为白色，如图8-13所示。

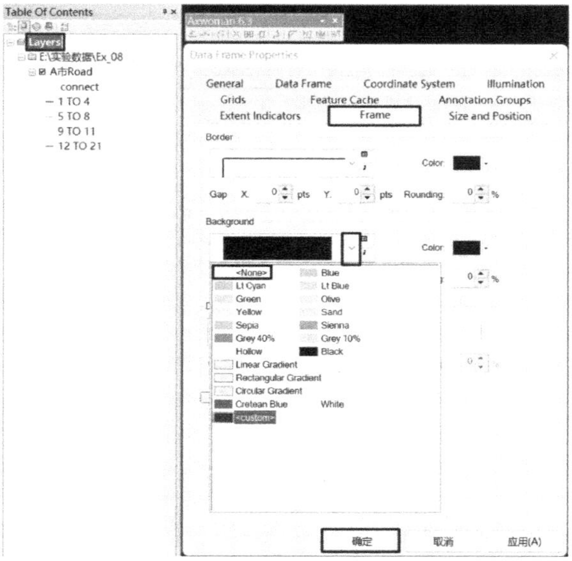

图8-13 恢复背景色

步骤8：在【Table Of Contents】中，右键单击“A市Road.shp”图层，在右键菜单中选择【Data】→【Export Data】，将空间句法工具计算后的道路图层导出，另存为“A市Road_Ax.shp”，如图8-14所示。

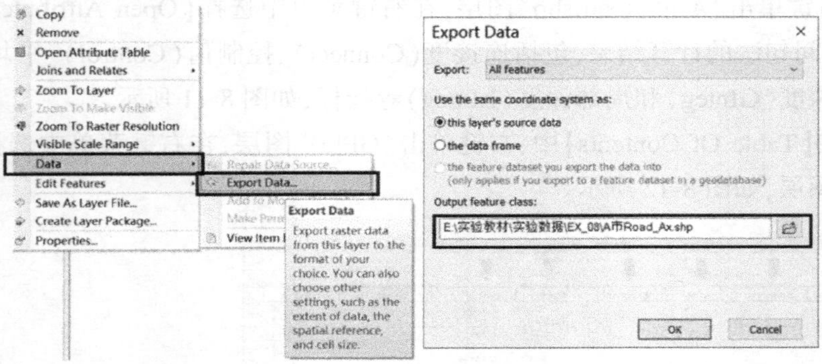

图 8-14 数据导出

8.1.2 中国 A 市交通路网通达能力与集成度的计算

1)加载数据

单击菜单栏的【File】→【Add Data】→【Add Data】,在弹出的【Add Data】窗口中选择随书文件“Ex_08”文件夹中的“A 市 Road_Ax.shp”和“A 市 RoadCopy.shp”。

2)缓冲区分析

以矢量化的道路为中心,通过 Buffer 工具建立 10m 缓冲区。

步骤 1:单击菜单栏的【Geoprocessing】→【Buffer】,如图 8-15 所示。

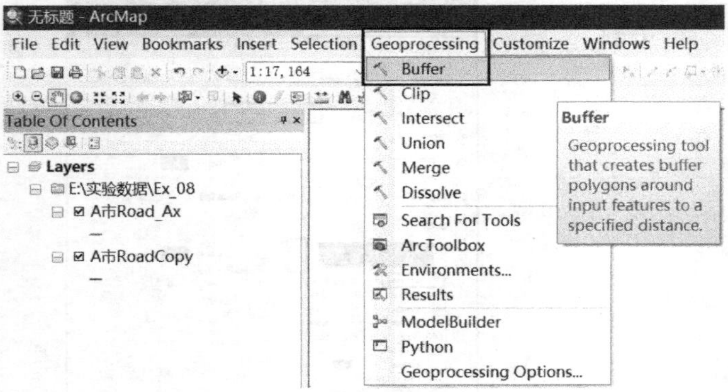

图 8-15 Buffer 工具

步骤 2:在弹出的【Buffer】窗口中,在【Input Features】下拉列表中选择“A 市 RoadCopy”,在【Output Feature Class】栏将输出文件位置设为“Ex_08”文件夹,并定义文件名为“A 市 Road_buffer_10m.shp”,在【Distance (value or field)】下的【Linear unit】栏中输入“10”,单位选择【Meters】,最后单击【OK】,如图 8-16 所示。创建的道路缓冲区如图 8-17 所示。

3)去除自连接

步骤 1:单击【ArcToolbox】→【Analysis Tools】→【Overlay】→【Intersect】。

步骤 2:在弹出的【Intersect】窗口中进行相关设置。在【Input Features】下拉列表中选择“A 市

Road_buffer_10m.shp”和“A 市 Road_Ax.shp”,在【Output Feature Class】栏中将输出位置设为“Ex_08”文件夹,并定义文件名为“A 市 Road_Ax_Intersect.shp”,最后单击【OK】,如图 8-18 所示。

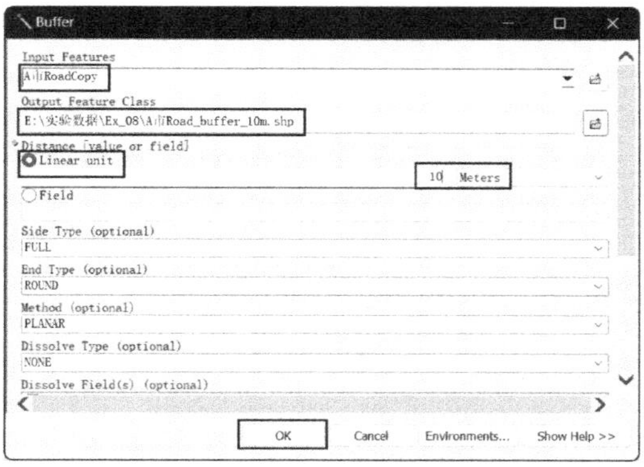

图 8-16 Buffer 工具设置

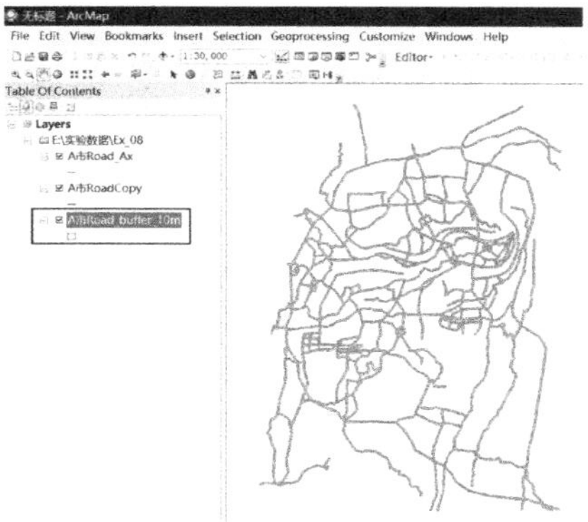

图 8-17 创建的道路缓冲区

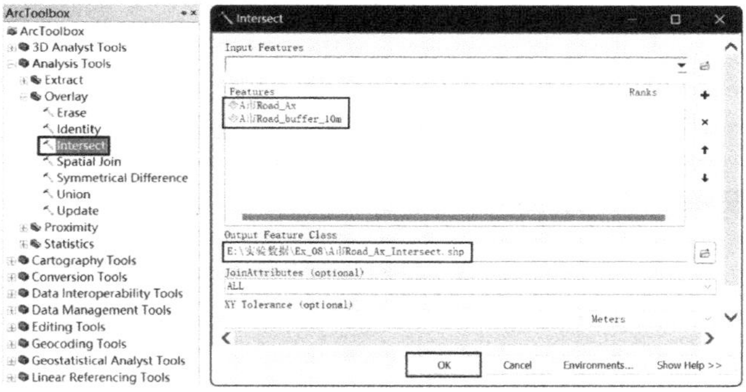

图 8-18 Intersect 工具设置

步骤 3:在【Table Of Contents】中,右键单击“A 市 Road_Ax_Intersect.shp”图层,在右键菜单中选择【Open Attribute Table】。在【Table】窗口中,单击(Select By Attributes)图标,如图 8-19所示。

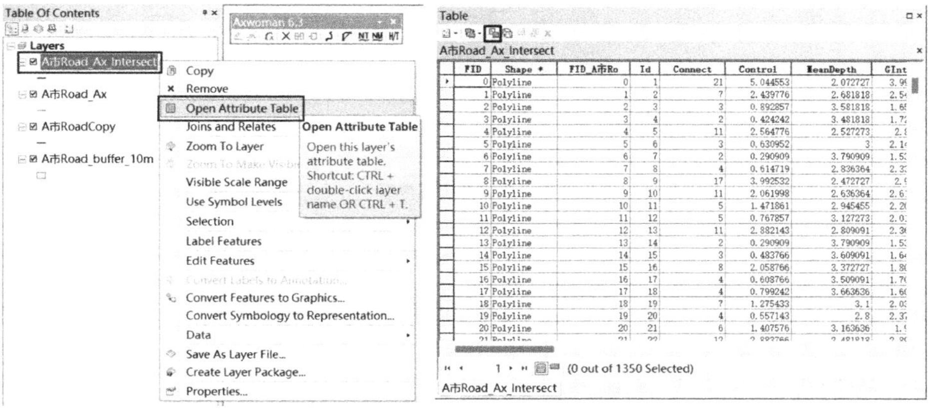

图 8-19 打开属性表

步骤 4:在弹出的【Select by Attributes】窗口中,在【SELECT * FROM A 市 Road_Ax_Intersect WHERE】输入框中输入“"Id" ="Id_1"”,单击【Apply】。返回【Table】窗口之后,右键单击“Connect”字段,在右键菜单中选择【Field Calculator】,如图 8-20 所示。

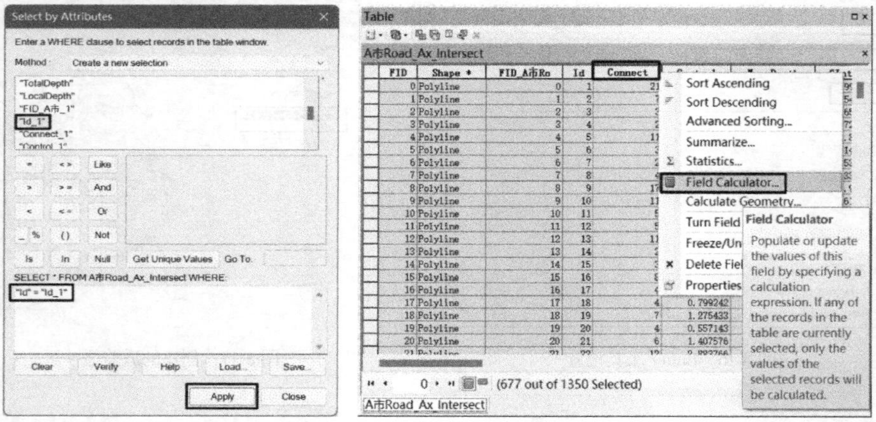

图 8-20　按属性选择

步骤 5:弹出【Field Calculator】窗口,在【Connect =】输入框中输入“0”,单击【OK】。返回【Table】后,单击 (Clear Selection)图标,清除所选要素,如图 8-21 所示。

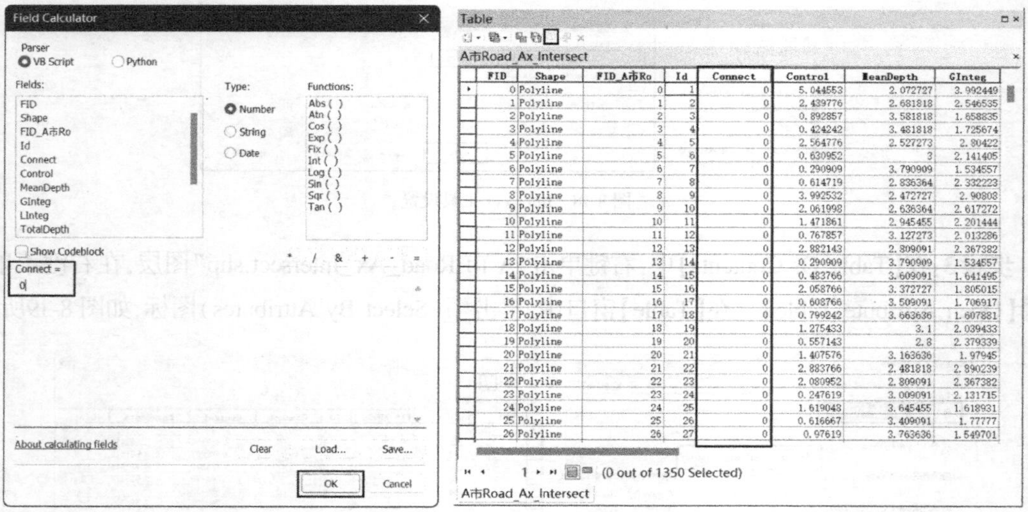

图 8-21　更正连接度

4)计算通达能力

通达能力是指与其相交的所有道路连接值的和,表征一个空间与相邻空间所形成的局部相连接的空间数。

步骤 1:单击【ArcToolbox】→【Analysis Tools】→【Statistics】→【Frequency】。

步骤 2:在弹出的【Frequency】窗口中进行相关设置。在【Input Table】下拉列表中选择“A 市

Road_Ax_Intersect”,在【Output Table】栏将输出文件位置设为“Ex_08”文件夹,并定义文件名为“Frequency”。在【Frequency Field (s)】列表中勾选【Id_1】,在【Summary Field (s) (optional)】列表中选择“Connect”,最后单击【OK】,如图 8-22 所示。

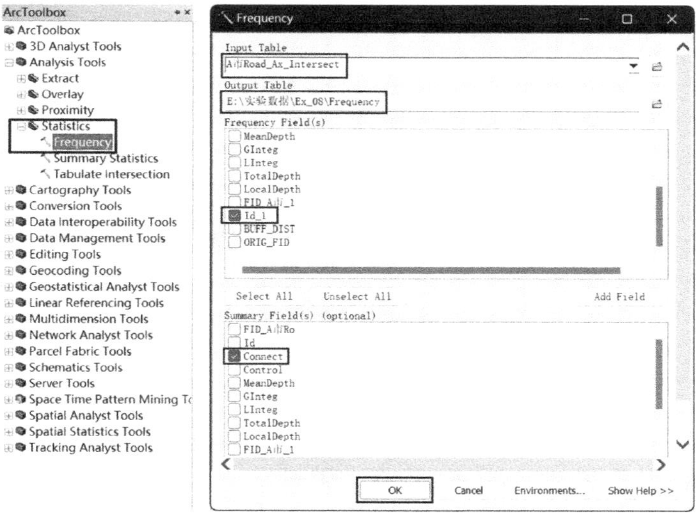

图 8-22 Frequency 工具设置

步骤 3:经 Frequency 工具计算得到的“CONNECT”值,即为通达能力值。在【Table Of Contents】中,右键单击“Frequency”,在右键菜单中选择【Open】,即可在【Table】窗口查看计算结果,如图 8-23 所示。

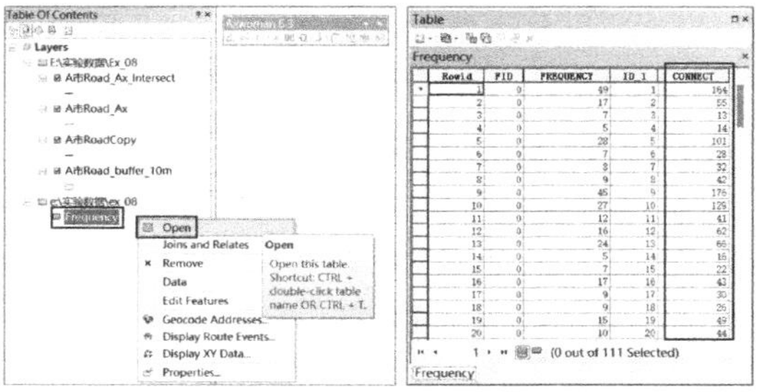

图 8-23 通达能力值

注意:字段名需要区分大小写,“Connect”表示连接度,“CONNECT”表示通达能力。

5)计算集成度(RRA)

集成度(RRA)由相对不对称值(RA)计算得到,公式如下:

$$\begin{cases} \mathrm{RA}=2(\mathrm{MD}-1)/(n-2) \\ \mathrm{RRA}=1/\mathrm{RA} \end{cases} \tag{8-1}$$

式中:MD——平均深度;

n——连接度。当 $n=2$ 时,没有意义,将该条件下的 RRA 赋值为 0。

步骤 1:在【Table Of Contents】中,右键单击“A 市 Road_Ax”图层,在右键菜单中选择【Open

Attribute Table】。在弹出的【Table】窗口中，单击左上角的 图标→【Add Field】，弹出【Add Field】窗口。在【Name】栏输入"RA"，在【Type】下拉列表中选择【Double】，最后单击【OK】。用同样的方法新建"RRA"字段，如图8-24所示。

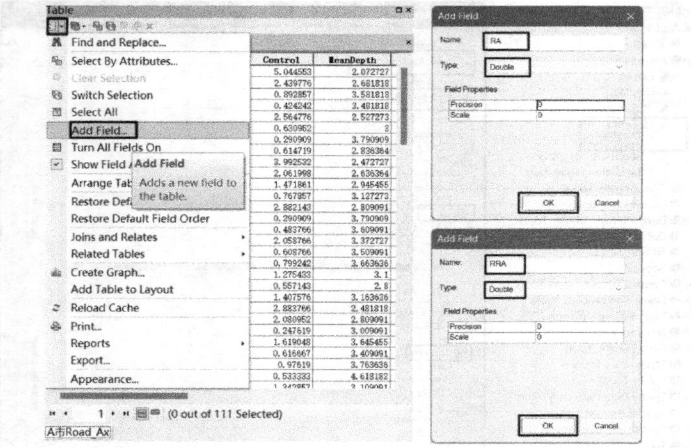

图8-24 新建字段

步骤2：在【Table】窗口中，右键单击"RA"字段，在右键菜单中选择【Field Calculator】，弹出【Field Calculator】窗口。在【RA =】输入框中输入表达式"2 *（[MeanDepth] - 1）/（[Connect] - 2）"，单击【OK】。然后右键单击"RRA"字段，在右键菜单中选择【Field Calculator】，弹出【Field Calculator】窗口，在【RRA =】输入框中输入表达式"1/[RA]"，单击【OK】，如图8-25所示。结果如图8-26所示。

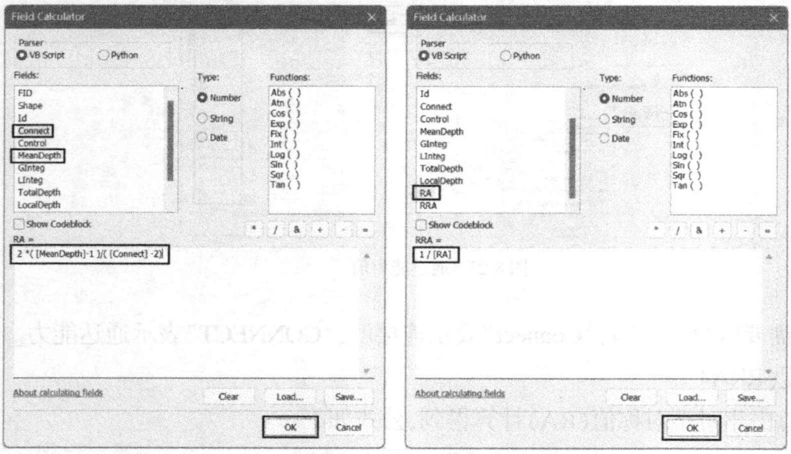

图8-25 RA和RRA设置

注：当Connect = 2时，RA计算公式的分母为0，没有意义，【Field Calculator】默认将结果赋值为0；同理，当RA = 0时，RRA计算公式的分母为0，没有意义，【Field Calculator】默认将结果赋值为0。

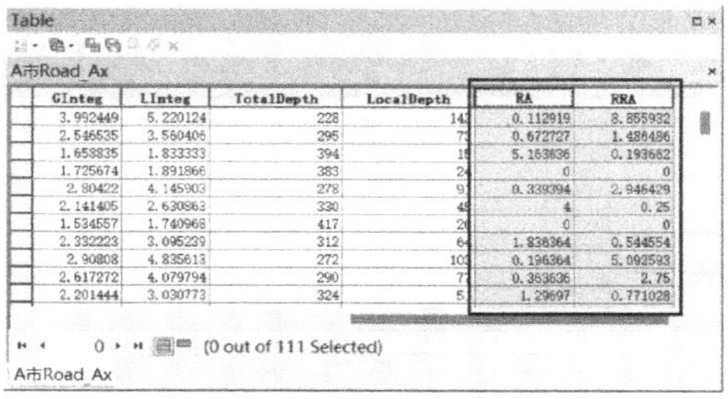

GInteg	LInteg	TotalDepth	LocalDepth	RA	RRA
3.992449	5.220124	228	14	0.112919	8.855932
2.546535	3.560406	295	7	0.672727	1.486486
1.658835	1.833333	394	1	5.163636	0.193662
1.725674	1.891866	383	2	0	0
2.80422	4.145903	278	9	0.339394	2.946429
2.141405	2.630863	330	4	4	0.25
1.534557	1.740968	417	2	0	0
2.332223	3.095239	312	6	1.836364	0.544554
2.90808	4.835613	272	10	0.196364	5.092593
2.617272	4.079794	290	7	0.363636	2.75
2.201444	3.030773	324	5	1.29697	0.771028

图 8-26　RA 和 RRA 计算结果

8.1.3　中国 A 市交通路网通达能力专题图的制作

1)加载数据

单击工具栏的 ✚ 图标,在弹出的【Add Data】窗口中选择随书文件“Ex_08”文件夹中的“A 市 Road_Ax.shp”和“Frequency”表格数据。

2)连接通达能力数据表

步骤 1:在【Table Of Contents】中,右键单击“A 市 Road_Ax.shp”图层,在右键菜单中选择【Joins and Relates】→【Join】。

步骤 2:在弹出的【Join Data】窗口中,在【1.Choose the field in this layer that the join will be based on】下拉列表中选择“Id”,在【2.Choose the table to join to this layer, or load the table from disk】下拉列表中选择“Frequency”,在【3.Choose the field in the table to base the join on】下拉列表中选择“ID_1”,最后单击【OK】,如图 8-27 所示。

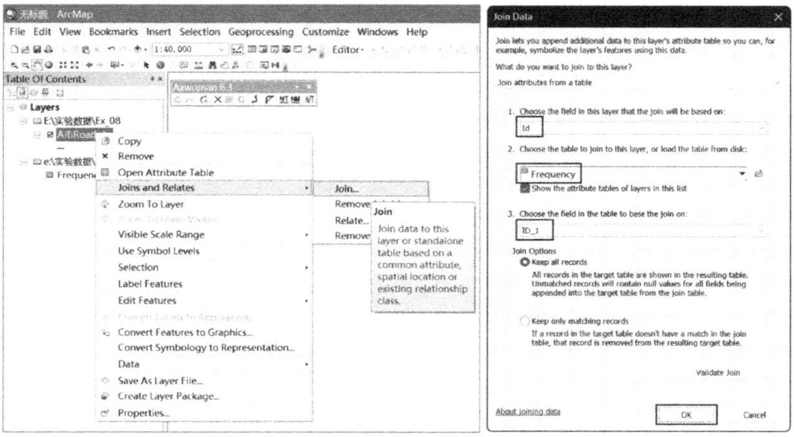

图 8-27　连接设置

3)符号化

步骤 1:在【Table Of Contents】中,双击“A 市 Road_Ax”图层,弹出【Layer Properties】窗口。打开【Symbology】标签页,在【Show】列表中选择【Quantities】→【Graduated colors】,在【Fields】→【Value】下拉列表中选择“CONNECT”(通达能力字段),在【Color Ramp】下拉列表

中选择合适的色带，最后单击【确定】，如图 8-28 所示。

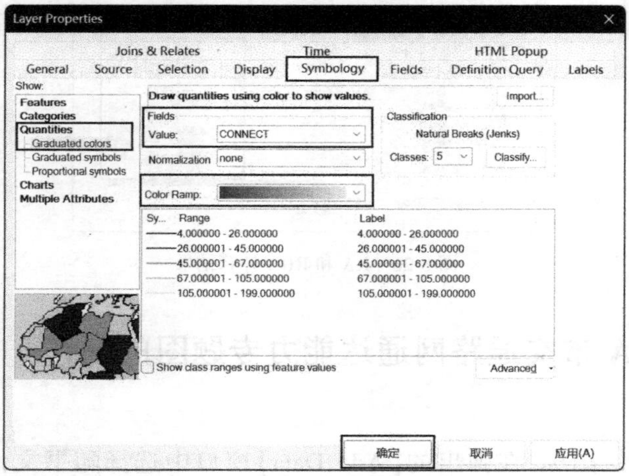

图 8-28　通达能力符号化

步骤 2：单击界面左下角的 (Layout View) 图标，在页面空白处右键单击，在右键菜单中选择【Page and Print Setup】。在弹出的【Page and Print Setup】窗口中完成制图页面宽度、高度和纸张方向的设置，具体操作参考第 6.1.2 节。

步骤 3：单击菜单栏的【Insert】，依次单击【North Arrow】(指北针)、【Scale Bar】(比例尺)和【Legend】(图例)等插入各地图要素，符号化后的中国 A 市交通路网通达能力图如图 8-29所示。

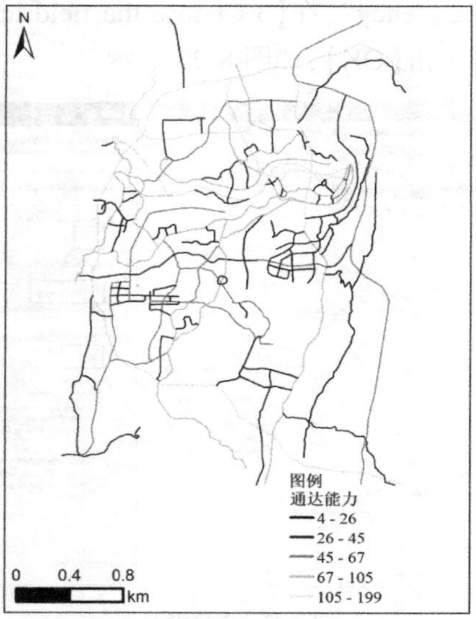

图 8-29　通达能力图

4)数据导出

在【Table Of Contents】中，右键单击“A 市 Road”图层，在右键菜单中选择【Data】→【Export Data】。在弹出的【Export Data】窗口中，将文件命名为“A 市 Road_Ax_Frequency.shp”，存储在“Ex_08”文件夹中。

8.1.4 中国 A 市交通路网特征点的提取

1)加载数据

单击工具栏的 图标,在弹出的【Add Data】窗口选择随书文件“Ex_08”文件夹中的“A 市 Road_Ax_Frequency.shp”。

2)计算中间点坐标

步骤 1:在【Table Of Contents】中,右键单击“A 市 Road_Ax_Frequency”图层,在右键菜单中选择【Open Attribute Table】。在弹出的【Table】窗口中,添加 x 和 y 坐标的字段,可参考第 8.1.2 节。

步骤 2:在【Table】窗口中,右键单击“x”字段,在右键菜单中选择【Calculate Geometry】,在弹出的【Calculate Geometry】窗口中设置相关参数。在【Property】下拉列表中选择【X Coordinate of Midpoint】,在【Coordinate System】处勾选【Use coordinate system of the data source】,在【Units】下拉列表中选择【Meters [m]】,单击【OK】,求中间点的 x 坐标。使用同样的步骤,右键单击“y”字段,计算中间点的 y 坐标,过程及计算结果如图 8-30 所示。

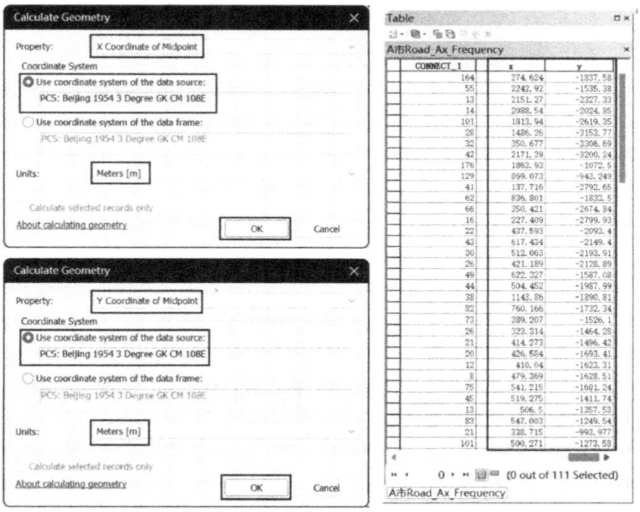

图 8-30 计算中间点的 x 和 y 坐标

步骤 3:在【Table】窗口中,单击左上角的 图标→【Export】,弹出【Export Data】窗口。单击 图标打开【Saving Data】窗口,在【Saving as type】下拉列表中选择【dBASE Table】,将文件命名为“point.dbf”,存储在“Ex_08”文件夹中,然后单击【Save】,返回【Export Data】窗口,最后单击【OK】,如图 8-31 所示。

3)将中间点 dbf 数据转成矢量点数据

步骤 1:单击菜单栏的【File】→【Add Data】→【Add XY Data】,弹出【Add XY Data】窗口。在【Choose a table from the map or browse for another table】下拉列表中选择“point”,在【X Field】下拉列表中选择“x”,在【Y Field】下拉列表中选择“y”,最后单击【OK】,如图 8-32 所示。

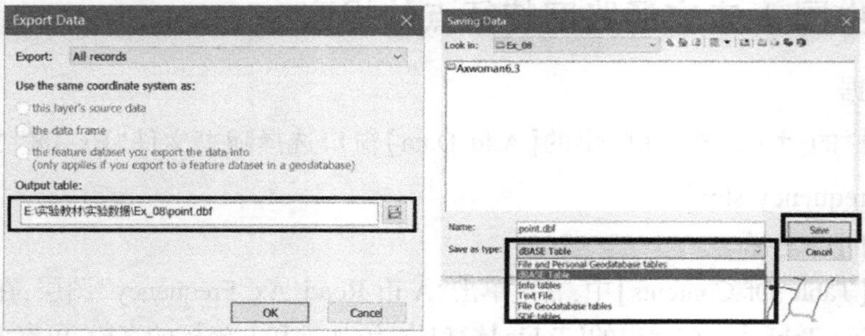

图 8-31　导出.dbf 数据

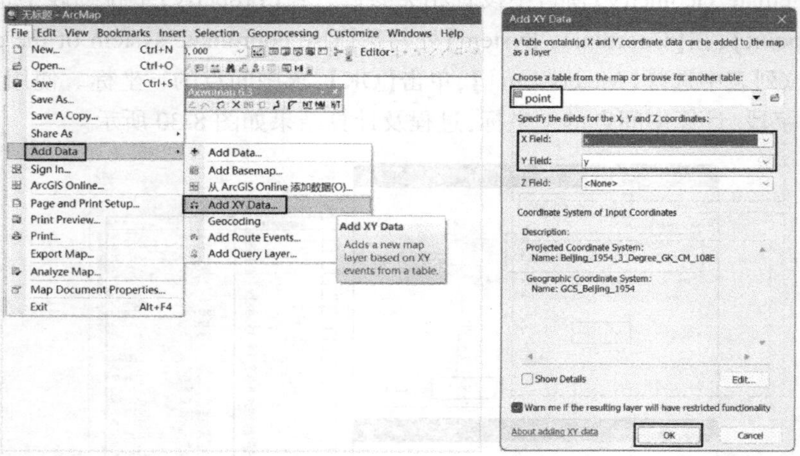

图 8-32　生成中间点

步骤 2:在【Table Of Contents】中,右键单击【point Events】,在右键菜单中选择【Data】→【Export Data】,弹出【Export Data】窗口。将文件命名为"Midpoint.shp",存储在"Ex_08"文件夹中,结果如图 8-33 所示。

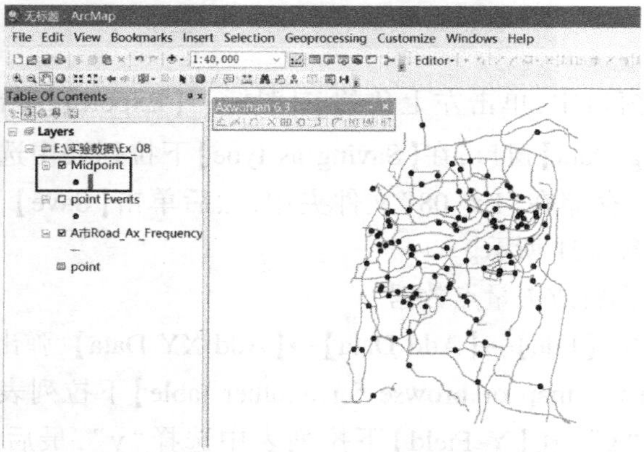

图 8-33　中间点

8.1.5 基于反距离权重插值的中国 A 市路网通达能力图

1)加载数据

单击工具栏的 ✦· 图标,在弹出的【Add Data】窗口中选择随书文件“Ex_08”文件夹中的“Midpoint.shp”。

2)反距离权重空间插值

步骤 1:单击【ArcToolbox】→【Spatial Analyst Tools】→【Interpolation】→【IDW】。

步骤 2:在弹出的【IDW】窗口中进行相关设置。在【Input point features】下拉列表中选择“Midpoint”,在【Z value field】下拉列表中选择“CONNECT_1”,在【Output raster】栏将输出文件位置设为“Ex_08”文件夹,并将文件命名为“IDW_CC”,最后单击【OK】,如图 8-34 所示。基于反距离权重插值的中国 A 市交通路网通达能力图如图 8-35 所示。

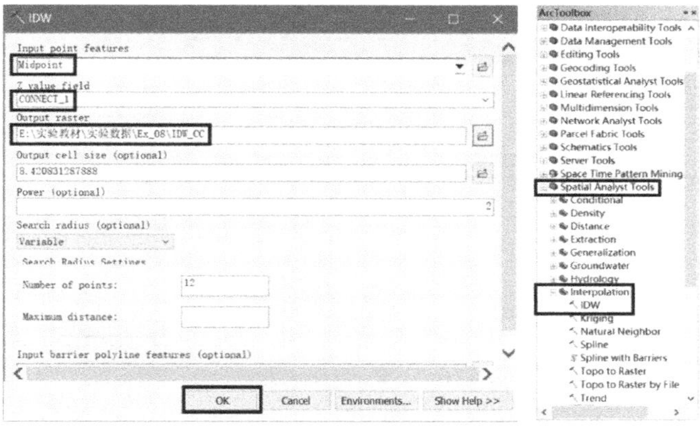

图 8-34 【IDW】工具设置

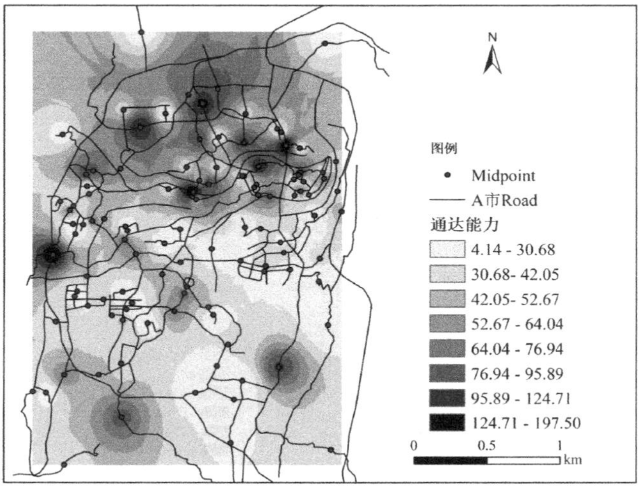

图 8-35 通达能力图

8.2 拓 展 训 练

8.2.1 基于克里金插值的中国 A 市路网集成度的制图

1)加载数据

单击工具栏的 ◆· 图标,在弹出的【Add Data】窗口中选择随书文件“Ex_08”文件夹中的“Midpoint.shp”。

2)克里金插值

步骤 1:单击【ArcToolbox】→【Spatial Analyst Tools】→【Interpolation】→【Kriging】。

步骤 2:在弹出的【Kriging】窗口中进行相关设置。在【Input point features】下拉列表中选择“Midpoint”,在【Z value field】下拉列表中选择“RRA”,在【Output surface raster】栏中设定输出文件位置为“Ex_08”文件夹,并将输出文件命名为“Kriging_RRA”,最后单击【OK】,如图 8-36 所示。

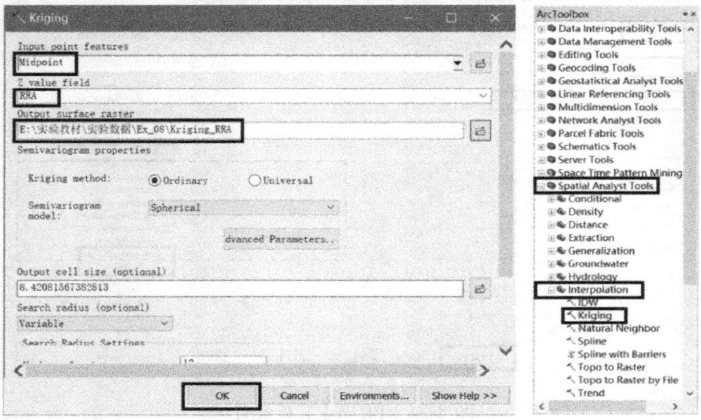

图 8-36 Kriging 插值工具设置

3)克里金插值结果

基于克里金插值的中国 A 市路网集成度空间分布如图 8-37 所示。

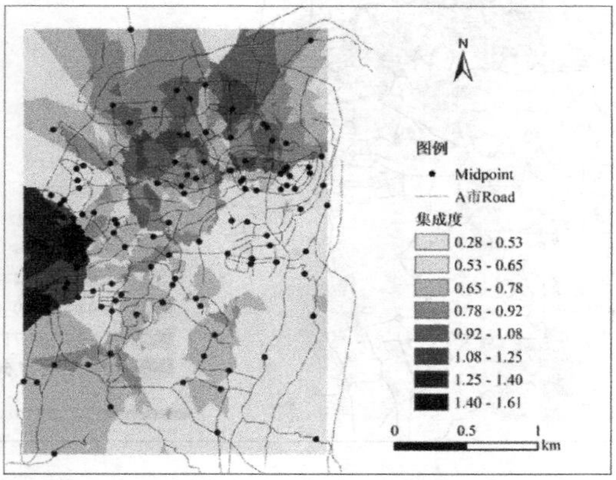

图 8-37 中国 A 市路网集成度空间分布

8.2.2　基于薄片样条插值的中国 A 市路网平均深度的制图

1）加载数据

单击工具栏的 图标，在弹出的【Add Data】窗口中选择随书文件“Ex_08”文件夹中的“Midpoint.shp”。

2）薄片样条插值

步骤 1：单击【ArcToolbox】→【Spatial Analyst Tools】→【Interpolation】→【Spline】。

步骤 2：在弹出的【Spline】窗口中进行相关设置。在【Input point features】下拉列表中选择“Midpoint”，在【Z value field】下拉列表中选择“MeanDepth”，在【Output raster】栏中设定输出文件位置为“Ex_08”文件夹，并将输出文件命名为“Spline_MD”，最后单击【OK】，如图 8-38 所示。

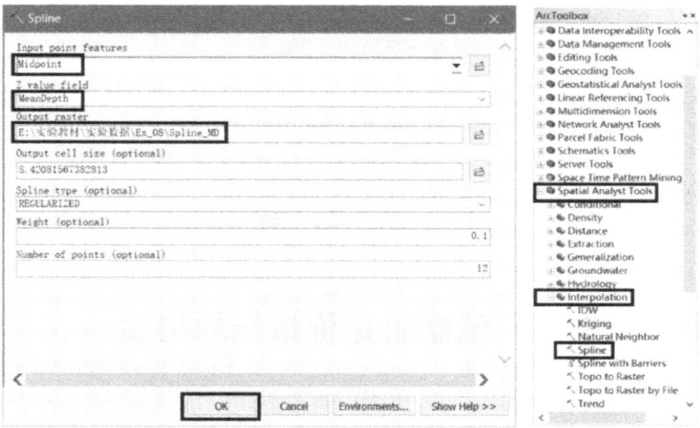

图 8-38　Spline 工具设置

3）样条插值结果

基于薄片样条的中国 A 市路网平均深度的空间制图结果如图 8-39 所示。

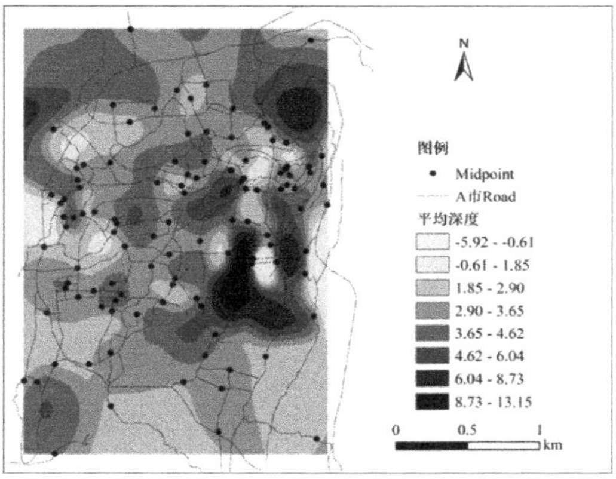

图 8-39　中国 A 市路网平均深度空间制图

第 9 章　聚类分析在城市生态环境评价中的应用

聚类分析是指将物理或抽象对象的集合，分组为由具有“相似性”或“相近性”的对象组成的多个类的分析过程，被广泛运用于数学、统计学、生态学和经济学等领域。本章使用 SaTScan 软件进行生态系统健康聚类分析，并结合 ArcGIS 对聚类分析结果进行空间化。

本章所用到的数据位于随书文件的“Ex_09”文件夹，见表 9-1。

示 例 数 据　　表 9-1

编　号	文 件 名	文件格式
1	中国 S 市乡镇评价指标	.xls
2	中国 S 市乡镇行政边界	.shp
3	中国 C 市区县生态风险评价指标	.xls
4	中国 C 市区县行政边界	.shp

9.1　基 本 案 例

9.1.1　中国 S 市生态系统健康评价指标的构建

1）加载数据

步骤 1：在【Table Of Contents】中，右键单击【Layers】，在右键菜单中选择【Add Data】加载数据，如图 9-1 所示。

步骤 2：在弹出的【Add Data】窗口中，选择随书文件“Ex_09”文件夹中的“中国 S 市乡镇评价指标.xls”和“中国 S 市乡镇行政边界.shp”，然后单击右下角的【Add】按钮，如图 9-2 所示。

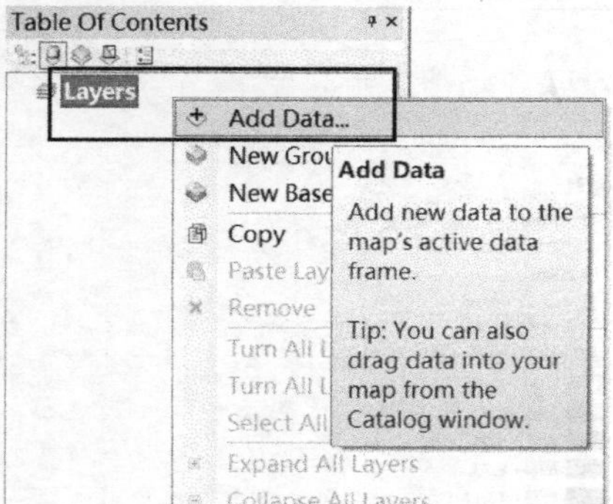

图 9-1　加载数据

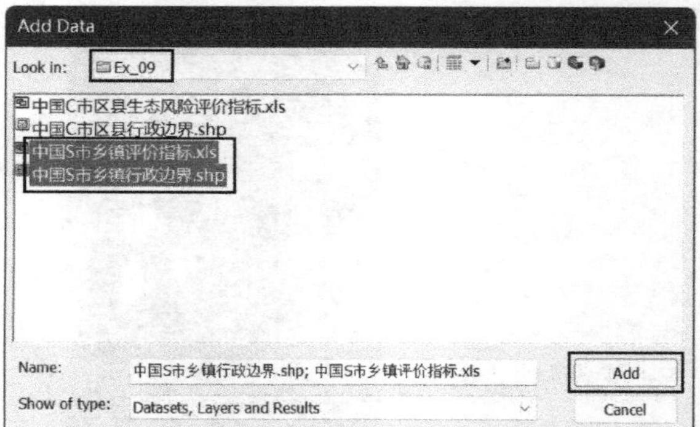

图 9-2　选择数据

2)连接 Excel 数据到矢量数据

步骤 1:在【Table Of Contents】中,右键单击“中国 S 市乡镇行政边界”图层,在右键菜单中选择【Joins and Relates】→【Join】。

步骤 2:在弹出的【Join Data】窗口中,在【1.Choose the field in this layer that the join will be based on】下拉列表中选择“乡镇 ID”,在【2.Choose the table to join to this layer, or load the table from disk】下拉列表中选择关联的文件“中国 S 市乡镇评价指标.xls”的“Sheet1”,在【3.Choose the field in the table to base the join on】下拉列表中选择【ID】,最后单击【OK】,如图 9-3 所示。评价指标连接前后的属性表对比如图 9-4 所示。

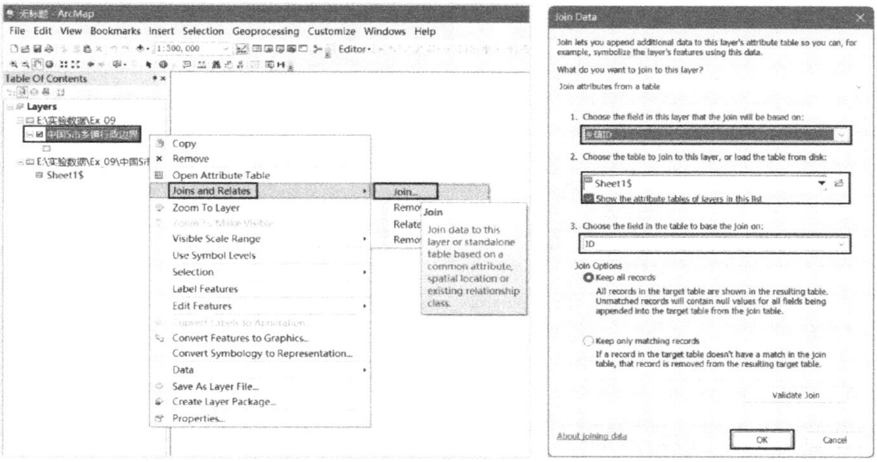

图 9-3 匹配连接字段名称

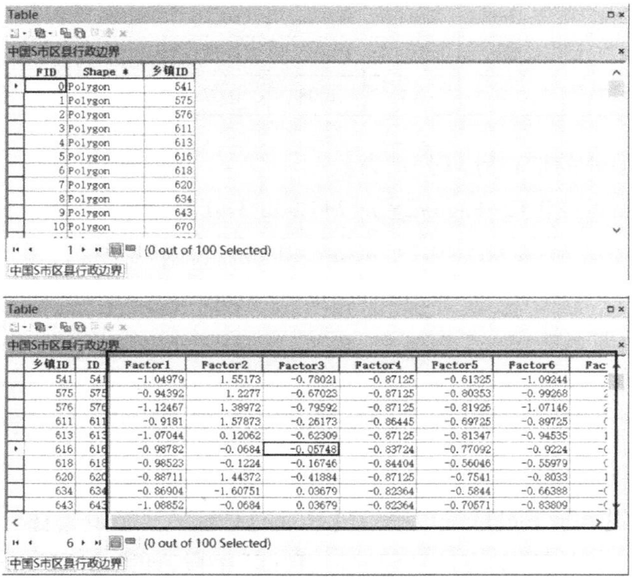

图 9-4 评价指标连接前(上)后(下)属性表对比

步骤3:在【Table Of Contents】中,右键单击"中国S市乡镇行政边界",在右键菜单中选择【Data】→【Export Data】。在弹出的【Export Data】窗口中,将文件命名为"中国S市乡镇评价.shp",存储在"Ex_09"文件夹中,最后单击【OK】,如图9-5所示。

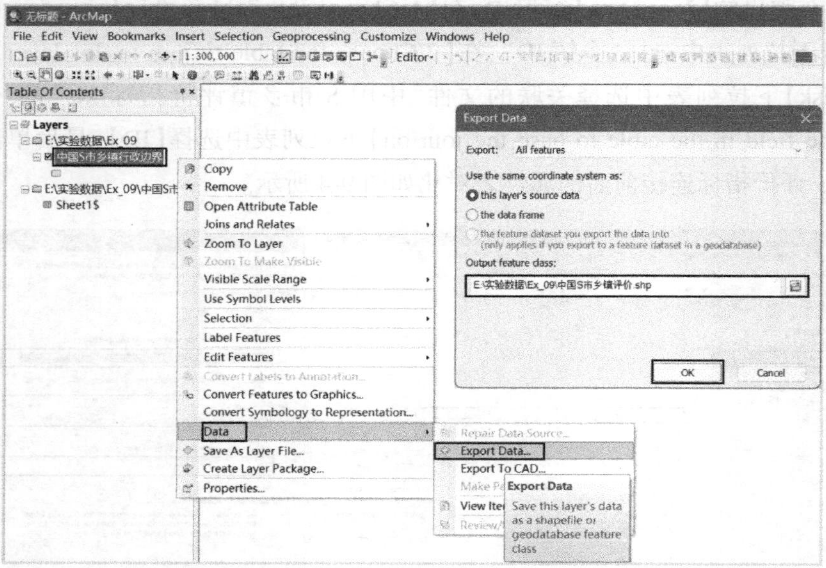

图9-5　导出数据

3)评价指标,综合评价结果加权计算公式

中国S市生态系统健康评价指标含义及权重如表9-2所示。

中国S市生态系统健康评价指标含义及权重　　表9-2

指标	Factor1	Factor2	Factor3	Factor4	Factor5	Factor6	Factor7	Factor8	Factor9
指标含义	平均高程	土壤肥力	年均降雨量	年均日照	灾毁指数	累计坡度	人口密度	地区生产总值密度	人均生产总值
指标权重	0.12	0.17	0.1	0.1	0.08	0.07	0.1	0.14	0.12

综合评价结果Total的加权计算公式为:

$$\text{Total}=\text{Abs}(\text{Factor1}\times0.12+\text{Factor2}\times0.17+\text{Factor3}\times0.1+\text{Factor4}\times0.1+\text{Factor5}\times0.08+\text{Factor6}\times0.07+\text{Factor7}\times0.1+\text{Factor8}\times0.14+\text{Factor9}\times0.12) \tag{9-1}$$

$$\text{No\_Total}=\text{Abs}(1-\text{Total}) \tag{9-2}$$

4)综合评价结果加权计算

步骤1:加载"中国S市乡镇评价.shp"。在【Table Of Contents】中,右键单击"中国S市乡镇评价"图层,在右键菜单中选择【Open Attribute Table】,弹出【Table】窗口。单击左上角的图标→【Add Field】,如图9-6所示。

步骤2:在弹出的【Add Field】窗口中,在【Name】栏输入"Total",在【Type】下拉列表中选择【Float】,单击【OK】,用同样的方法新建"No_Total"字段,如图9-7所示。

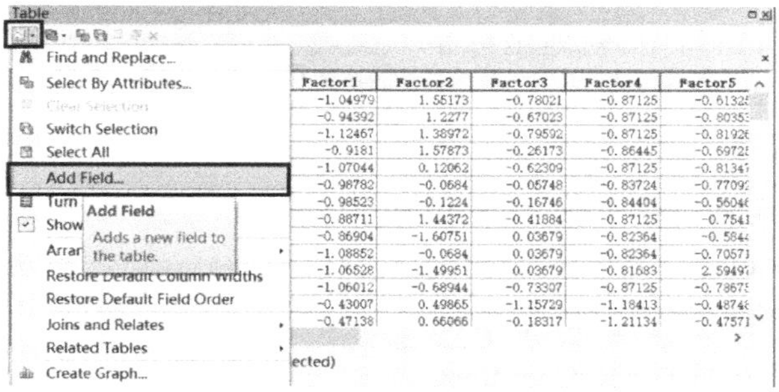

图 9-6 添加字段

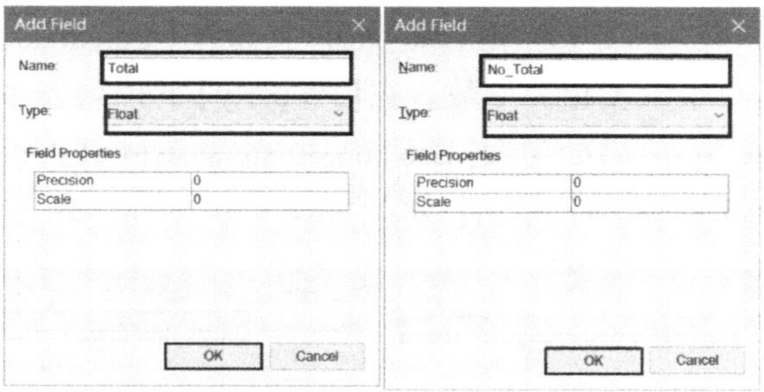

图 9-7 新建“Total”字段和“No_Total”字段

步骤 3:“Total”字段和“No_Total”字段计算。在【Table】窗口中,右键单击“Total”字段,在右键菜单中选择【Field Calculator】,弹出【Field Calculator】窗口。在【Total=】输入框中输入表达式“Abs ([Factor1] ∗0.12+[Factor2] ∗0.17+[Factor3] ∗0.1+[Factor4] ∗0.1+[Factor5] ∗0.08+[Factor6] ∗0.07+[Factor7] ∗0.1+[Factor8] ∗0.14+[Factor9] ∗0.12)”,单击【OK】。右键单击“No_Total”字段,在右键菜单中选择【Field Calculator】,弹出【Field Calculator】窗口。在【No_Total =】输入框中输入表达式“Abs(1-[Total])”,单击【OK】,如图 9-8 所示。

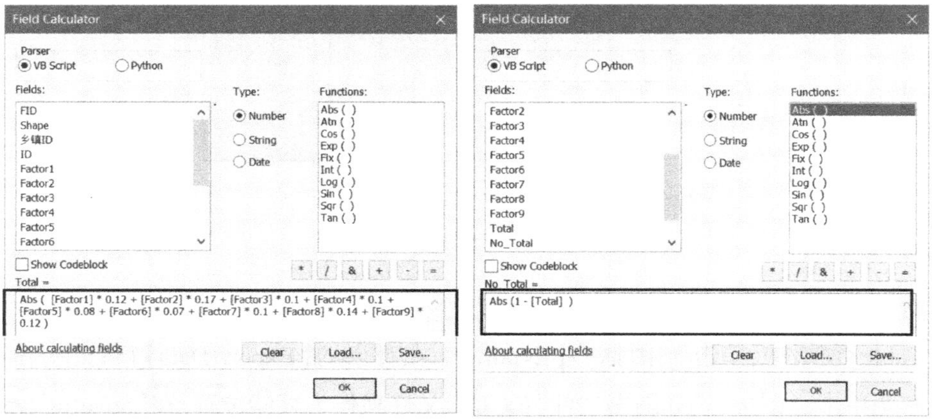

图 9-8 “Total”和“No_Total”字段计算

5)各行政区域的中心点坐标计算

步骤1:在【Table】窗口中,新建坐标字段“x”和“y”,结果如图9-9所示。

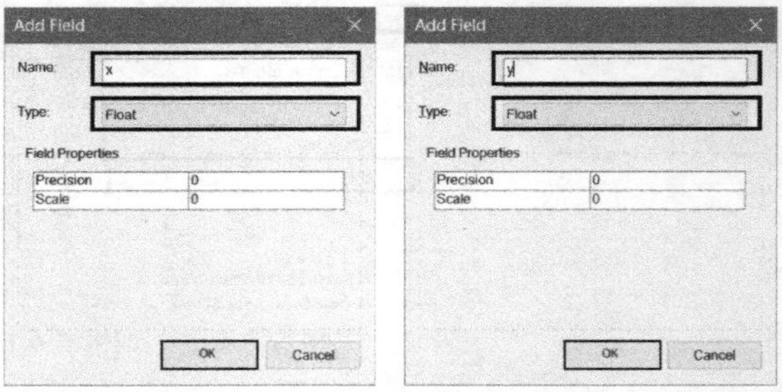

图9-9　新建“x”字段和“y”字段

步骤2:“x”字段和“y”字段计算。在【Table】窗口中,右键单击“x”字段,在右键菜单中选择【Calculate Geometry】,在弹出的【Calculate Geometry】窗口中设置相关参数。在【Property】下拉列表中选择【X Coordinate of Centroid】,在【Coordinate System】处勾选【Use coordinate system of the data source】,在【Units】下拉列表中选择【Decimal Degrees】,单击【OK】。然后,右键单击“y”字段,在右键菜单中选择【Calculate Geometry】,在弹出的【Calculate Geometry】窗口中设置相关参数。在【Property】下拉列表中选择【Y Coordinate of Centroid】,在【Coordinate System】处勾选【Use coordinate system of the data source】,在【Units】下拉列表中选择【Decimal Degrees】,单击【OK】,如图9-10所示。结果如图9-11所示。

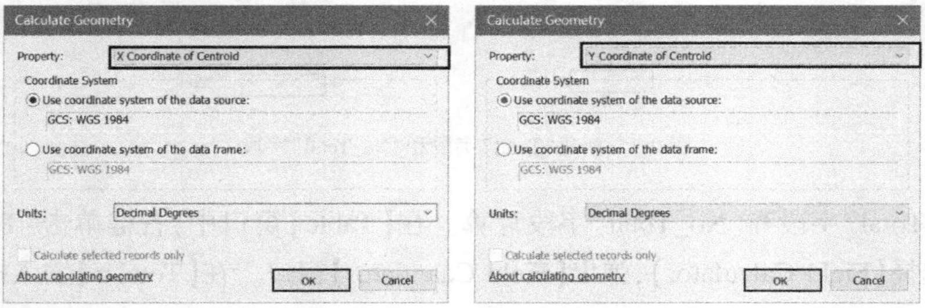

图9-10　“x”字段和“y”字段坐标计算

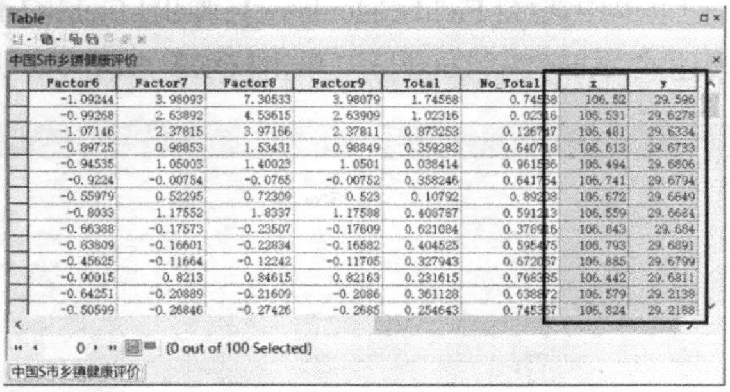

图9-11　行政区域坐标

6)属性表导出

在【Table】窗口中,单击图标→【Export】。在弹出的【Export Data】窗口中,在【Output table】框右侧单击图标,选择随书文件“Ex_09”文件夹作为存储位置,在【Save as type】下拉列表选择【dBASE Table】,将文件命名为“ZGSHSA.dbf”,最后单击【OK】,如图9-12所示。

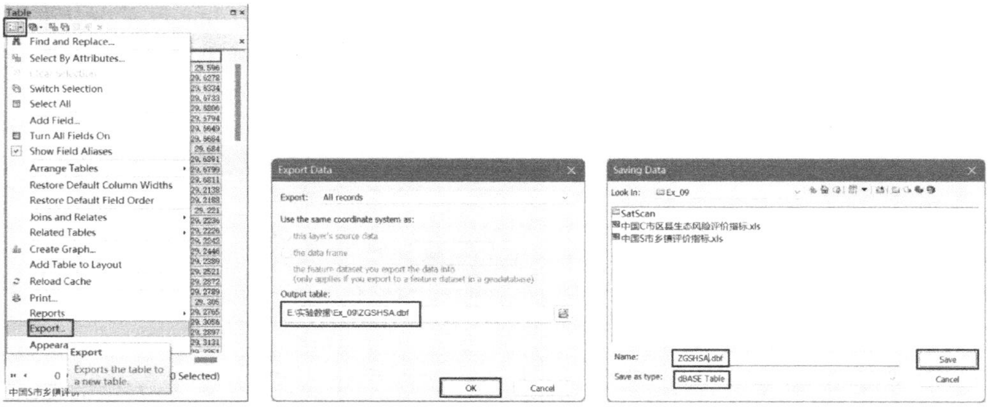

图 9-12　导出属性表

9.1.2　聚类分析软件 SaTScan 的安装及使用说明

SaTScan™是一款免费软件,被广泛运用到考古学、天文学、植物学、犯罪学、生态学、经济学、工程学、林业、遗传学、地理学、地质学、历史、神经学和动物学的研究中。可从官网(https://www.satscan.org/)下载。

1)安装 SaTScan 软件

双击下载的软件安装包,保持默认设置,完成软件安装。

2)创建空间聚类分析任务

运行 SaTScan 软件,单击【Create New Session】,创建任务,如图 9-13 所示。

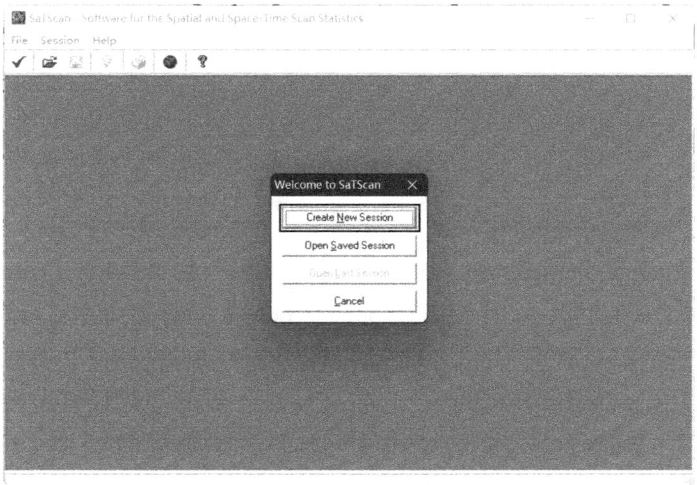

图 9-13　SaTScan 软件

3)【Input】标签页的设置

步骤 1:定义事件文件(Case File)。新建任务的设置窗口包括【Input】、【Analysis】和

【Output】3 个标签页。在【Input】标签页，单击【Case File】右侧的(Import Case File)图标，弹出【Select Source Case File】窗口。选择第 9.1.1 节导出的存储在随书文件“Ex_09”文件夹中的“ZGSHSA.dbf”文件，单击【打开】，如图 9-14 所示。

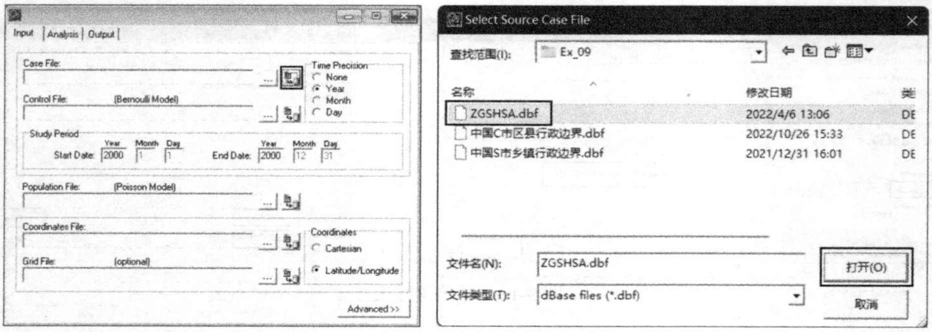

图 9-14　选择并加载文件

在弹出的【SaTScan Import Wizard】窗口中进行进一步的参数设置。在【Display SaTScan Variables For】下拉列表中选择【Bernoulli】，在【Location ID】下拉列表中选择“ID”，在【Number of Cases】下拉列表中选择“Total”，设置好后单击【Next】，最后单击【Execute】，如图 9-15 所示。

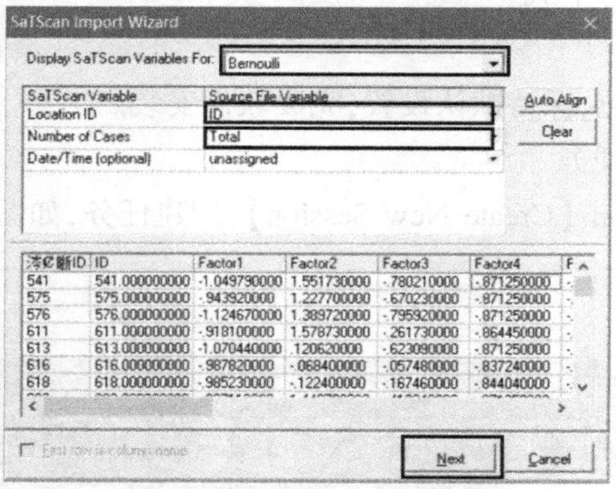

图 9-15　【SaTScan Import Wizard】设置

步骤 2：定义控制文件(Control File)。在【Input】标签页，单击【Control File】右侧的(Import Control File)图标，弹出【Select Source Control File】窗口。选择第 9.1.1 节导出的存储在随书文件“Ex_09”文件夹中的“ZGSHSA.dbf”文件，单击【打开】，如图 9-16 所示。

在弹出的【SaTScan Import Wizard】窗口中进行进一步的参数设置。在【Location ID】下拉列表中选择“ID”，在【Number of Controls】下拉列表中选择“No_Total”，设置好后单击【Next】，最后单击【Execute】，如图 9-17 所示。

步骤 3：定义坐标文件。在【Input】标签页，单击【Coordinates File】右侧的图标，弹出的【Select Source Coordinates File】窗口。选择第 9.1.1 节导出的存储在随书文件“Ex_09”文件夹中的“ZGSHSA.dbf”文件，单击【打开】，如图 9-18 所示。

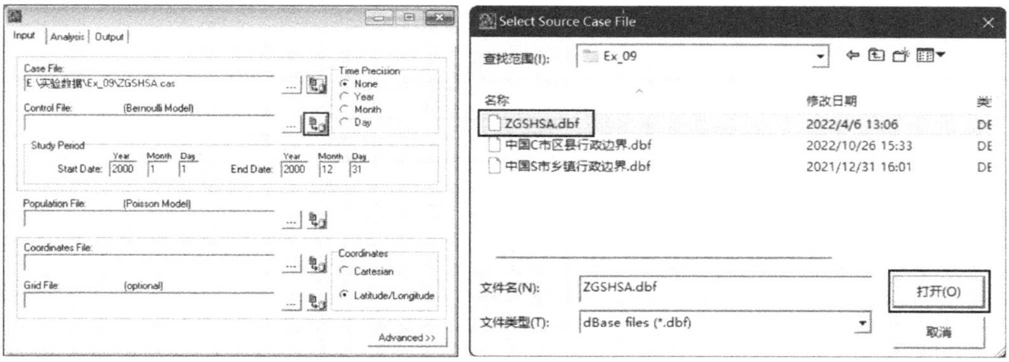

图 9-16　选择 Control File

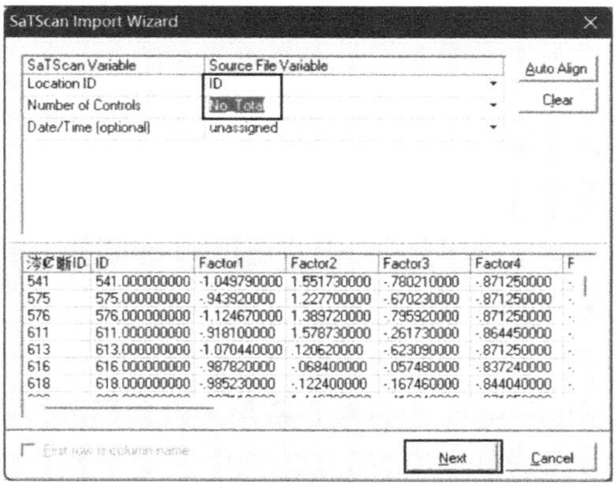

图 9-17　设置 Control File

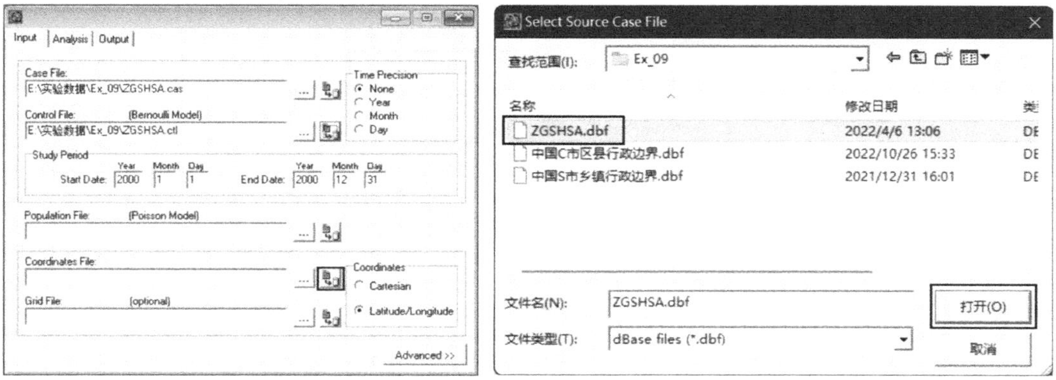

图 9-18　选择 Coordinates File

在弹出的【SaTScan Import Wizard】窗口中进行进一步的参数设置。在【Display SaTScan Variables For】下拉列表中选择【Latitude/Longitude Coordinates】,在【Location ID】下拉列表中选择“ID”,在【Latitude (y-axis)】下拉列表中选择“y”,在【Longitude(x-axis)】下拉列表中选择“x”,设置好后单击【Next】,最后单击【Execute】,如图 9-19 所示。

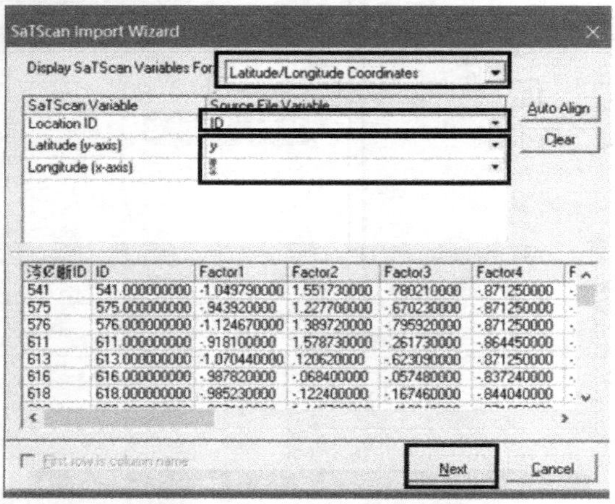

图 9-19　设置 Coordinates File

4)【Analysis】标签页的设置

单击【Analysis】标签页,在【Type of Analysis】模块的【Retrospective Analyses】处勾选【Purely Spatial】,在【Probability Model】模块中勾选【Bernoulli】,在【Scan for Areas with】模块中勾选【High Rates】,如图 9-20 所示。

5)【Output】标签页的设置

单击【Output】标签页,在【Results File】栏将输出文件命名为“ZGSHSA_CLUSTER”,勾选图 9-21 所示的 5 个复选框,即选择的 5 项都为输出内容,且分别以.dbf 格式存储。

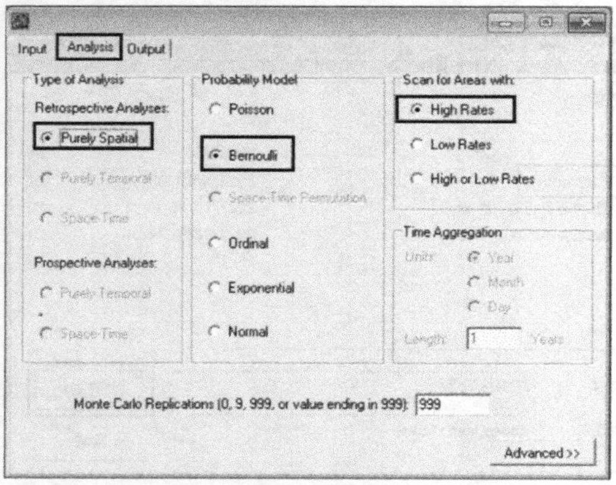

图 9-20　设置【Analysis】标签页

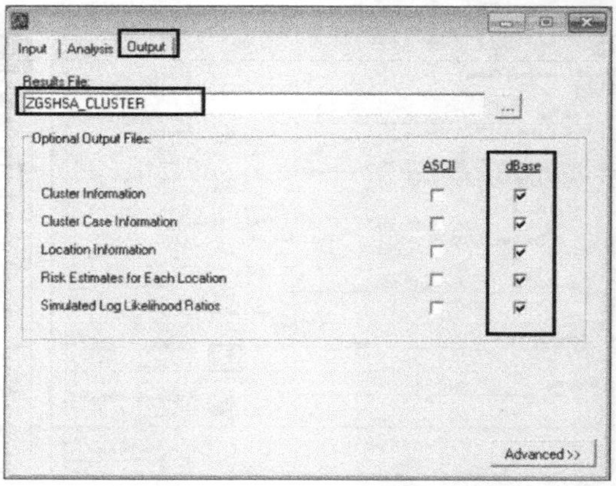

图 9-21　设置【Output】标签页

6)执行空间聚类分析任务

设置完成【Input】、【Analysis】和【Output】标签页后,单击菜单栏的【Session】→【Execute】,执行空间聚类分析,如图 9-22 所示。运行结果如图 9-23 所示。

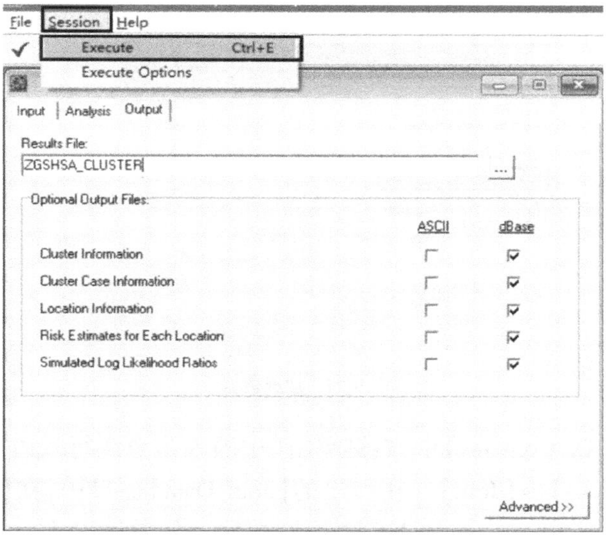

图 9-22 SaTScan 执行空间聚类分析

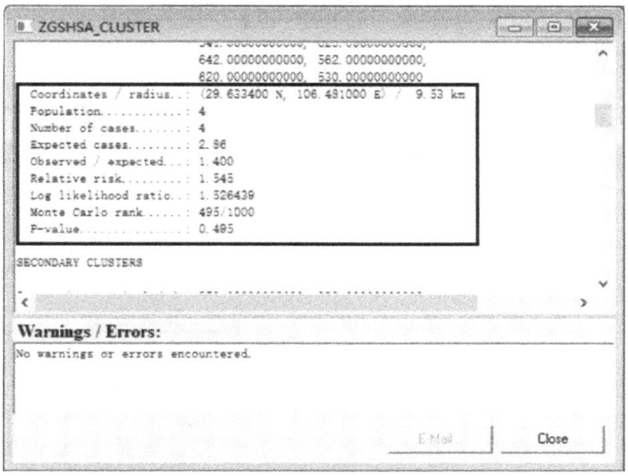

图 9-23 聚类分析结果

9.1.3 中国 S 市生态系统健康聚类结果的空间化表达

1）聚类分析结果制图

步骤 1：在 ArcMap 中，单击工具栏的 ◆· 图标，在弹出的【Add Data】窗口中选择随书文件“Ex_09”文件夹中的“中国 S 市乡镇行政边界.shp”和“ZGSHSA_CLUSTER.gis.dbf”，如图 9-24 所示。

步骤 2：打开【ZGSHSA_CLUSTER.gis.dbf】属性表，在【Table】窗口新建“ID”字段。右键单击“ID”字段，在右键菜单中选择【Field Calculator】，弹出【Field Calculator】窗口。在【ID=】下方的输入框中输入“[LOC_ID]”，最后单击【OK】，如图 9-25 所示。

注：由于 ArcMap 加载“ZGSHSA_CLUSTER.gis.dbf”后，在连接“中国 S 市乡镇行政边界.shp”时不能识别出属性表本身的“LOC_ID”字段，因此需要创建连接字段。

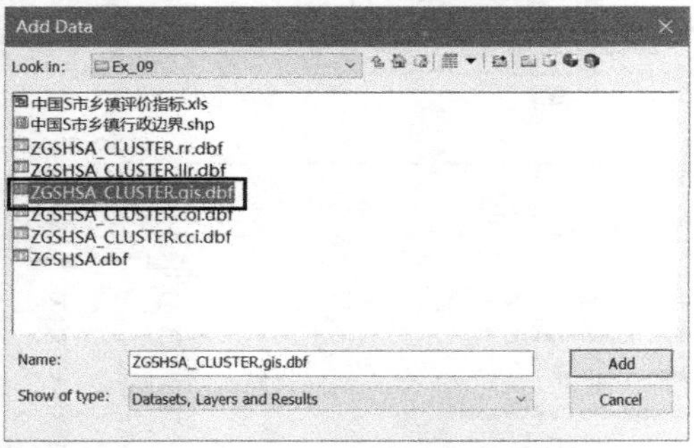

图 9-24　加载数据

步骤 3:在【Table Of Contents】中,右键单击“中国 S 市乡镇行政边界”图层,在右键菜单中选择【Joins and Relates】→【Join】。在弹出的【Join Data】窗口中,在【1.Choose the field in this layer that the join will be based on】下拉列表选择“乡镇 ID”,在【2.Choose the table to join to this layer,or load the table from disk】下拉列表选择加载的数据“ZGSHSA_CLUSTER.gis”,在【3.Choose the field in the table to base the join on】下拉列表中选择“ID”,最后单击【OK】,如图 9-26 所示,完成聚类分析结果同乡镇行政边界矢量数据的连接。

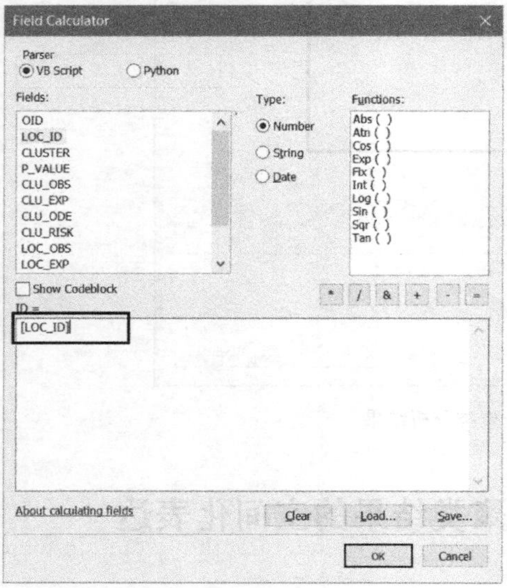

图 9-25　ID 赋值

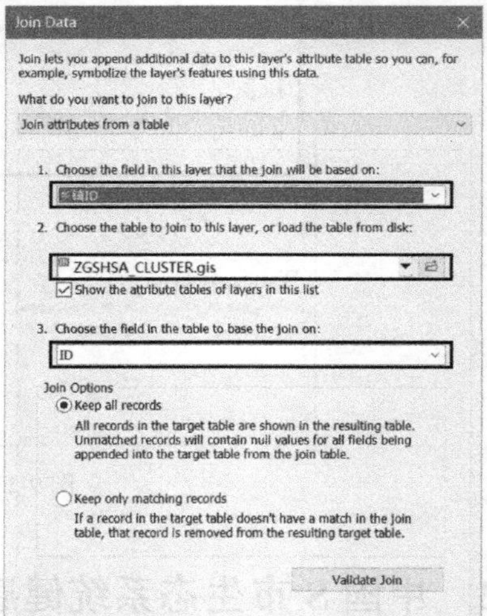

图 9-26　连接字段匹配

步骤 4:在【Table Of Contents】中,右键单击“中国 S 市乡镇行政边界”图层,在右键菜单中选择【Properties】,弹出【Layer Properties】窗口。打开【Symbology】标签页,在【Show】列表中,选择【Categories】→【Unique values】,在【Value Field】下拉列表中选择【CLUSTER】,并单击左下角的【Add All Values】,在【Color Ramp】下拉列表中选择合适的颜色,最后单击【确定】,如图 9-27 所示。符号化的结果如图 9-28 所示。

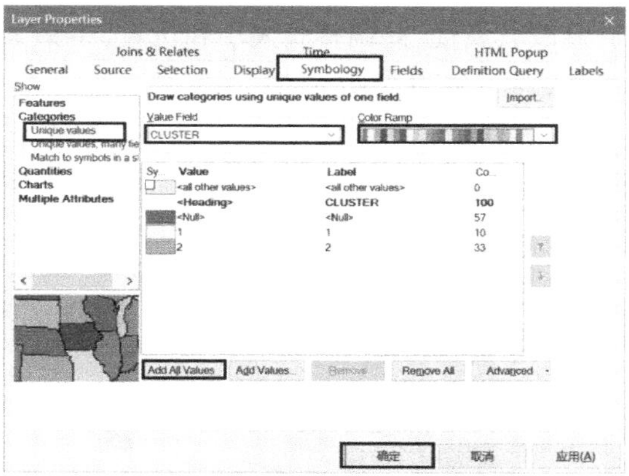

图 9-27　符号化

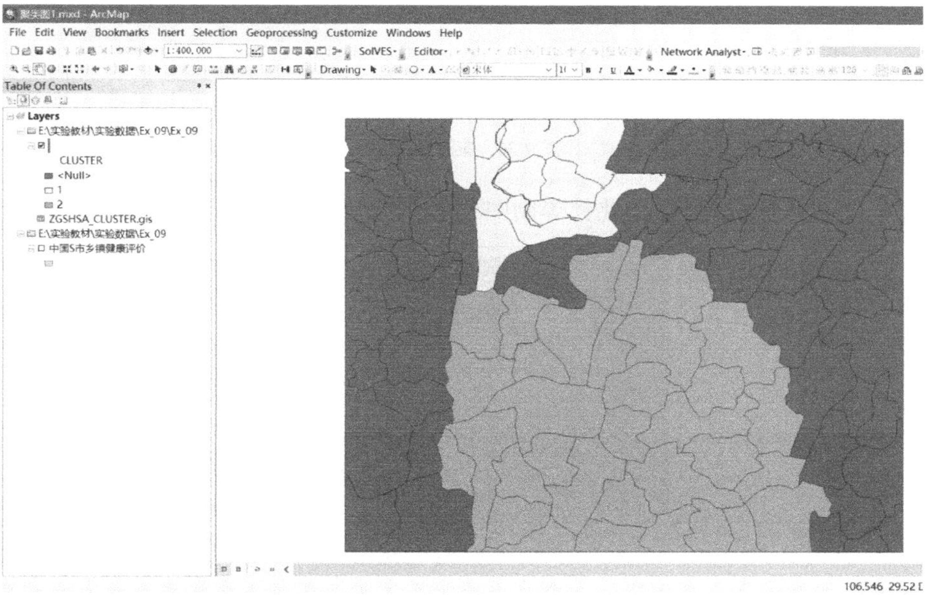

图 9-28　聚类分析结果

注:【CLUSTER】字段表示每个区位是否在集聚圈,“1”表示一级集聚圈,“2”表示二级集聚圈,“Null”表示不存在任何集聚圈。

2)标识集聚圈范围并出图

步骤 1:在菜单栏空白处,右键单击选择加载【Draw】工具栏。在【Draw】工具栏的图形下拉菜单中选择【Circle】,通过画圆来标识集聚区。调出的【Draw】工具栏如图 9-29 所示。

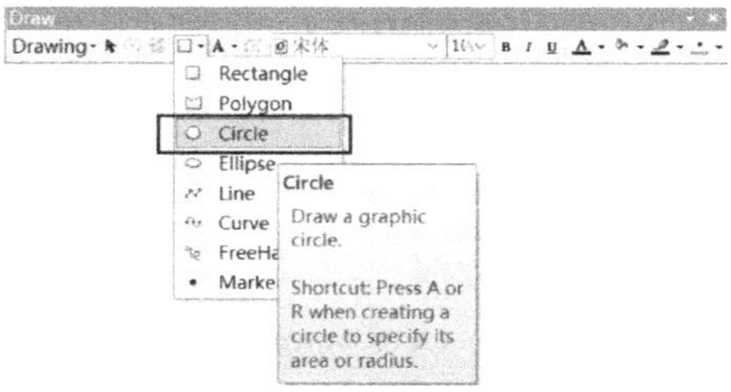

图 9-29　【Draw】工具栏

步骤 2:在聚类分析图上选择一个集聚圈的圆心位置单击,按住左键拖动直到圆的大小合适后放开。双击画出的圆,修改其属性,并调整其大小和位置,将集聚圈标识出来。用同样的方法,将次级集聚圈标识出来,如图 9-30 所示。

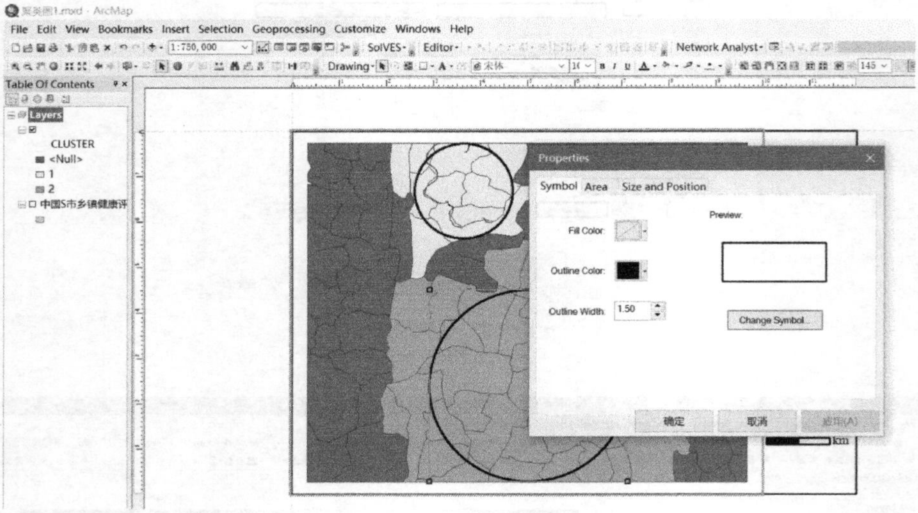

图 9-30 集聚圈标识

步骤 3:添加图例、比例尺、指北针等制图要素,结果如图 9-31 所示。

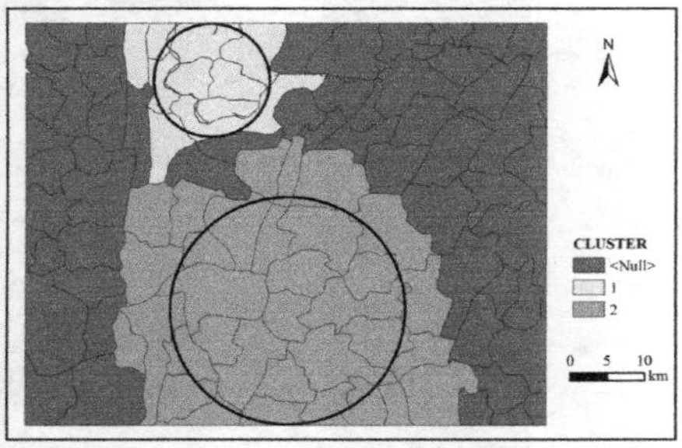

图 9-31 中国 S 市生态系统健康聚类结果

9.2 拓 展 案 例

基于构建的中国 C 市各区县生态风险评价指标体系和指标权重,利用聚类分析法,对中国 C 市各区县的生态风险进行综合评价,得出中国 C 市各区县生态风险聚类的等级分类图。

9.2.1 中国 C 市各区县生态风险聚类评价指标的构建

1)加载数据

在【Table Of Contents】中,右键单击【Layers】图层,在右键菜单中选择【Add Data】。在弹出的【Add Data】窗口中选择随书文件“Ex_09”文件夹中的“中国 C 市区县行政边界.shp”和“中国 C 市区县生态风险评价指标.xls”。

2)连接 Excel 数据到矢量数据

将“中国 C 市区县生态风险评价指标.xls”连接到“中国 C 市区县行政边界”的属性表中。

步骤 1:在【Table Of Contents】中,右键单击“中国 C 市区县行政边界”图层,在右键菜单中选择【Joins and Relates】→【Join】,弹出【Join Data】窗口。

步骤 2:在弹出的【Join Data】窗口中,在【1.Choose the field in this layer that the join will be based on】下拉列表中选择“ID”,在【2.Choose the table to join to this layer, or load the table from disk】下拉列表中选择关联的文件“中国 C 市区县生态风险评价指标/Sheet1”,在【3. Choose the field in the table to base the join on】下拉列表中选择“ref_id”,最后单击【OK】。连接前后的对比如图 9-32 所示。

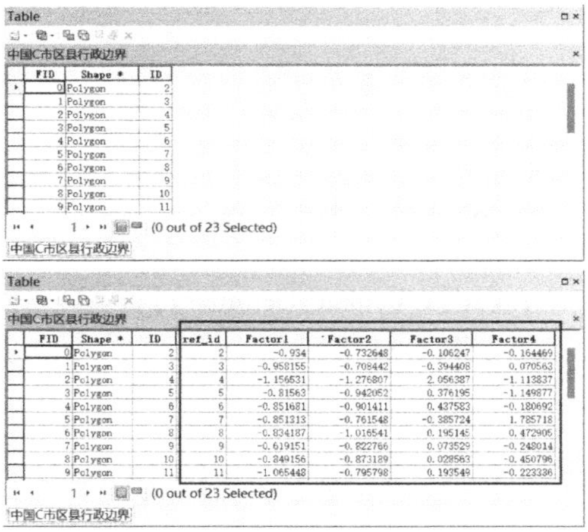

图 9-32　Excel 数据加入前(上)后(下)对比

步骤 3:将连接后的数据重新导出,将文件命名为“中国 C 市区县生态风险评价.shp”,存储在“Ex_09”文件夹中。

3)生态风险评价指标及综合评价结果加权计算公式

中国 C 市各区县生态风险评价指标含义及权重如表 9-3 所示。

中国 C 市各区县生态风险评价指标含义及权重　　表 9-3

指标	Factor1	Factor2	Factor3	Factor4
指标含义	优良天数	城镇化率	农药使用量	人类活动强度
指标权重	0.25	0.25	0.25	0.25

生态风险综合评价结果加权计算公式为:

$$Total = Abs(Factor1 \times 0.25 + Factor2 \times 0.25 + Factor3 \times 0.25 + Factor4 \times 0.25) \quad (9\text{-}3)$$

$$No\_Total = Abs(1 - Total) \quad (9\text{-}4)$$

4)综合评价结果加权计算

步骤 1:加载“中国 C 市区县生态风险评价.shp”,在其属性表中新建字段“Total”和“No_Total”。具体步骤参考第 9.1.1 节。

步骤 2:在【Table】窗口中,使用【Field Calculator】工具计算“Total”字段和“No_Total”的值。具体步骤参考第 9.1.1 节。计算结果如图 9-33 所示。

5)各行政区域的中心点坐标计算

步骤 1:在【Table】窗口中,新建坐标字段"x"和"y",具体操作步骤参考第 9.1.1 节。

Table

中国C市区县生态风险评价

FID	Shape *	ID	ref_id	Factor1	Factor2	Factor3	Factor4	Total	No_Total
0	Polygon	2	2	-0.934	-0.732648	-0.106247	-0.164469	0.484341	0.515659
1	Polygon	3	3	-0.958155	-0.708442	-0.394408	0.070563	0.497611	0.502389
2	Polygon	4	4	-1.156531	-1.276807	2.056387	-1.113837	0.372697	0.627303
3	Polygon	5	5	-0.81563	-0.942052	0.376195	-1.149877	0.632841	0.367159
4	Polygon	6	6	-0.851681	-0.901411	0.437583	-0.180692	0.37405	0.62595
5	Polygon	7	7	-0.851313	-0.761548	-0.385724	1.785718	0.053217	0.946783
6	Polygon	8	8	-0.834187	-1.016541	0.195145	0.472905	0.295669	0.704331
7	Polygon	9	9	-0.619151	-0.822766	0.073529	-0.248014	0.404101	0.595899
8	Polygon	10	10	-0.849156	-0.873189	0.028563	-0.450796	0.536144	0.463856
9	Polygon	11	11	-1.065448	-0.795798	0.193549	-0.223336	0.472758	0.527242
10	Polygon	12	12	1.282308	0.3351	0.405426	-0.769787	0.313262	0.686738
11	Polygon	13	13	0.70304	-0.038037	0.297567	-1.097817	0.033812	0.966188
12	Polygon	15	15	0.720551	0.775992	0.224679	0.215741	0.484241	0.515759
13	Polygon	16	16	0.502811	-0.19885	0.55158	-0.424359	0.107795	0.892205
14	Polygon	17	17	0.891816	0.012827	0.791682	-0.880209	0.204029	0.795971
15	Polygon	18	18	1.090911	0.198749	0.781559	-0.568758	0.375615	0.624385
16	Polygon	19	19	0.927951	0.74197	0.027586	0.021742	0.429812	0.570188
17	Polygon	20	20	0.862885	0.525941	0.288803	-0.039827	0.409451	0.590549
18	Polygon	21	21	0.553094	0.403898	0.207051	-0.383761	0.195071	0.804929
19	Polygon	22	22	1.050413	1.024712	5.579335	-1.407081	1.56184	0.56184
20	Polygon	23	23	0.383097	0.898359	4.72261	-0.215386	1.44717	0.44717
21	Polygon	27	27	1.873096	-0.01474	1.830436	4.359766	2.01214	1.01214
22	Polygon	28	28	0.488422	0.045387	1.374351	0.640548	0.637177	0.362823

(0 out of 23 Selected)

中国C市区县生态风险评价

图 9-33　字段"Total"和"No_Total"的计算结果

步骤 2:在【Table】窗口中,使用【Calculate Geometry】计算字段"x"和"y"的值,具体操作步骤参考第 9.1.1 节。计算结果如图 9-34 所示。

Table

中国C市区县生态风险评价

FID	Shape *	ID	ref_id	Factor1	Factor2	Factor3	Factor4	Total	No_Total	x	y
0	Polygon	2	2	-0.934	-0.732648	-0.106247	-0.164469	0.484341	0.515659	107.183	29.6133
1	Polygon	3	3	-0.958155	-0.708442	-0.394408	0.070563	0.497611	0.502389	106.542	29.5498
2	Polygon	4	4	-1.156531	-1.276807	2.056387	-1.113837	0.372697	0.627303	106.458	29.4185
3	Polygon	5	5	-0.81563	-0.942052	0.376195	-1.149877	0.632841	0.367159	106.708	29.6135
4	Polygon	6	6	-0.851681	-0.901411	0.437583	-0.180692	0.37405	0.62595	106.367	29.6244
5	Polygon	7	7	-0.851313	-0.761548	-0.385724	1.785718	0.053217	0.946783	106.364	29.4286
6	Polygon	8	8	-0.834187	-1.016541	0.195145	0.472905	0.295669	0.704331	106.661	29.5355
7	Polygon	9	9	-0.619151	-0.822766	0.073529	-0.248014	0.404101	0.595899	106.514	29.8604
8	Polygon	10	10	-0.849156	-0.873189	0.028563	-0.450796	0.536144	0.463856	106.725	29.0253
9	Polygon	11	11	-1.065448	-0.795798	0.193549	-0.223336	0.472758	0.527242	105.833	29.6408
10	Polygon	12	12	1.282308	0.3351	0.405426	-0.769787	0.313262	0.686738	106.747	29.8102
11	Polygon	13	13	0.70304	-0.038037	0.297567	-1.097817	0.033812	0.966188	106.75	29.3713
12	Polygon	15	15	0.720551	0.775992	0.224679	0.215741	0.484241	0.515759	107.131	29.9539
13	Polygon	16	16	0.502811	-0.19885	0.55158	-0.424359	0.107795	0.892205	106.228	29.1242
14	Polygon	17	17	0.891816	0.012827	0.791682	-0.880209	0.204029	0.795971	106.321	30.0876
15	Polygon	18	18	1.090911	0.198749	0.781559	-0.568758	0.375615	0.624385	105.883	29.2895
16	Polygon	19	19	0.927951	0.74197	0.027586	0.021742	0.429812	0.570188	107.146	29.174
17	Polygon	20	20	0.862885	0.525941	0.288803	-0.039827	0.409451	0.590549	105.836	30.0655
18	Polygon	21	21	0.553094	0.403898	0.207051	-0.383761	0.195071	0.804929	106.032	29.8114
19	Polygon	22	22	1.050413	1.024712	5.579335	-1.407081	1.56184	0.56184	105.727	29.4196
20	Polygon	23	23	0.383097	0.898359	4.72261	-0.215386	1.44717	0.44717	106.191	29.5612
21	Polygon	27	27	1.873096	-0.01474	1.830436	4.359766	2.01214	1.01214	107.323	30.1277
22	Polygon	28	28	0.488422	0.045387	1.374351	0.640548	0.637177	0.362823	107.321	29.4166

(0 out of 23 Selected)

中国C市区县生态风险评价

图 9-34　字段"x"和"y"的计算结果

6)属性表导出

在【Table】窗口中,单击图标→【Export】,在弹出的【Export Data】窗口中将文件命名为"ZGCHSA.dbf",存储在"Ex_09"文件夹中,最后单击【OK】。

9.2.2　中国 C 市各区县生态风险聚类分析结果的空间化表达

1)聚类分析

打开 SaTScan 软件,导入"ZGCHSA.dbf",并设置【Input】、【Analysis】和【Output】三个标签页。具体步骤可参考第 9.1.2 节。中国 C 市各区县生态风险聚类分析结果如图 9-35 所示。

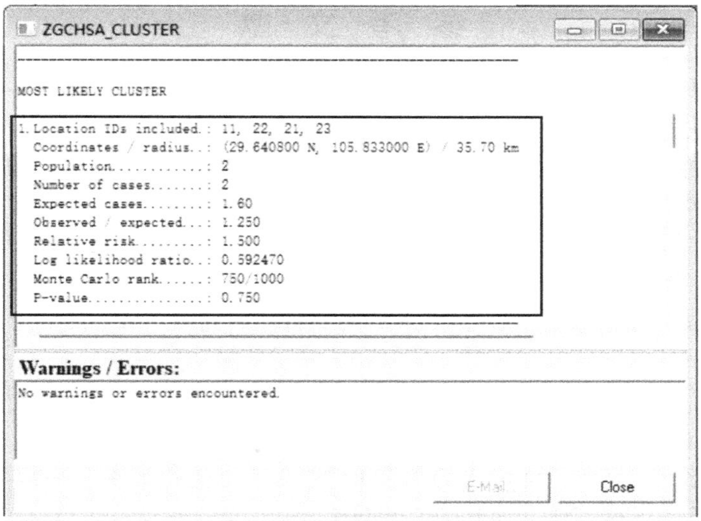

图 9-35　中国 C 市各区县生态风险聚类分析结果

2) 聚类分析结果制图

将 SaTScan 软件得到的聚类分析结果——“ZGCHSA_CLUSTER.gis.dbf”连接到“中国 C 市区县行政边界.shp”的属性表中，并进行符号化，添加制图要素。具体操作步骤参考第 9.1.3 节。中国 C 市各区县生态风险聚类分析结果的空间化表达如图 9-36 所示。

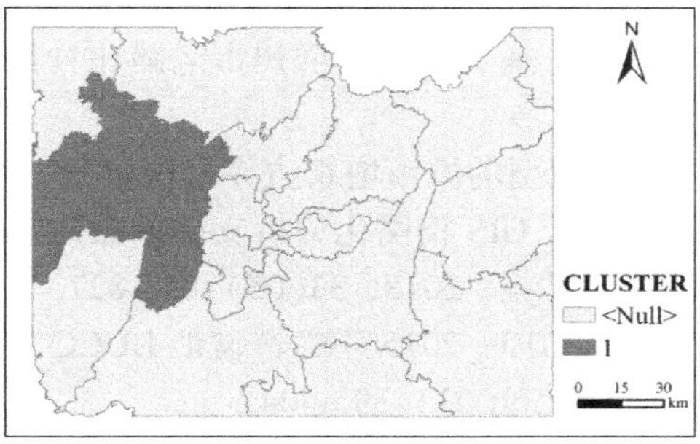

图 9-36　中国 C 市各区县生态风险聚类分析结果

参 考 文 献

[1] 谭磊，贺美德，柳飞.GIS 技术在城市轨道交通安全监测中的应用研究——以某新建地铁穿越既有地铁安全监测为例[J].测绘与空间地理信息，2021，44(05):56-60.

[2] 林斌，颜逸静，金博闻，等.基于 GIS 网络分析的龙岩城市公园可达性研究[J].黑龙江生态工程职业学院学报，2021，34(03):11-14+26.

[3] 陶巍，郭楷，刘路.基于不同功能定位的城市公园布局评价方法研究[J].城市勘测，2021，4(02):56-60.

[4] 王媛媛.基于 GIS 的重庆市主城区的 LUCC 时空特征研究[J].湖北农业科学，2021，60(06):54-59.

[5] 吴红波，郭敏，杨肖肖.基于 GIS 网络分析的城市公交车路网可达性[J].北京交通大学学报，2021，45(01):70-77.

[6] 刘晓旭，徐苏宁.基于空间句法的历史旧城区空间优化研究——以哈尔滨道外区为例[J].低温建筑技术，2021，43(02):1-4+9.

[7] 吴珏，穆小雪，肖阳.海南体育赛事与体育旅游的空间分析[J].吉林体育学院学报，2021，37(01):10-17.

[8] 曹博斐.基于空间句法理论的沈阳南湖公园文化空间可达性研究[D].沈阳农业大学，2020.

[9] 谭钢.基于 GIS 叠加分析的洪水避险转移分析[J].科学技术创新，2020，4(33):23-26.

[10] 杨光源.地理信息系统在城市规划测绘中的应用[J].智能城市，2020，6(21):84-85.

[11] 吴田勇，赵良华，逯嘉，等.基于 SaTScan 的 2015—2018 年泸州市肺结核疫情时空分析[J].预防医学情报杂志，2020，36(05):525-530.

[12] 李吉英，刘晨曦，杨奕杰，等.基于 GIS 的滨州市老龄化社区选址[J].电子技术与软件工程，2020,4(02):188-189.

[13] 赵祖伦.基于 Markov-FLUS 模型的城市增长边界划定研究[D].重庆交通大学，2019.

[14] 李鹏，王英杰，虞虎，等.基于 GIS 格网化分析支撑的旅游空间规划技术方法研究——以青岛市为例[J].自然资源学报，2018，33(05):813-827.

[15] 费兵强，韩炜，马霄华，等.2010—2015 年焉耆盆地 LUCC 特征分析及预测[J].云南大学学报(自然科学版)，2017，39(03):395-404.

[16] 彭雅婷.基于格网 GIS 的阿克苏绿洲生态安全评价[D].武汉:华中师范大学，2017.

[17] 滕洁.数字城管系统中 GIS 功能模块的设计与实现[J].电脑知识与技术，2016，12(36):256-260.

[18] 袁纯霞，姚礼杨，汪能.基于 GIS 对城市危化品火灾的消防能力评估[J].聊城大学学报(自然科学版)，2015，28(03):107-110.

[19] 赵俊美.基于对象—关系模型的空间数据建模研究[D].北京:中国地质大学(北京)，2007.

[20] JIANG B.Axwoman 6.3:An ArcGIS extension for urban morphological analysis[Z].Gävle，Sweden:University of Gävle，2015.